從來佳茗似佳人

中國茶道的審美境界

鄭培凱 ● 著

中華書局

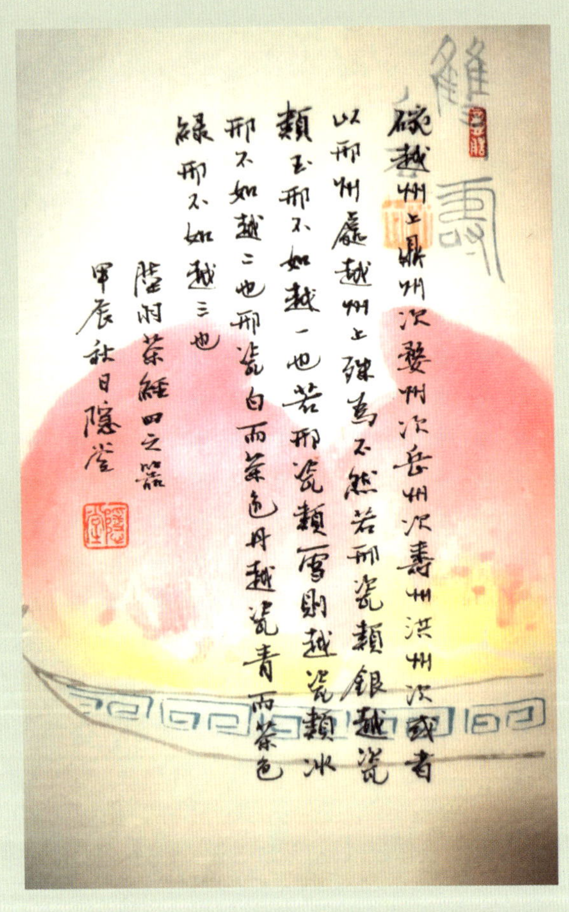

陸羽《茶經 · 四之器》節錄（書法：鄭培凱）

唐代阿斯坦納出土絹畫上有一位手捧茶托獻茶的侍女（北京故宮博物院《茶世界》大展展品，鄭培凱攝）

上：宋代建窰黑釉兔毫茶盞
下：宋代建窰黑釉油滴茶盞

黑石號唐代沉船發現的長沙窰茶盞——「茶盞子」（現藏新加坡亞洲文明博物館）

《備茶圖》（遼壁畫）

餘姚市河姆渡文化田螺山遺址發掘的茶樹根與陶盉（北京故宮博物院《茶世界》大展展品，鄭培凱攝）

北宋青銅茶渣斗與茶碗中殘留的茶葉（北京故宮博物院《茶世界》大展展品，鄭培凱攝）

戰國邾國舊址出土原始瓷碗中的茶葉（北京故宮博物院《茶世界》大展展品，鄭培凱攝）

《陶瓷下西洋：十二至十五世紀中國外銷瓷》（鄭培凱主編，香港城市大學中國文化中心出版，2003）

《陶瓷下西洋：早期中葡貿易中的外銷瓷》（鄭培凱主編，香港城市大學中國文化中心出版，2010）

目錄

輯三·茶說與茶之訪

序

蘇東坡有句膾炙人口的詩句，「從來佳茗似佳人」，是他在杭州太守任上寫的茶詩名句。他曾兩次到杭州當官，第一次是擔任杭州通判，也就是第二把手，第二次則是十五年後，歷經了烏台詩獄與貶謫黃州的坎坷歲月，以「龍圖閣學士充兩浙西路兵馬鈐轄知杭州軍州事」的身份，擔任治理杭州的第一把手。這首詩的詩題是《次韻曹輔寄壑源試焙新芽》，明確指出詩是為了和韻好友曹輔而寫，原因是曹輔寄給他壑源出品的好茶。全詩如下：「仙山靈草濕行雲，洗遍香肌粉未勻。明月來投玉川子，清風吹破武林春。要知玉雪心腸好，不是膏油首面新。戲作小詩君莫笑，從來佳茗似佳人。」

本書以「從來佳茗似佳人」為題，有幾個希望藉助這首詩引出的文化寓意：　是指出，中國人喝茶一直追求美好的身心感受，使得上古飲茶的解渴解乏功能，因為有了文化藝術的想像，出現了茶飲的儀式與規矩，從物質性的喝茶，上升到精神境界的茶道，由形而下的解渴與味覺口感，化作形而上的思維翱翔。二是，蘇軾詩中使用的意象，精準反映了宋代飲茶的製餅研末方式，及其審美追求，與上古飲用茶粥的方式不同，也與明清以來主流的芽葉沖泡不同。顯示飲茶文化的多元演變，有其歷史的進程，並非一成不變，也由此反映出日本的抹茶道，自南宋以來襲用宋代飲用末茶的軌跡。三是，茶飲成為日常生活不可或缺的要素，豐富了人們日常的思維想像，也成為人際交往與文化審美的重要媒介。明代張源《茶錄》講飲茶，承繼蘇軾提倡的雅趣，特別指出，不同的飲茶環境造就不同的審美心境，關鍵是飲茶提供了生命體會的氛圍：「飲茶以客少為貴，客眾則喧，喧則雅趣乏矣。獨啜曰神，二客曰勝，三四曰趣，五六曰泛，七八曰施。」

蘇軾這首詩的詩題表面看來似乎明白易懂，其實其中蘊含了品鑒宋代茶飲的關鍵，不了解宋代點茶的精要，就難以知道其中奧妙。曹輔是蘇軾的好友，元祐三年(1088) 蘇軾還在汴京擔任「翰林學士知制誥兼侍讀」，也就是負責撰寫詔書兼任皇帝老師時，曾經寫過《送曹輔赴閩漕》一詩，送別曹輔擔任福建轉運判官，其中說到「曹子本儒俠，筆勢翻濤瀾」，讚許他詩寫得好，也就有了後來曹輔從福建贈詩寄茶與蘇軾和詩之舉。蘇軾雖然在朝廷高居清要之位，卻也難逃黨派爭端的攻訐，一心想着外放，所以在詩中說「我亦江海人，市朝非所安」，透露遠離朝廷鬥爭之意，不久就到杭州擔任知州了。閩漕一職，主要是監督福建的物流，其中一大任務就是監管福建北苑御茶園的貢茶，有機會接觸並獲取福建出品的頂級茶葉。

詩題中提到的「壑源」，是宋代建州出頂級好茶之地。沈括《夢溪筆談》卷廿五：「建茶勝處曰郝（壑）源、曾坑，其間又岔根、山頂二品尤勝。李氏時號為北苑，置使領之。」他對宋代福建御茶園稱作北苑，認為是丁謂誤傳而成，把南唐李氏的「北苑茶」，轉為宋代御茶園的地名，所以丁謂《北苑茶錄》才會說「北苑，里名也，今曰龍焙」。宋子安《東溪試茶錄》序，就對北苑、壑源有着清楚的描述，說：「北苑西距建安之洄溪二十里而近，東至東宮百里而遙。…… 獨北苑連屬諸山者為最勝。……自北苑鳳山南，…… 皆高遠先陽處，歲發常早，芽極肥乳，非民間所比。次出壑源嶺，高土沃地，茶味甲於諸焙。」蔡襄《茶錄》論茶味，說：「茶味主於甘滑，唯北苑鳳凰山連屬諸焙所產者味佳。」壑源產好茶，是當時茶人的共識，尤其是早春初焙的建茶，也就是「試焙」的「新芽」，即是詩中提到的「仙山靈草」。

關於「試焙」，黃儒在《品茶要錄》中說：「茶事起於驚蟄前，其采芽如鷹爪。初造曰試焙，又曰一火。其次曰二火。二火之茶，已次一火矣。故市茶芽者，惟同出於三火前者為最佳。」清楚說明了，宋代茶飲最講究的，是驚蟄前冒着寒氣萌發的新芽，而最先製作的產品即是「試焙」，也就是最為珍稀的好茶。

至於「膏油首面新」所牽涉的問題，在詩中不但具體反映宋代製茶的精粹，也由此作為引喻，諷刺世上假冒偽劣的行為。蔡襄論茶，特別指出，「茶色貴白，而餅茶多以珍膏油其面，故有青黃紫黑之異。善別茶者，正如相工之視人氣色也，隱然察之於內，以肉理潤者為上。」還說，「茶有真香，而入貢者微以龍腦和膏，欲助其香。建安民間試茶，皆不入香，恐奪其真。」這裏涉及茶農為了牟利而弄虛作假的現象，黃儒《品茶要錄》曾舉壑源與沙溪為例，說兩地雖然臨近，但出產的茶品卻判若雲泥：

壑源、沙溪，其地相背，而中隔一嶺，其勢無數里之遠，然茶產頓殊。有能出力移栽植之，亦為土氣所化。竊嘗怪茶之為草，一物爾，其勢必由得地而後異。豈水絡地脈，偏鍾粹於壑源？……何其甘芳精至而獨擅天下也。觀夫春雷一驚，筠籠纔起，售者已擔簦挈橐於其門，或先期而散留金錢，或茶纔入笪而爭酬所直，故壑源之茶常不足客所求。其有桀猾之園民，陰取沙溪茶黃，雜就家捲而製之，人徒趣其名，睨其規模之相若，不能原其實者，蓋有之矣。凡壑源之茶售以十，則沙溪之茶售以五，其直大率仿此。然沙溪之園民，亦勇於為利，或雜以松黃，飾其首面。凡肉理怯薄，體輕而色黃，試時雖鮮白，不能久泛，香薄而味短者，沙溪之品也。凡肉理實厚，體堅而色紫，試時泛盞凝久，香滑而味長者，壑源之品也。

蘇軾非常熟悉蔡襄《茶錄》的飲茶之道，同時在讀《品茶要錄》後，曾寫過《書黃道輔品茶要錄後》一文，特別讚揚黃儒是「博學能文，淡然精深，有道之士」，指出《品茶要錄》精深微妙，能夠體察茶飲的精理。因此，蘇軾詩中說的「要知玉雪心腸好，不是膏油首面新」，完全反映了宋代精英追求品茶的審美境界。當然，蘇軾不忘寫詩的諷喻之道，藉着詠茶的雅俗貴賤，諷刺朝廷上的奸詐阿諛之徒，表面光鮮有禮，滿口仁義道德，卻一肚子壞水。接到這首詩的曹輔一定也可以讀出弦外之音，知道東坡先生又忍不住在那裏指桑罵槐了。

汪師韓《蘇詩選評箋釋》卷五，對「從來佳茗似佳人」這句詩頗有微言，說：「艷體作茶詩，似不相稱者。」意思是，詠茶應該心思清淨，以符「精行儉德」之道，怎麼比擬起美女，豈不是作艷體詩了？其實，對生性灑脫的蘇軾來說，做出「從來佳茗似佳人」的比喻，一點也不奇怪。他在貶謫黃州之時，經常得到時任黃州太守徐君猷的照顧，也得以親近徐太守後房的鶯鶯燕燕，就寫過《西江月・茶詞》，在序中說明，「送建溪雙井茶谷簾泉與勝之」，還提到，勝之是徐君猷家後房，長得美麗動人，特別讓人憐愛。這闋詞說：「龍焙今年絕品，谷簾自古珍泉，雪芽雙井散神仙。苗裔來從北苑。湯發雲腴釅白，盞浮花乳輕圓。人間誰敢更爭妍，鬥取紅窗粉面。」建溪的龍焙，指的是北苑上貢的龍鳳團茶，谷簾說的是廬山谷簾泉的名水，在宋代時常被人譽為天下第一，而雙井雪芽則是黃庭堅極力吹捧的極品散茶。好茶好水經過茶人的擊拂拉花，就能讓茶湯顯現「雲腴釅白」的沫餑，在茶盞中浮現乳花，就像美麗粉白的臉龐，是人間的極品。詞中的意象構築，以茶湯的乳花比擬美女，就是「從來佳茗似佳人」。

從上引的蘇軾詩詞，可以窺知他品茶嗜好頗深，同時十分精準描述了宋代點茶之道，與蔡襄《茶錄》及宋徽宗《大觀茶論》所言，若合符節。由此可以看出，宋代流行的點茶風尚，繼承了唐代煎茶講究「沫餑」在茶湯的展現，非常強調視覺美感，只是更為追求黑白色彩的強烈對比。於是，宋人在鬥茶的時候，必定要用建窰的黑釉茶盞，經過熁盞的程序，保持乳白的沫餑，持久不散。本書〈啜英咀華——宋人點茶的視覺審美追求〉一文，最主要的論點即是，詳細說明唐宋期間飲用餅茶，首先有「鏘金碎玉」的研末過程，隨後是點茶的擊拂拉花手法，最後才能呈現一碗乳花滿溢的茶湯。

總之，唐宋時期主流的飲茶方式，與明清至現代以芽葉沖泡的方式，大相徑庭。倒是日本茶飲的歷史，反映了榮西法師在南宋期間學習唐宋末茶，撰寫了《喫茶養生記》，成為日本茶飲的主流習慣。有些人昧於歷史的演變，不知道唐宋茶飲主要是末茶擊拂成沫餑，也是日本學習茶飲的樣本，以為日本的抹茶道是日本人獨創的茶飲發明，甚至以為千家茶的「和敬清寂」是獨一無二的日本精神。因此，說起茶道與茶文化，歷史演變的前因後果是必要的知識，而除了主流茶飲之道，中國民間還有多元的飲茶方式，如劉禹錫在《西山蘭若試茶歌》描寫的炒青綠茶，宋代汴京與杭州茶肆售賣的「七寶擂茶」，因區域不同而各有流傳，算是飲茶方式的支流，不可一概而論。

中國茶飲歷史悠久，地域廣袤，是茶飲文化多元的物質基礎。唐宋的製餅研末到擊拂拉花，以及明清的芽葉沖泡，都顯示了歷史變化中，政治經濟以及文化因素會產生無法預知的影響。明太祖朱元璋下令罷造龍團，開啟了芽葉沖泡的新章，也終止了中國飲用末茶的傳統。武夷山區在明清兩代，基本遵循江南製造新茶的方式而名聞遐邇，但茶農在清代卻發現茶葉發酵別有風味，刺激了福建烏龍系的製茶法，衍生了工夫茶的出現，也見證了茶飲審美的多元，以及茶文化發展的方興未艾，為二十一世紀茶產業的興起，提供了探索的底氣與方向。

鄭培凱

輯一

茶史與茶文化

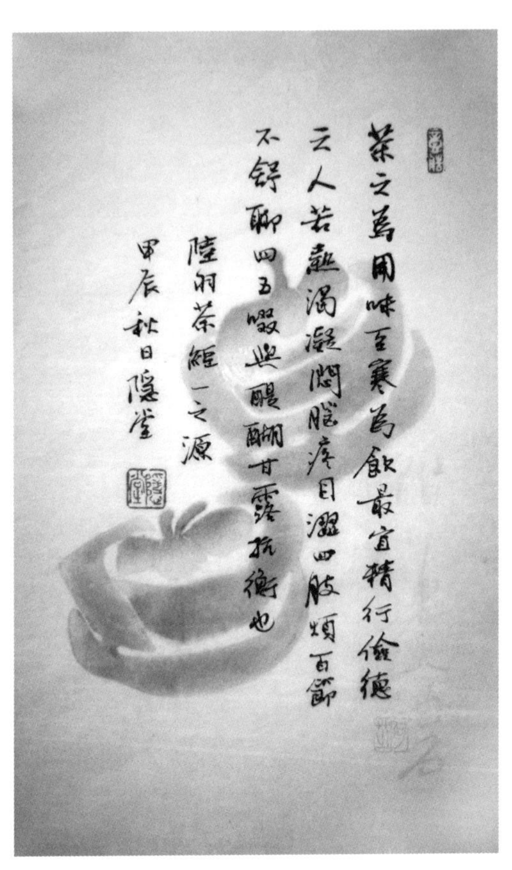

陸羽《茶經・一之源》（書法：鄭培凱）

飲茶起源

喝茶是現代人極其普遍的日常習慣，作為全球人類的飲料，說它獨佔鰲頭也不為過。飲茶的歷史則可上溯到蒙昧的新石器時代，早於文字形成之先，只能從傳說中尋覓飲茶起源的痕跡。陸羽在《茶經》中說，「茶之為飲，發乎神農氏，聞於魯周公。齊有晏嬰，漢有揚雄、司馬相如，…… 皆飲焉。」顯示唐朝人認真思考過飲茶歷史，陸羽寫《茶經》，就上溯到神農與周公。說飲茶始於神農，根據的是《神農食經》:「茶茗久服，令人有力，悅志。」

然而，《神農食經》是漢代託名神農的著作，其中的記載應當是歷代口耳相傳的故事。神農作為傳說中的「文化英雄」進入歷史記載，是神話傳說演化成歷史的現象，並非實有其人。作為文化傳說，神農發現茶有藥用，是古人創造文字之後，把農作物的始源歸諸神話人物的歷史理解，就好像盤古開天地、女媧造人、夸父取火、后羿射日等神話傳說一樣。不過，值得我們重視的是，在人類歷史文化發展中，飲茶肇始於遠古的中國，則是不爭的歷史事實。

人類飲茶的起源，在古代文獻記載中，只能找到神農的傳說神話，說他親嘗百草發現了茶。歷史文獻資料明確顯示，人工栽植茶樹並廣泛飲用已在上古晚期，相當於戰國秦漢時期。西漢宣帝時王褒寫《僮約》，要求僮奴「牽犬販鵝，武陽買茶（荼）」，以及揚雄在《方言》中說，「蜀西南人謂茶（荼）為蔎」，算是比較可靠的文字資料，晚到漢朝，當然不能作為飲茶起源的上限。研究上古的歷史，二十世紀以來，有了考古發現的實物材料。尤其是到了二十一世紀，科技考古的研究方法相當精密，技術先進，發掘人類聚落的生活遺存，探知食衣住行的遺跡，就能運用科技實證的手段，在實驗室中發現炭化作物的類別屬性，確定出土材料是否暗藏着飲茶的痕跡。2004 年至 2011 年的河姆渡文化田螺山遺址考古發掘中，出土了山茶屬茶種植物的樹根遺存。這把中國境內開始種植茶樹的歷史由過去認為的距今約三千年，上推到了六千年前。也就是說，餘姚田螺山是迄今為止考古發現的我國最早人工種植茶樹的地方。

然而田螺山考古發現山茶屬茶種植物的樹根遺存，只能證明人工栽培茶樹，配合同時發現的陶壺，有可能作為茶飲之用，不知是否廣泛流傳為飲品。近年的考古發現則可證實，至少在戰國秦漢時期，飲茶的習慣已經流傳到華北，甚至遠到青康藏高原一帶。2012 年中國考古十大新發現之一，是西藏阿里地區故如甲木寺遺址，在約四千五百米的高原上，發現了茶葉的遺存，距今已有一千八百年。這個考古發現的信息量很大，明確顯示，在阿里這樣的高寒地區是不可能種植茶葉的，所以這些出土的茶葉遺存，必定從青康藏高原的東邊轉運而來，而原產地可能就是巴蜀一帶。霍巍在《西藏大學學報（社會科學版）》2016 年第 1 期，發表〈西藏西部考古新發現的茶葉與茶具〉，從考古發現的角度，揭示阿里地區漢晉時代的墓葬當中，已經有茶和茶具的遺存。這一發現改變了人們的傳統認知，大體可以肯定，相當於中原漢晉時代甚至更早，已經有一定規模和數量的茶葉進入西藏高原。這些茶葉傳入藏地最早的路線與途徑，可能與後來唐朝和吐蕃之間通過「茶馬貿易」，將四川、雲南、貴州等漢藏邊地茶葉輸入到藏地的傳統路線有所不同，而是利用了早期通過西域「絲綢之路」，進而南下阿里高原，與漢地的絲綢等奢侈品一道行銷到西藏西部地區。茶葉作為商貿產品，轉販到阿里，成為藏族先民的飲品，結合王褒說的「武陽買荼（茶）」，可見兩千年前茶葉作為經濟作物，販運的規模應該是相當可觀的。

陝西考古研究院的考古專家於 1998 年，在西漢景帝陽陵東側的外藏坑中，發現一些樹葉狀的東西，經專家研究，證實這些葉子竟然是茶葉，而且是頂級品質的茶芽。漢景帝死於公元前 141 年，由此推斷，外藏坑中出土的茶葉至少距今二千一百五十多年了。這項研究結果，於 2016 年發表在英國《自然》雜誌下屬的《科學報告》（Scientific Reports）上，確證西漢初年飲茶已經是當時的生活習慣。近來山東大學考古團隊發表〈山東鄒城邾國故城西崗墓地一號戰國墓茶葉遺存分析〉(《考古與文物》,2021 年第 5 期),正式公佈山東濟寧鄒城市邾國故城遺址西崗墓地一號戰國墓隨葬的原始瓷碗中,出土的茶葉樣品為煮(泡)過的茶葉殘渣,比漢景帝外藏坑發現的茶葉實物,又提前了至少三百年,證實了顧炎武在《日知錄》中的論斷,戰國時期已經有了廣泛的飲茶習慣。

飲茶的起源雖然可以追溯到新石器時代,但是在戰國秦漢之前,茶樹栽植、流傳與飲用的情況,仍如一團迷霧。我們比較確定的是,人工栽植的茶樹主要出產在長江流域的南方,也就是陸羽《茶經》所說,「茶者,南方之嘉木也。」餘姚田螺山出土的古茶樹遺跡,如何反映當時人的飲茶生活,是否廣泛流傳,都是未知之數。一直要再過了三千年,戰國秦漢時期北方出現茶飲,我們才能確定飲茶的風俗已經由南至北普遍流傳。既然地處西北的漢代陵墓中出現頂級茶芽,西藏阿里地區也有輸入的茶葉,可想而知,出產茶葉的南方地區,茶飲一定更為普及。王褒《僮約》裏說的「武陽買茶(荼)」,明顯透露出茶葉作為商品的情況,是以四川為集散地的。配合考古材料,與顧炎武在《日知錄》中的推斷,茶葉的人工栽培成為經濟作物,應當始源於中國西南,而以巴蜀為中心。至於秦漢到魏晉時期的飲茶方式,文獻無徵,大概還是比較原始的煮湯辦法,就如皮日休《茶中雜詠序》所說:「飲者必渾以烹之，與夫瀹蔬而啜者無異也。」也有可能放進鹽或薑同煮，作為茶葉菜湯或藥湯飲用。

漢代種茶的主要產地，從巴蜀逐漸拓展到荊楚一帶，顯著擴大，到了三國時期，江南和浙江一帶都已經普遍種茶。飲茶的人也明顯增加，不再限於少數的統治階層，而變成江南士大夫日常待客之物了。根據三國魏張揖《廣雅》所記，「荊巴間採葉作餅，葉老者，餅成以米膏出之。欲煮茗飲，先炙令赤色，搗末置瓷器中，以湯澆覆之，用蔥、薑、橘子芼之。其飲醒酒，令人不眠。」這條資料顯示，到了魏晉南北朝時期，除了生煮羹飲之外，已經採茶之後做成茶餅，外面敷以米膏黏合，以便保存。飲用之時，研磨成末，置放在瓷器之中，煮水澆覆烹煎，同時放入蔥、薑、橘子之類來調味。可見飲茶的研末煎點方式，在魏晉南北朝時期已經流行，而加果加料的飲用法，顯然考慮的是茶湯的味覺口感或養生藥用，與陸羽強調的純粹茶湯不同，顯示茶飲的「史前」階段，並不提倡茶的本色，也不曾像陸羽那樣，倡導茶能引發精神德性的特質。

我們必須認清，人類飲茶的歷史與茶樹最古的源頭，是兩件不同的事。一是人類生活因飲茶發生變化的文明進程，屬於人類的歷史，另一則是古植物學的探源，屬於自然界生物演化的歷史，其起源和發展與人類生活及物質文明可以無關。有些人混淆了人類飲茶歷史與古植物學歷史，大肆宣傳古茶樹的起源地，或在印度，或在緬甸，或在中國某地，好像發現了千萬年前古茶樹痕跡，就證明了人類飲茶的源起。這種思維的越界跳躍，不但顯示邏輯思維的混亂，還顯示提倡思維混亂背後的動機，或許是為了宣揚地方有着悠久文化傳統，或者是為了特殊商業利益，總之與人類茶飲的歷史無關。倒是考古發現不斷出土的新資料，刷新了我們對飲茶起源的認識。

茶書與中國飲茶文化

(一)

在人類文明進程中，食衣住行是最基本的生活需求，也是物質文明發展的明確指標。弔詭的是，因為最基本，是人人生活必需，也是須臾不離的日常所見，古代文獻就不去詳為記述。如有詳細記載，總是與信仰、祭祀、社會等級之類的上層建築思維有關。《禮記．禮運》說：「禮之始，始諸飲食。」說的是禮制之肇始，與生活最基本的飲食相關。我們同時也可以反過來理解，飲食見諸上古文獻，詳為形諸文字，還是靠之禮儀規矩，成了生活秩序必須遵循的具體材料。同在《禮記．禮運》，還有這一句大家耳熟能詳的話：「飲食男女，人之大欲存焉。」說的是「大欲」，是人類最基本的欲求，照現代人的邏輯，應該是大書特書，仔細列明飲食的種類、材料獲取的方法、整治烹調之道、與健康養生的關係等，應當寫出類似當今流行的「飲食手冊」、「飲食譜」，以及「性愛手冊」、「性的歡愉」或「生育之道」之類。然而不然，古代文獻直接記載飲食男女，以之作為人類物質生活主旨的書冊不多，即使偶有著述，也完全不入古代知識人的法眼。

這種對待最基本物質文明的鄙薄態度，以之為「小道」，以為無關乎國計民生，貫穿了整個歷史傳統，中外皆然。翻檢《四庫全書總目》，就會發現在「子部」先列了思想學派、農家、醫家、天文算法、術數、藝術之後，有「譜錄」一類，「以收諸雜書之無可繫屬者」，「門目既繁，檢尋頗病於瑣碎」，即是收錄了一些烏七八糟不入流的知識材料。再仔細看之，比類雜書有博古金石、文房四寶、公幣、香譜，之下還有「附錄」，即是在知識譜系上更低一等的「另冊」。另冊之中，才列了陸羽《茶經》、蔡襄《茶錄》、黃儒《品茶要錄》、熊蕃《宣和北苑貢茶錄附北苑別錄》、宋子安《東溪試茶錄》、陸廷燦《續茶經》、張又新《煎茶水記》等茶書。在「譜錄類存目」，也就是更不入法眼，只存目不收書的項下，列了一批次級的茶書：陸樹聲《茶寮記》、何彬然《茶約》、玉茗堂《別本茶經》、夏樹芳《茶董》、屠本畯《茗笈》、萬邦寧《茗史》、許次紓《茶疏》、劉源長《茶史》、徐獻忠《水品》、田藝衡《煮泉小品》、《湯品》等。

由《四庫全書總目》的分類，可見得古代士大夫對茶書的態度，在知識譜系中列入無關宏旨的雜碎堆中。紀昀在「農家類」前敘就已明確說道：「茶事一類，與農家稍近，然龍團、鳳餅之制，銀匙玉碗之華，終非耕織者所事。今亦別入譜錄類，明不以末先本也。」這裏特別批評了上層階級飲茶的奢華與精緻，與大多數農耕織作的老百姓無關，因此，不能歸入以農為本業的「農家類」。這樣的批評表面上有道理，實際上卻忽略了兩個事實：一、大多數茶書都記述種植、採造、儲存及飲用的方法，與人民生活日用有極大的關係；二、即使有些茶書對飲茶的講究達到奢華成癖的地步，如宋徽宗的《大觀茶論》，其講究的細緻過程也是一種品味藝術的發展與提升，是人類追求物質生活享受的經驗，不必搬出「以末先本」這樣的大帽子。

說到底，真正的關鍵在於，傳統中國士大夫在知識分類上，並不認為民生日用最基本的「飲食男女」應該作為人類文明知識的重要環節。飲食既為小道，飲食的基本知識就不是古人認知體系中值得特別關注的項目。然而，文明日進，物質文明的發展卻有實在的一面，不但能夠滿足上層階級的口腹之欲，還能提供涉及精神層次與藝術品味的享受。茶書在中國的出現，就反映了士大夫思維兩面的矛盾：一方面貶低茶飲在歷史文化發展中的地位，然而又不能不承認「開門七件事：柴米油鹽醬醋茶」是生活必需，只是在內心深處不斷自我洗腦，複誦着生活必需為小道，不能與詩書禮樂相提並論。另一方面卻由於生活優裕，得以享受物質文明最精華的產品，喝到芬芳清爽的雀舌紫筍，甚至是靈巖仙崖所產的玉液瓊漿，便踵事增華，寫出一些令人欣羨的詩文，豐富了人類飲食品味的範域，更提升了人們在品味享受過程中的藝術體會。

陸羽《茶經》的出現，在人類物質文明發展史上是一件頭等大事，因為它肯定了茶飲生活的知識性地位，把日常生活中的「飲茶」作為一門知識領域來探索。從茶飲歷史的整體發展來觀察，陸羽《茶經》的出現，不但總結了古代飲茶的經驗，歸納了茶事的特質，也奠定了茶道的規矩。通過陸羽《茶經》的影響，特別是後世茶人遵循陸羽設定的品茶脈絡，對飲茶之道進行審美的品評與探索，飲茶成了一門學問，也成了體會生活品味提升的修養法門。因此，唐代以後的飲茶風尚，與上古飲茶解渴的實用性質完全不同，涉及了精神文化的層面。

要理解中國茶飲的歷史，以陸羽代表的唐代飲茶作為分水嶺，分為草昧羹飲的前期與精製品茗的後期，雖然稍嫌簡略，卻是提綱挈領、明晰恰確的説法。

(二)

假如我們把先秦到唐代以前的飲茶歷史歸為上古期，也可戲稱這段漫長的時期為茶飲歷史的「史前史」。一方面是因為史料不足，難以深究；另一方面也由於這段期間的飲茶經驗，大體上還停留在「喝菜湯」式的實用階段，尚未進入精神境界提升的領域。

到了唐代，情況大為改觀。茶葉種植區域的廣泛拓展，反映了飲茶風氣的興盛，不止是遍及大江南北，而是已經從華北關中地區擴展到塞外了。唐代政府開始正式建立茶政，徵收茶税，乃至於成了中晚唐時期經濟貿易的重要一環。這種普遍飲茶的情況，更由於陸羽《茶經》一書的出現，總結了前人飲茶經驗的累積，羅列了相關的植茶、製茶、烹茶的知識，使得茶飲的內容大為豐富，而出現了飲茶之道，開拓了茶飲生活的精神境界領域。

飲茶風氣在唐代中期大盛的現象，學者曾提出各種解釋。一說是當時經濟發達，交通暢便，促使茶業興起，貿易各地；一說是禪教大興，寺廟提倡飲茶，更由之普及到民間；一說是陸羽著《茶經》，綜述了飲茶知識，提高了茶飲的品味。其實，這些說法都對；但僅標舉其一，不及其餘，則未免偏頗其辭。飲茶風氣在唐代流行，絕對不是單一原因造成，而有着更深厚長期的經驗累積之背景，也就是茶飲的上古期間，人們逐漸由「喝菜湯」進入烹煎品飲的過程。在社會經濟的發展上，則由戰亂紛仍的魏晉南北朝進入安定繁榮的唐朝，使得茶飲經驗的累積得以飛躍，展現為一代的文化風尚。從這種宏觀歷史文化發展的角度來看，禪教大興雖是唐代的特殊歷史現象，卻能配合茶飲的發展與普及，反映出唐代追求精神超升的時代風氣，也賦予茶飲風習一種精神超越的性格。

唐代封演所著的《封氏聞見記》（約八世紀末）卷六，講的就是唐中葉飲茶風尚的普遍情況：

南人好飲之，北人初不多飲。開元中，泰山靈巖寺有降魔師，大興禪教。學禪，務於不寐，又不夕食，皆許其飲茶。人自懷挾，到處煮飲。從此轉相倣效，遂成風俗。自鄒、齊、滄、棣，漸至京邑城市，多開店鋪，煎茶賣之，不問道俗，投錢取飲。其茶自江淮而來，舟車相繼，所在山積，色額甚多。楚人陸鴻漸為茶論，說茶之功效，并煎茶炙茶之法。造茶具二十四事，以都統籠（應作籠統）貯之。遠近傾慕，好事者家藏一副。……於是茶道大行，王公朝士無不飲者。……古人亦飲茶耳，但不如今人溺之甚。窮日盡夜，殆成風俗。始自中地，流於塞外。往年回鶻入朝，大驅名馬，市茶而歸，亦足怪焉。

這段文獻資料，反映了許多重要的歷史情況，說明了茶飲風習，如何從簡單的「喝菜湯」轉變成繁複的社會經濟文化現象：

(1) 喝茶本來是南方人的習慣，北方人以前不大喝。

(2) 禮教大興，為了提神不寐，飲茶成了寺院生活習慣，又轉而影響到民間。

(3) 從華北到關中，到處都開了茶舖，有錢就可以買到茶喝。

(4) 茶葉多自江淮而來，成了貿易大宗。

(5) 陸羽寫《茶經》，並提倡喝茶品味的方式，創新了飲茶的規矩，茶道大行。

(6) 茶飲由印上流到塞外，產生了茶馬貿易。

唐代有許多文獻資料，都記載了當時茶葉種植精益求精的情況，有的地區以貴精的質量取勝，有的地區則強調數量的多產多銷。如李肇的《唐國史補》就說到當時名貴的茶葉精品：「劍南有蒙頂石花，或小方，或散芽，號為第一。湖州有顧渚之紫筍。東川有神泉、小團、昌明、獸目。…… 壽州有霍山黃芽。蘄州有蘄門團黃。…… 而浮梁之商貨不在焉。」同書還提到，名貴茶種的重視，不僅是中土的風尚，連西藏都受到影響。當唐朝使節到了西藏，蕃王贊普就向他展示各類名茶：「此壽州者，此舒州者，此顧渚者，此蘄門者，此昌明者，此㴩湖者。」

這裏特別指出「浮梁之商貨不在焉」，是很有趣的現象。因為浮梁茶葉貿易在當時是商業大宗，但卻是以量取勝的「商貨」，不是蒙山、顧渚之類的精品；是給一般大眾的商品茶，而非宮廷貴族所享用的貢品茶。白居易〈琵琶行〉一詩中有句：「老大嫁作商人婦，商人重利輕別離。前月浮梁買茶去，去來江口守空船。」其中說的滿腦子生意經的商人，經營的就是浮梁茶葉貿易。據《元和郡縣圖志》（813 年成書），浮梁縣設置於武德五年（622），名新平，後廢，開元四年（716）再置，改名新昌，天寶元年（742）改名浮梁，「每歲出茶七百萬馱，稅十五餘萬貫。」

由此可以看出，唐代的茶葉種植與飲茶風尚，已經循着兩條相輔相成的脈絡，有了長足的發展：一方面是作為一商品經濟的貨品茶，普及到了廣大民眾，確立了茶業的社會經濟基礎。《舊唐書》卷一八二載李珏上疏說：「茶為食物，無異米鹽，於人所資，遠近同俗。既袪竭乏，難捨斯須。田閭之間，嗜好尤切。」浮梁一類的商品茶，就是提供給一般百姓日用，不可一日所無的。另方面則出現了茶中的珍品及飲茶的品賞藝術，這當然僅限於少數上層階級，也是文人雅士提高生活情趣所進行的非實用活動。陸羽《茶經》的撰著，便為這種品茗的休閒藝術活動提供了最寶貴的文獻資源，也從此建立了品茶藝術的傳統。封演所說的「茶道大行」主要還是指的這一面。

(三)

陸羽的《茶經》成書在公元 758 年前後，是飲茶史上第一部有系統的著作，全書七千多字，總結了古代有關茶事的知識，並對飲茶的方法提出了品評鑑別之道。書分三卷十節，分門別類，展現了他的茶學知識。

上卷共三節，分為一之源，談茶的性質、名稱與形狀；二之具，羅列採造的工具；三之造，說明種植與採製的方法，並及辨識精粗之道。

中卷只有一節，四之器，詳列了烹茶飲茶的器具，從風爐一直講到都籃。這節篇幅甚多，表面上是一一列舉烹煮的器具，實質上則是制定了飲茶的規矩及品貨鑑別的審美標準。《封氏聞見記》特別指出陸羽「造茶具二十四事，以都籠統貯之」，説的就是飲茶規矩的建立。所謂「茶道大行，王公朝士無不飲者」，也就顯示了陸羽創制的茶道儀式，在上層社會已經成為禮節，人人遵守了。因此，《茶經》花費如此篇幅，詳列茶具及其使用之法，便不僅是單純技術性的敘述器具用途，而是通過器具的規劃，建構了飲茶的特殊氛圍，規定使用器具的儀式，提供心靈超升的場域。也可以説，陸羽是創建茶道的祖師；一切後世茶道的根本精神，莫不源自陸羽所設立的茶飲禮儀。

且舉陸羽對「盌」的説明來看：

> 盌，越州上，鼎州次，婺州次。岳州上，壽州、洪州次。或者以邢州處越州上，殊為不然。若邢瓷類銀，越瓷類玉，邢不如越一也。若邢瓷類雪，則越瓷類冰，邢不如越二也。邢瓷白而茶色丹，越瓷青而茶色綠，邢不如越三也。……越州瓷、岳瓷皆青，青則益茶。茶作白紅之色。邢州瓷白，茶色紅。壽州瓷黃，茶色紫。洪州瓷褐，茶色黑。悉不宜茶。

這一段敘述茶盌的擇用，分別不同瓷類的等第，不是以瓷器本身的質地為選擇的標準。而是着眼於瓷器的質感與色調，如何配合茶湯所呈現的色度，讓飲茶者得到色澤美感。嚴格來説，茶盌的色澤與茶葉的品質是不相干的。

然而，飲茶作為美感體會的藝術，茶盌的形制與色調，配合盛出的茶湯色度，就使人在特定的空間氛圍中得到相應的感受，從而產生心靈的迴響。因此，陸羽以青瓷系統的越州瓷高於白瓷系統的邢州瓷，是有茶道整體藝術感受作為品評標準的。

以青瓷系統的越州窰盌為品賞茶道的上品，也與唐代茶葉珍品所出的茶湯相關，因為唐代所尚的烹茶方式是碾末烹煮，湯呈「白紅」（即是淡紅）之色，盛在色澤沉穩的青瓷茶盌中，相映而成高雅之趣。邢州瓷雖然潔白瑩亮，就未免稍嫌輕浮了。歷史文獻中盛稱的皇室專用「秘色瓷」，因 1987 年陝西扶風法門寺地宮出土了唐僖宗的供奉茶具，讓我們清楚看到，其中的五瓣葵口圈足秘色瓷碗，就是質樸大方、色澤沉穩的青瓷茶盌，也就是陸羽標為上品的茶具。

法門寺地宮出土了一整套茶具，可以作為《茶經》敘述茶具的實物證據，其中包括了金銀絲結條籠子、鎏金鏤空鴻雁毬路紋銀籠子、鎏金銀龜盒、摩羯紋蕾紐三足鹽台、鎏金人物畫銀鑼子、鎏金伎樂紋調達子、壺門高圈足座銀風爐、繫鏈銀火筯、鎏金飛鴻紋銀則、鎏金壺門座茶碾子、鎏金仙人駕鶴紋壺門座茶羅子、素面淡黃色琉璃茶盞及茶托等等，美不勝收。由這些實物證據，可以看到《茶經》撰述一個世紀之後，唐代皇室飲茶的器具是多麼講究與奢侈，同時也可以推想，其禮儀必然毫不輕忽，或許還有繁文縟節之傾向。

《茶經》下卷共六節：五之煮，論炙茶、用水、煮茶之法；六之飲，講飲茶的精粗之道；七之事，列述古代飲茶的記載；八之出，列舉全國各地的茶產；九之略，說田野之間飲茶，繁複的茶具可以省略；十之圖，則主張圖繪《茶經》所言諸事。

相對於卷中而言，《茶經》卷下六節，論列的事體紛雜，頭緒繁多，難免顯得材料敘述不清。從飲茶歷史發展的角度來看，《茶經》卷下則有幾項重要的提示：

(1) 擇水的重要。陸羽指出，「山水上，江水中，井水下。」對山水也做了清楚的分別，是要「揀乳泉、石池慢流者上」，不要瀑湧湍漱的水，也不要山谷中積浸不洩的水。江水則取離人遠者，井水則取汲多者。這也就是後世飲茶不斷強調的「活水」觀念。

(2) 火候的重要。陸羽特別指出煮水烹茶，要注意辨別湯水沸騰的情況，要控制沸水的勢頭。再進一步就是控制火勢與溫度，如溫庭筠在《採茶錄》引李約的解說：「茶須緩火炙、活火煎。活火謂炭之有焰者，當使湯無妄沸，庶可養茶。」這裏提出的是「活火」的觀念。後來蘇東坡在《汲江煎茶》一詩中，就連合以上兩個重要的烹茶守則，寫出了「活水還須活火烹」的名句。

(3) 本色的重要。茶有其真香，加料加味都非必要，然而世上的習俗卻不肯改易，使陸羽憤慨說出：「或用蔥、薑、棗、橘皮、茱萸、薄荷之等，煮之百沸。或揚令滑，或煮去沫，斯溝渠間棄水耳。」這個「茶有真香」的觀念，到了宋代的蔡襄，則提得更為明確；宋徽宗趙佶在《大觀茶論》中，也明白指出「茶有真香，非龍麝可擬」。但歷代飲茶習俗，加果加香的傳統延綿不絕，造成飲茶史上雅俗並進的有趣現象。

(4) 儉約的重要。陸羽說「茶性儉，不宜廣」，是要人不可牛飲，同時要從體會茶味精華之中，了解藝術的高雅提升，不是以量取勝。《紅樓夢》第四十一回〈賈寶玉品茶櫳翠庵〉中，寫妙玉在櫳翠庵親手泡茶待客，俏皮地說：「一杯是品，二杯即是解渴的蠢物，三杯便是驢飲了。」就很能生動解說陸羽關於飲茶「最宜精行儉德之人」的看法。

陸羽在飲茶之道上的重大影響，唐代時就傳說得神乎其神，以至在民間奉若茶神。張又新的《煎茶水記》(成書於 825 年前後) 就述說了一個陸羽飲茶辨水的故事：

李季卿任湖州刺史時，道經揚州，剛好遇到了陸羽，高興萬分。不禁向陸羽說，你精於茶道，天下聞名，現在又剛好在揚州，鄰近天下名泉揚子江心南零水 (即中泠泉水)，真是千載難逢的好機會。便派了一個可靠的軍士，駕舟執瓶，到揚子江心去取南零水。陸羽則安排好茶具，準備烹茶。不一會兒，水取到了，陸羽用杓揚起水來，說：「是揚子江水沒錯，卻非南零水，好像是靠近岸邊的水。」派去的軍士說：「我駕舟深入江心，看到我取水的人至少上百，怎麼會騙你呢？」陸羽便不再言語。既而把水倒進盆裏，倒了一半，突然停了下來，又拿杓去揚水，然後說：「從這裏開始是南零水了。」軍士大駭。仆伏在地請罪，說：「我取了南零水之後，在靠岸之時，船身搖盪，灑掉了一半，因怕不夠，就在岸邊取水補足。您能鑑別入微，簡直就是神仙，我不敢再騙你了。」李季卿及在場的賓客隨從數十人，都大駭歎服。

這個故事到了後來，又改頭換面，變成宋朝王安石與蘇東坡的一段過節。故事說：王安石晚年退居南京，患有痰火之症，惟有用瞿塘峽的中峽水烹煮陽羨茶，才能治療。有一次他拜託蘇東坡經過三峽時在瞿塘中峽取水，誰知蘇東坡在船上觀望景色，把此事忘了，到了下峽才想起，急忙取了一甕下峽水，以為同是三峽水，沒有什麼差別。王安石得了遠方來水之後，煮茶品味，馬上就告訴東坡，這不是瞿塘中峽水，東坡大驚失色，忙問是如何辨別的。王安石便說，瞿塘上峽水流急，下峽水流緩，唯有中峽緩急各半。以瞿塘水烹陽羨茶，上峽水太濃，下峽水味淡，中峽水則在濃淡之間，可以治痰火之疾。

這兩則杜撰的故事，雖然違反基本的物理常識，卻顯示飲茶辨水的技藝，從陸羽以來，已經誇大成神話式的品賞藝術，給後人在提升飲茶藝術的心靈境界方面，開展了無限的想像空間。

（四）

唐代飲茶蔚為風尚之時，宮廷自然會要求最高的享受，品嘗最好的茶葉，因此有顧渚貢焙的興起。唐人品茶，有所謂「蒙頂第一，顧渚第二」之說，那麼，為什麼上貢給宮廷的是第二等的茶葉呢？其實，四川的蒙頂茶也上貢的，但一來數量不夠多，二來蜀道難行，趕不上宮廷每年舉辦的清明宴，因此才有今天宜興一帶顧渚貢焙之建，專供宮廷使用，民間不許買賣。每年春天採製顧渚茶，役工達到三萬人之多，累月方能完成，急急忙忙趕送京城，供王公貴族清明佳節享用。

唐代皇室享用貢焙，獨佔茶中極品的情況，經過五代十國，一直到宋朝都延續不停。其中主要的變化，則是貢焙地區，由太湖附近的顧渚，逐漸移到了武夷山區建安的北苑。

宋代上貢茶葉的極品，捨三吳地區的顧渚，轉為福建山區的建安北苑，有內在與外在兩個原因。一是建茶的內在質地優良，其香甘醇厚超過顧渚茶。宋徽宗《大觀茶論》就明確指出：「夫茶以味為上。甘香重滑，為味之全。惟北苑、壑源之品兼之。」在唐代時期，福建的茶業尚未興起，故不為人所知。到了五代時期，閩國已設置建州貢茶，到了閩為南唐所滅，南唐宮廷就捨棄了陽羨（顧渚）而代之以建州茶。宋朝立國之後，一開始還恢復了唐代的制度，以顧渚紫筍茶入貢，但在十幾年後就轉到福建建安，「始置龍焙，造龍鳳茶」。

外在的原因則是，五代北宋期間氣候產生巨大變化，明顯由暖轉寒。宋代的常年氣溫，一度較唐代要低攝氏兩、三度。種植在較北太湖地區的茶樹，即使沒有凍死，也推遲萌發，不可能在清明以前如數上貢。宋子安《東溪試茶錄》的〈採茶〉一節說：「建溪茶，比他郡最先，北苑、壑源者尤早。歲多暖，則先驚蟄十日即芽，歲多寒，則後驚蟄五日始發。⋯⋯民間常以驚蟄為候。諸焙後北苑者半月，去遠則益晚。」《大觀茶論》也說：「茶工作於驚蟄，尤以得天時為急。」建安北苑的茶，在驚蟄前後就可以採製，離清明還有一整個月，當然可以保證如期運到京師汴京（開封）。歐陽修的〈嘗新茶呈聖俞〉就生動描寫了這情況：

建安三千里，京師三月嘗新茶。人情好先務取勝，百物貴早相矜誇。年窮臘盡春欲動，蟄雷未起驅龍蛇。夜聞擊鼓滿山谷，千人助叫聲喊呀。萬木寒癡睡不醒，惟有此樹先萌芽。乃知此為最靈物，宜其獨得天地之英華。終朝採摘不盈掬，通犀銙小圓復窊。鄙哉穀雨槍與旗，多不足貴如刈麻。建安太守急寄我，香篛包裹封題斜。泉甘器潔天色好，坐中揀擇客亦嘉。新香嫩色如始造，不似來遠從天涯。停匙側盞試水路，拭目向空看乳花。可憐俗夫把金錠，猛火炙背如蝦蟇。由來真物有真賞，坐逢詩老頻咨磋。須臾共起索酒飲，何異奏雅終淫哇。

梅堯臣（聖俞）的和詩，有這麼一段：

近年建安所出勝，天下貴賤求呀呀。東溪北苑供御餘，王家葉家長白芽。造成小餅若帶銙，鬥浮鬥色頂夷華。味甘迴甘竟日在，不比苦硬令舌窊。此等莫與北俗道，只解白土和脂麻。歐陽翰林最別識，品第高下無攲斜。晴明開軒碾雪末，眾客共嘗皆稱嘉。建安太守置書角，青蒻色封來海涯。清明纔過已到此，正是洛陽人寄花。兔毛紫盞自相稱，青泉不必求蝦蟇。石缾煎湯銀梗打，粟粒鋪面人驚嗟。詩腸久饑不禁力，一啜入腹鳴咿哇。

這兩首詩除了提到建茶精品在清明前後就已抵達京師開封，還說到宋代飲茶方式的講究，比之唐代有過之而無不及。

宋代上層社會飲茶的習慣，特別是在宮廷之中，基本沿襲唐代。貢焙精製的茶葉研製成餅團，烹茶之時用碾磨成粉末，或煎煮或沖泡。據《宣和北苑貢茶錄》所載，北苑貢焙，先只造龍鳳團茶，後來又造石乳、的乳、白乳。再來又有蔡襄監造的小龍團，以及後來的密雲龍、瑞雲祥龍等名色，精益求精，愈來愈細緻。再到後來還有三色細芽、試新銙、貢新銙、龍園勝雪等花樣，層出不窮。歐陽修詩中「通犀銙小圓復窋」及梅堯臣詩句「造成小餅若帶銙」，都是形容這種精製的小團茶，可以用來品賞的。

宋代品茶，有所謂「點茶」、「鬥茶」之名目。關於「點茶」之法，蔡襄有明確的解說：「茶少湯多，則雲腳散；湯少茶多，則粥面聚。鈔茶一錢匕，先注湯，調令極勻，又添注入，環回擊拂。湯上盞，可四分則止。視其面色鮮白，着盞無水痕為絕佳。」講的是茶葉與湯水要用得恰當，否則點泡出來的茶湯沫餑不勻。點泡之時，要先將茶末調勻，添加沸水，環迴擊拂，才會出現鮮白色的沫餑。泡沫浮起，貼近茶盞時，要沒有水痕才是絕佳的點泡。蔡襄還說，「鬥茶」就是點泡的技術：「建安鬥試以水痕先者為負，耐久者為勝。故較勝負之說，曰相去一水、兩水。」好像鬥茶勝負的計算之法，跟下棋輸一子兩子一樣，可以清楚的比較。

由唐到宋，調製茶湯的最大變化是，唐代烹茶把碾細的茶葉投入沸湯之中，再澆水入湯，控制沫餑的浮起；宋代則以沸水點泡已經調好在茶盞裏的茶膏，然後迴旋擊拂，打起沫餑，好像浮起一層白蠟一樣。關於擊拂的茶具，蔡襄《茶錄》說用「茶匙」：「茶匙要重，擊拂有力，黃金為上，人間以銀、鐵為之。竹者輕，建茶不取。」茶匙而用黃金，當然是只有宮廷才用得起，一般用銀就是極為講究的了。歐陽修詩句「停匙側盞試水路，拭目向空看乳花」，及梅堯臣的「石餅煎湯銀梗打，粟粒鋪面人驚嗟」，正是形容用銀匙擊拂茶湯，泛起如粟粒乳花一般的沫餑，是典型的宋代飲茶方式。

比蔡襄《茶錄》早半個多世紀，宋初陶穀的《茗荈錄》（成書於970年前），曾提到有人烹茶運匙之妙，可以在調製茶湯時點出圖畫、物象，甚至詩句。如記〈生成盞〉：

> 饌茶而幻出物象於湯面者，茶匠通神之藝也。沙門福全生於金鄉，長於茶海，能注湯幻茶，成一句詩，並點四甌，共一絕句，泛乎湯表。小小物類，唾手辦耳。檀越日造門求觀湯戲。全自詠曰：生成盞裏水丹青，巧畫工夫學不成。卻笑當時陸鴻漸，煎茶贏得好名聲。

還記有〈茶百戲〉：

> 茶至唐始盛。近世有下湯運匕，別施妙訣，使湯紋水脈成物象者，禽獸蟲魚花草之屬，纖巧如畫。但須臾即就散滅，此茶之變也，時人謂之茶百戲。

可見宋朝初年還出現點茶繪圖的花樣，茶匙居然是用作畫筆的。

蔡襄所記用重匙打出沫餑，到後來就用新的茶具「筅」來運作。筅是竹製的攪打茶器，形狀頗似西洋的打蛋器，但細密得多。《大觀茶論》指出，茶筅要用肋竹老而堅者，器身要厚重，器端要有疏勁。體幹要堅壯，而末端要銳細，像劍脊一樣。因為幹身厚重，就容易掌握，易於運用。筅端有疏勁，操作如劍脊，則擊拂稍過，也不會產生不必要的浮沫。

使用竹筅點茶，擊拂出沫餑，造就一碗至善至美的茶湯，《大觀茶論》有極其詳盡的說明，也可說是宋代飲茶藝術的極致了。

由於崇尚這種擊拂起沫的飲茶方式，茶甌的選用也就與唐代崇尚青瓷不同，而轉為標舉建安的黑瓷。蔡襄《茶錄》論「茶盞」就說：「茶色白，宜黑盞，建安所造者，紺黑，紋如兔毫，其坯微厚，熁之久熱難冷，最為要用。出他處者，或薄，或色紫，皆不及也。其青白盞，鬥試家自不用。」這是說明茶湯沫餑呈白色，需要黑盞來相映。點茶費時頗久，就需要茶甌厚實，可以保溫。過去視為上品的青瓷、白瓷，完全不適用了。

《大觀茶論》更就使用的筅擊拂這一點，申說了建窯茶盞的優越性：

盞色貴青黑，玉毫條達者為上，取其煥發茶采色也。底必差深而微寬，底深則茶直立，易以取乳；寬則運筅旋徹，不礙擊拂。然須度茶之多少，用盞之大小。盞高茶少，則掩蔽茶色；茶多盞小，則受湯不盡。盞惟熱，則茶發立耐久。

梅堯臣詩中所說的「兔毛紫盞目相稱」，在品茶大家蔡襄及宋徽宗的眼裏，大概只是勉強可用而已，因為最好的兔毛盞應該是青黑色的。

（五）

宋代品茶的藝術，經蔡襄到宋徽宗，已經臻於登峰造極之境，其細緻講究真是無可比擬。然而，這種把茶葉極品製成團餅，再碾成細末，在茶盞中擊拂出沫餑的飲茶法，固然有其「危微精一」、引人入勝之處，卻也難免雕鑿太過，鑽入了藝術品賞「取其一點，不及其餘」的牛角尖。

正當唐宋宮廷與上層社會飲用團餅茶，並日益發展出精緻的點泡法之時，民間的飲茶習慣亦有大發展，而且是沿着通俗的、下里巴人的脈絡廣為流傳。特別是由宋入元期間，通俗的茶飲方式，主要有兩個傾向：一是在茶中加果加料；二是飲用散茶。

上引梅堯臣的詩中有句：「此等莫與北俗道，只解白土和脂麻」，是說點茶的精妙跟北方俗人是講不清的，因為北方人只懂得使用白瓷茶盌，飲茶時還放芝麻。這是自以為陽春白雪的詩人看不起通俗的品味，貶斥喝茶加果加料，混攪了茶的真香。

茶中加果加料，是自古以來的俗習。陸羽已經指出，茶中加料，就跟喝「溝渠間棄水」一樣。蔡襄也指出，有人在製造上貢團茶時，加入龍腦香：在烹點之時，又「雜珍果香草」，都是不對的。然而，說者自說，用者自用。如陶穀《茗荈錄》中就有「漏影春」的點茶法，其中就用荔肉、松實、鴨腳之類。蘇轍在寫給蘇東坡的一首和詩裏，也提到北方人飲茶習慣俚俗，與閩地發展出的精緻品賞法不同:「君不見，閩中茶品天下高，傾身事茶不知勞。又不見，北方俚人茗飲無不有，鹽酪椒薑誇滿口。」

這種北方俚俗的喝茶法，其實不限於遼金統治的北方；南方市井通衢一般人喝茶，也經常如此。吳自牧《夢梁錄》說宋代都市中茶館業興隆，在南宋臨安（今杭州）的茶館裏，不但賣各種奇茶異湯，到冬天還賣「七寶擂茶」。

關於奇茶異湯，南宋趙希鵠的《調燮類編》說各種茶品，可以用花拌之，「木樨、茉莉、玫瑰、薔薇、蘭蕙、橘花、梔子、木香、梅花，皆可作茶。」比較脫俗的，有「蓮花茶」:

於日未出時，將半含蓮撥開，放細茶一撮，納滿蕋中。以麻皮略紮，令其經宿。次早傾出，用建紙包茶焙乾。再如前法，又將茶葉入別蕋中。如此者數次，取出焙乾用。不勝香美。

蓮花茶的製作，雖然費工費時，頗耗心血，但在追求高雅脱俗之時，卻違背了「茶有真香」的道理。

至於「七寶擂茶」，明初朱權的《臞仙神隱》書中記有「擂茶」一條：是將芽茶用湯水浸軟，同炒熟的芝麻一起擂細。加入川椒末、鹽、酥油餅，再擂勻。假如太乾，就加添茶湯。假如沒有油餅，就斟酌代之以乾麵。入鍋煎熟，再隨意加上栗子片、松子仁、胡桃仁之類。明代日用類書《多能鄙事》也有同樣的記載。可見一般老百姓喝茶，雖然得不到建茶極品，倒是有不少花樣翻新。

若再看看元代忽思慧的《飲膳正要》（成書於1330年），更可看到各種花樣的茶。如枸杞茶，是用茶末與枸杞末，入酥油調勻；玉磨茶，是用上等紫筍茶，拌和蘇門炒米，勻入玉磨內磨成；酥簽茶，是攪入酥油，用沸水點泡。這一類的飲茶形式，經歷唐宋元明，特別是在契丹、女真、蒙古所統治過的北方地區，一直流傳下來。讀一讀《金瓶梅詞話》就可發現，加料潑滷的飲茶法，到了明代中晚期仍屬大眾常用的飲茶方式。

由宋入元，散茶沖泡的飲茶方式逐漸普遍。散茶有蒸青、炒青等製作方法，都是唐代就有的民間工藝。雖然散茶的製作與烹煎方式比團餅簡便，唐宋上層社會卻偏要採用壓製團餅、碾末羅篩、擊拂起沫的品茶方式，認為這樣才能達到他們心目中的陽春白雪境界。南宋以後，點茶的風尚逐漸式微，散茶的生產愈來愈多，民間講究品賞的也漸以散茶為着眼了。王禎《農書》(1313 年成書）所記農事，主要是宋末元初之情況，就說「茶之用有三，曰茗茶，曰末茶，曰蠟茶。」茗茶即指茶芽散裝者，南方已經普遍使用；末茶指細碾點試的茶，「南方雖產茶，而識此法者甚少」；蠟茶指封蠟上貢的茶，「民間罕見之」。可見宋末元初，普遍飲茶的南方已經是以散茶為主了。

依照傳統的說法，唐宋製茶都以團餅壓模為主，到元代仍是如此，直到明太祖朱元璋下詔改革，「罷造龍團，一照各處，採芽以進」，才變成製散茶為主的局面。這個說法十分偏頗，與歷代發展的真相不符，因為說的只是貢茶的情況，是以宮廷崇尚的茶種及其飲用情況作為普遍的歷史現象，完全忽視了廣大民間飲茶方式的轉變。

中國傳統製茶工藝出現伊始，當是從摘採嫩葉羹煮，發現可以曬乾保存，再出現了蒸青、炒青的技術，然後才有壓製團餅的工序。因此，在唐宋元宮廷貢茶崇尚團餅末茶之時，民間使用散茶的傳統並不可能斷絕，只是不為人所推崇，文獻的記載很少而已。從南宋到元朝，正當上層社會注意力全放在建茶團餅的製造與進貢之時，散茶已經逐漸先在江浙皖南，繼而在全國範圍內蓬勃發展，佔了生產的主導地位。也就是說，到了元明之際，全國的普遍飲茶方式已經是散裝的茗茶了。明朝建都南京，一開始仍然承襲元制，還是進貢建寧的大小龍團，但不久便改貢芽茶，從此廢止了團餅茶，顯然是「隨俗」的表現，是順應飲茶風氣的潮流，而非創造新式的飲茶方法。

（六）

明太祖廢團餅茶，以芽茶入貢，雖然只是因勢利導，卻對芽茶製作工藝的精進，產生了很大的刺激作用。同時，也因廢止建寧一帶的團餅貢茶，對福建茶業產生了很大影響，迫使福建茶業轉型，由本來的皇家壟斷包辦，轉而要考慮商品市場的行銷。由於明代新興蓬勃的茶飲風尚，講究芽茶的清香空靈，福建武夷系茶葉卻質地偏濃郁甘醇，一輕揚，一厚重，就使得福建茶葉必須發展出一條新的品茶途徑。這也就是明清時期福建發展出紅茶和烏龍茶的歷史背景。

明代茶葉製作工藝的重大發展，是在炒青與烘焙方面，依照各地茶產的特性，掌握炒青的火候，研製出各種有特色的名茶。萬曆年間的羅廩著《茶解》，其中說到「唐宋間研膏蠟面，京挺龍團，或至把握纖微，直錢數十萬，亦珍重哉。而碾造愈工，茶性愈失，矧雜以香物乎？曾不若今人止精於炒焙，不損本真。」即指唐宋貢茶，到了後來細工雕琢，一小把茶葉就價值數十萬錢。然而碾造工藝太過，茶之本性與真香反而受損，甚至還摻入香物，就不如明代製茶精於炒焙，可以保持茶的本色真香。

《茶解》對採茶、製茶的要訣，有很詳細的指示，可說是古代製造炒青茗茶最有系統的說明。採茶之法：

> 雨中採摘，則茶不香。須晴晝採，當時焙；遲則色、味、香俱減矣。故穀雨前後，最怕陰雨，陰雨寧不採。久雨初霽，亦須隔一兩日方可。不然，必不香美。採必期於穀雨者，以太早則氣未足，稍遲則氣散。入夏，則氣暴而味苦澀矣。採茶入簞，不宜見風日，恐耗其真液，亦不得置漆器及瓷器內。

至於製作時的炒青工序，則解說得更是清楚：

> 炒茶，鐺宜熱；焙，鐺宜溫。凡炒，止可一握。候鐺微炙手，置茶鐺中，札札有聲，急手炒匀。出之箕上薄攤，用扇搧冷。略加揉挼，再略炒，入文火鐺焙乾，色如翡翠。若出鐺不扇，不免變色。茶葉新鮮，膏液具足。初用武火急炒，以發其香。然火亦不宜太烈。最忌炒製半乾，不於鐺中焙燥，而厚罨籠內，慢火烘炙。

此外還解釋了茶炒熟後必須揉挼的原因，是為了讓茶葉中的脂膏可以方便溶液，在沖泡時可以把香味發散出來。至於炒茶用的鐵鐺，最好是熟用光淨的，炒時就滑脱。新鐺不好，因為鐵氣暴烈，茶易焦黑；年久生鏽的老鐺也不能用。書中還指出，炒茶要用手操作，不僅匀適，還能掌握適當的溫度。茶中摻有茶梗，也有説明，認為「梗苦澀而黄，且帶草氣。去其梗，則味自清澈」。但若「及時急採急焙，即連梗亦不甚為害。大都頭茶可連梗，人夏便須擇去」。

明中葉以後，江南商品經濟迅速發展，使得長江中下游及沿着大運河一帶也富庶起來，人們的生活也講求精緻的享受與品味。品賞茶飲成為了士大夫追求生活藝術重要的一環，與製茶工藝的新發展相輔相成，開展了晚明士人夫的高雅品茗藝術。

高濂的《遵生八箋》中，品評當時的名茶，就説到蘇州的虎丘茶及天池茶，都是不可多得的妙品。至於杭州的龍井茶更是遠超天池茶，其關鍵在於茶葉質地好，又要炒法精妙。龍井茶一出名，以假亂真的現象就出現了：「山中僅有一二家，炒法甚精。近有山僧焙者亦妙，但出龍井者方妙。而龍井之出，不過十數畝，外此有茶，似皆不及。附近假充，猶之可也。至於北山西溪，俱充龍井。即杭人識龍井茶味者亦少，以亂真多耳。」

萬曆年間住在西子湖畔，精於生活品味與藝術鑑賞的馮夢禎，對當時茶品中最著名的羅岕、龍井、虎丘、天池等種，也有所評隲，指出世間真贗相雜，實在難辨。他舉自己有一次到老龍井去買茶的經驗為例：

> 昨同徐茂吳至老龍井買茶。山民十數家各出茶，茂吳以次點試，皆以為贗。曰，真者甘香而不冽，稍冽便為諸山贗品。得一、二兩以為真物，試之，果甘香若蘭，而山民及寺僧反以茂吳為非。吾亦不能置辨，偽物亂真如此。
>
> 茂吳品茶，以虎丘為第一。常用銀一兩餘，購其斤許。寺僧以茂吳精鑒，不敢相欺。他人所得，雖厚價亦贗物也。子晉云，本山茶葉微帶黑，不甚青翠，點之色白如玉，而作寒豆香，宋人呼為白雲茶，稍綠便為天池物。天池茶中雜數莖，虎丘則香味迥別。虎丘其茶中王種耶？岕茶精者，庶幾妃后。天池龍井，便為臣種。其餘則民種矣。

這裏提到幾個現象，可以看到明代中葉以後品茗藝術與商品市場經濟發展的關係，與中古的唐宋時期大不相同了。唐宋以迄元代，最精美的貢品茶葉完全由官府設監製作，嚴禁流入民間，根本不可能出現真贗相雜的情況。明代中葉以後，茶葉精品卻是待價而沽，爭奇鬥妍，同時也出現真偽難辨的現象。馮夢禎說他與徐茂吳到龍井去試茶，在辨識真贋之時，他自己這個品茶名家已經力不從心，需要仰仗徐茂吳的功力了。由此可以推知，到了最精微的品評辨識階段，譬如是真龍井還是附近山區所產的冒名茶品，一般人是無法辨別真贋的。

馮夢禎所記，是把虎丘列為第一，羅岕可以作為后妃來相匹配，天池、龍井則為次等，其餘的茶就等而下之了。這個說法，袁宏道（字中郎）是大體贊同的，不過又把羅岕的地位提高了一級：

> 龍井泉既甘澄，石復秀潤。流淙從石澗中出，泠泠可愛，入僧房爽塏可棲。余嘗與石簣、道元、子公汲泉烹茶於此。石簣因問，龍井茶與天池孰佳？余謂，龍井亦佳，但茶少則水氣不盡，茶多則澀味盡出。天池殊不爾。大約龍井頭茶雖香，尚作草氣。天池作豆氣。虎丘作花氣。唯岕非花非木，稍類金石氣，又若無氣，所以可貴。岕茶葉粗大，真者每斤至二千餘錢。余覓之數年，僅得數兩許。近日徽人有送松蘿茶者，味在龍井之上，天池之下。

袁中郎品第名茶，是羅岕第一，天池第二，松蘿第三，龍井第四，虎丘則與天池在伯仲間。

品第茶的等級，主觀成分很大，見仁見智，意見時常不同。李日華在《紫桃軒雜綴》（成書於 1620 年）中說到「羅山廟後岕」，就在推崇之中，稍有保留：「精者亦芬芳，亦回甘。但嫌稍濃，乏雲露清空之韻。以兄虎丘則有餘，以父龍井則不足。」在《六硯齋筆記》中，則對虎丘茶作了一些批評，認為虎丘「有芳無色」，而芬芳馥郁之氣又不如蘭香，止與新剝荳花一類。聞起來不怎麼香，喝入口又太淡，實在不太高明。因此，這種「有小芳而乏深味」的茶，其實是比不上松蘿、龍井的。

文震亨在稍後的《長物志》、陳繼儒在《農圃六書》、張岱在《陶庵夢憶》中，都提到羅岕茶為茶中珍品，看來是明末清初士大夫品茶的共識。看看晚明的茶書，專論羅岕茶的就有好幾本，如熊明遇《羅岕茶記》（1608 年前後）、周高起《洞山岕茶系》（1640 年前後）、馮可賓的《岕茶箋》（1642 年前後）及冒襄的《岕茶彙鈔》（1683 年前後）。羅岕茶與明末清初其他高檔茶最不同處，是製法不同，為當時名茶中唯一的蒸青茶，不用炒青法。再者，岕茶葉大梗多，外形並不纖巧。馮夢禎《快雪堂漫錄》就說過一個李于鱗鬧的笑話。李于鱗是北方人，任浙江按察副使時，有人以岕茶最精者送禮。過了不久才知道，他已經賞給傭人皂役了，因為看到岕茶葉大多梗，以為是下等的粗茶，也就打賞給下等的粗人去喝了。

許次紓《茶疏》（1597 年成書），盛讚羅岕茶，說「其韻致清遠，滋味甘香，清肺除煩，足稱仙品」。並對岕茶葉大梗多的情況，作了一番說明：

> 岕之茶不炒，甑中蒸熟，然後烘焙。緣其摘遲，枝葉微老，炒亦不能使軟，徒枯碎耳。亦有一種極細炒岕，乃採之他山，炒焙以欺好奇者。彼中甚愛惜茶，決不忍乘嫩摘採，以傷樹本。

可見羅岕茶不能早採，所以葉大梗多，並不細巧。《羅岕茶記》說岕茶產在高山上，沐櫛風露清虛之氣。其實，茶生長在高冷之處，抽芽就慢，不可能在早春就採，要過了立夏才開園。因此，別處的茶以「雨前」（穀雨以前）為佳，甚至有「明前」（清明以前）的佳品，羅岕茶卻要等到立夏以後。也因此，「吳中所貴，梗粗葉厚，微有蕭箬之氣。」《洞山岕茶系》也說：「岕茶採焙，定以立夏後三日，陰雨又需之。世人妄云雨前真岕，抑亦未知茶事矣。」由此可知，陽曆五月之前，是不可能有羅岕茶的，所謂「雨前真岕」當然是贋品，是騙不懂茶事的人的。

（七）

明代茶葉精品的出現，與經濟生活的富庶相關，出現了相對應的品賞情趣之提高。明中葉以後品茗藝術的發展，一方面恢復了唐宋品茗賞器的樂趣，對茶飲的程序與器物的潔雅再三致意，另一方面更看重性靈境界的質樸天真，追求品茶過程心靈超升的修養，以期融入天然和諧的天人合一之境，不但得到個人心理的祥和平安，也在哲理與藝術的探索上得到智性的滿足。相對而言，唐宋品茶比較重視儀式，通過繁瑣的程序、講究的器具，得到一種心理的秩序與平衡，是通過禮儀感受茶道的精神。明代的茶道則比較重視天機，減少了繁瑣的儀式與道具，順應品茗者的心性與興趣，在藝術創造的樂趣中，追求人生美好時光的體會。

我們若舉日本茶道與明清發展出來的中國茶道相比，當更能了解，唐宋品茶之道與明清是有差異的。日本茶道的成長，基本上沿襲中國唐宋茶道的儀式，到了十六世紀晚期經千利休的改進發展，強調「和敬清寂」為其精髓，有着濃重的儀式性、典禮性，同時也呈現了禪教影響的出世清修精神。可以說日本茶道是唐宋茶道儀式的延伸，而在精神上突出了「寂」，也就是對出世清修的宗教嚮往。明清茶道則不同，在品茶的儀式及茶具的形制上，都因茶葉質地的變化，而產生相應的更動，甚至棄而不用。也就是在追求茶道本質之時，沒有忘記品茶的基本物質基礎，一是茶葉的味質與香氣，二是品嘗者的味覺與嗅覺。因此，相應的茶道精神是突出「趣」，期冀在品茗的樂趣中，對人格清高有所培養與提升，着眼點仍是人間入世的修養，宗教性不強。從歷史發展的角度來看，唐宋茶道的儀式，日本可說是一成不變地學去，保留了形式，抽換了內容，根本不講求飲茶的樂趣，只強調茶飲的「苦口師」作用，成了禪修的法門。明清茶道延續了唐宋點茶與鬥茶的樂趣，在儀式上卻出現了根本的變化，再也不用竹筅擊打出白蠟一般的沫餑了。

明人發展出來的飲茶之「趣」，在當時的茶書及散文小品，甚至日記書札中，都時常提及。這裏只舉許次紓《茶疏》為例。其中說到茶的烹點：

> 未曾汲水，先備茶具。必潔必燥，開口以待。蓋或仰放，或置瓷盂，勿竟覆之，案上漆氣、食氣，皆能敗茶。先握茶手中，俟湯既入壺，隨手投茶湯，以蓋覆定。三呼吸時，次滿傾盂內。重投壺內，用以動盪，香韻兼色不沉滯。更三呼吸，頃以定其浮薄，然後瀉以供客。則乳嫩清滑，馥郁鼻端。病可令起，疲可令爽。吟壇發其逸思，談席滌其玄矜。

這裏講求茶具的安排與置放，以及品茗的過程，考慮的不是儀式的重要，而是味覺與嗅覺的享受與快感，通過五官感覺的舒適，產生吟詩玄談的精神提升。

對於適宜飲茶的場合和時光，許次紓在《茶疏》中做了細緻的羅列：

心手閒適。披詠疲倦。意緒棼亂。聽歌拍曲。歌罷曲終。杜門避事。鼓琴看畫。夜深共語。明牕淨几。洞房阿閣。賓主款狎。佳客小姬。訪友初歸。風日晴和。輕陰微雨。小橋畫舫。茂林修竹。課花責鳥。荷亭避暑。小院焚香。酒闌人散。兒輩齋館。清幽寺觀。名泉怪石。

也列舉了不適合喝茶的場合：

作事。觀劇。發書柬。大雨雪。長筵大席。繙閱卷帙。人事忙迫。及與上宜飲時相反事。

喝茶時不宜用的：

惡水。敝器。銅匙。銅銚。木桶。柴薪。麩炭。粗童。惡婢。不潔巾帨。各色果實香藥。

飲茶的場所不宜靠近：

陰室。廚房。市喧。小兒啼。野性人。童奴相閧。酷熱齋舍。

飲茶還不適合人多，三兩個人還好，五六個人就要點燃兩個爐子，再多就不行了。至於以壺沖泡，用江南出產的茗茶，兩巡正好，三巡就有點乏了：

> 一壺之茶，只堪再巡。初巡鮮美，再則甘醇，三巡意欲盡矣。余嘗與馮開之（馮夢禎）戲論茶候，以初巡為停停嬝嬝十三餘，再巡為碧玉破瓜年，三巡以來，綠葉成陰矣。開之大以為然。所以茶注欲小，小則再巡已終。寧使餘芬剩馥，尚留葉中，猶堪飯後供啜嗽之用，未遂棄之可也。若巨器屢巡，滿中瀉飲，待停少溫，或求濃苦，何異農匠作勞，但需涓滴。何論品賞，何知風味乎。

馮可賓的《岕茶牋》也簡略的羅列宜茶的場合與禁忌，可與許次紓的事例相對照。宜茶的場合：「無事。佳客。幽坐。吟詠。揮翰。徜徉。睡起。宿醒。清供。精舍。會心。賞鑒。文僮。」禁忌：「不如法。惡具。主客不韻。冠裳苛禮。葷肴雜陳。忙冗。壁間案頭多惡趣。」

可以看出，明代文人雅士在茶飲過程中講求的情趣，都與日常生活的情調有關，希望得到的是閒適的心情、明朗的感覺、親切的氛圍、清靜的環境與澄澈的觀照。這是一種清風朗月式的情趣，很像儒家傳統形容人品的高潔，有着人世間活生生的脈動，而非宗教性的清寂。

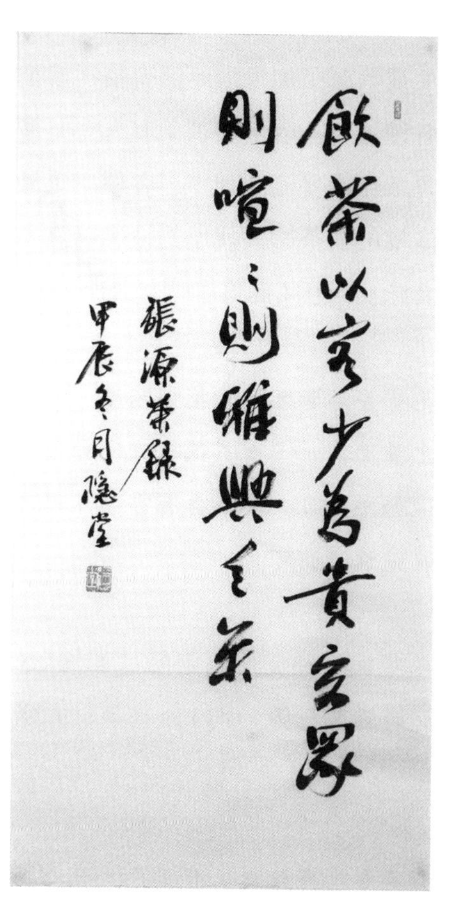

張源《茶錄》節錄（書法：鄭培凱）

由於明代文人雅士講究葉茶沖泡，並特別強調茶葉的本色真香，以追求茶飲的清靈之境，自然就會反對在泡茶時摻加珍果香草。但是明代的大眾飲茶方式，特別是江南以外的地區，卻承襲了加果加料的習俗，甚至變本加厲，在茶裏加入各種佐料。許多強調茶有真香，嚴忌加果加料的茶書，也經常作出妥協，列舉了各種用花果薰茶與點茶的方法。如朱權的《茶譜》就反對「雜以諸香，失其自然之性，奪其真味」，但又提供了「薰香茶法」：

> 百花有香者皆可。當花盛開時，以紙糊竹籠兩隔。上層置茶，下層置花。宜密封固，經宿開換舊花。如此數日，其茶自有香味可愛。有不用花，用龍腦薰者亦可。

再如錢椿年編、顧元慶刪定的《茶譜》（成書於公元1541年），記有點茶三要，其中「擇果」一條，讀來就似前後矛盾：

> 茶有真香，有佳味，有正色。烹點之際，不宜以珍果香草雜之。奪其香者，松子、柑橙、杏仁、蓮心、木香、梅花、茉莉、薔薇、木樨之類是也。奪其味者，牛乳、番桃、荔枝、圓眼、水梨、枇杷之類是也。奪其色者，柿餅、膠棗、火

桃、楊梅、橙橘之類是也。

凡飲佳茶，去果方覺清絕，雜之則無辯矣。若必曰所宜，核桃、榛子、瓜仁、棗仁、菱米、欖仁、栗子、雞頭、銀杏、山藥、筍乾、芝麻、莒蒿、萵巨、芹菜之類精製，或可用也。

這裏説的「或可用」的果品，香味與色調雖然不及前列幾種那麼濃烈，但仍會攪亂茶的真香本色。文震亨《長物志》中也提到，假如要在茶中置果，「亦僅可用榛、松、新筍、雞豆、蓮實不奪香味者，他如柑、橙、茉莉、木樨之類，斷不可用。」總之是妥協從俗的辦法。

然而，也有些自命雅士的，喜愛在茶中添料，甚至還別出心裁，創造風雅的加料茶。如元代的倪瓚，就發明「清泉白石茶」。據顧元慶《雲林遺事》：

元鎮（倪瓚）素好飲茶。在惠山中，用核桃松子肉和真粉，成小塊如石狀，置茶中，名曰清泉白石茶。有趙行恕者，宋宗室也，慕元鎮清致，訪之。坐定，童子供茶。行恕連啖如常。元鎮艴然曰：「吾以子為王孫，故出此品，乃略不知風味，真俗物也。」自是交絕。

倪瓚自以為所創的清泉白石茶是極為高雅的花樣，沒想到宗室貴胄卻不懂得欣賞，因此斥為庸俗，大怒絕交。但是倪瓚自命清雅無比的創舉，羅廩卻在《茶解》中視為可笑：「茶內投以果核及鹽、椒、薑、橙等物，皆茶厄也。…… 至倪雲林點茶用糖，則尤為可笑。」

到了清代乾隆皇帝，也是自以為清雅，特製「三清茶」：「以梅花、佛手、松子瀹茶，有詩紀之。茶宴日，即賜此茶，茶碗亦摹御製詩於上。宴畢，諸懷之以歸。」(見《西清筆記》）茶碗摹上乾隆一手仿效趙孟頫卻又畫虎不成的字，抄的又是似通非通的御製詩，再喝碗內不倫不類的三清茶，在當時作官也實在高雅不起來。

至於民間的加果加料茶，在浙江就有「果子茶」、「高茶」、「原汁茶」等名目。十八世紀茹敦和的《越言釋》就記有這種里俗：

> 此極是殺風景事，然里俗以此為恭敬，斷不可少。嶺南人往往用餹梅，吾越則好用紅薑片子。他如蓮菂榛仁，無所不可。其後雜用果色，盈杯溢盞，略以甌茶注之，謂之果子茶，已失點茶之舊矣。漸至盛筵貴客，累果高至尺餘，又復雕鸞刻鳳，綴綠攢紅，以為之飾。一茶之值，乃至數金，謂之高茶，可觀而不可食。雖名為茶，實與茶風馬牛。又有從而反之者，聚諸乾撩爛煮之，和以餹蜜，謂之原汁茶。可以食矣，食竟則

摩腹而起。蓋療饑之上藥，非止渴之本謀，其於茶亦了無干涉也。他若蓮子茶、龍眼茶，種種諸名色，相沿成故。而種種年餻餈餅餌，皆名之為茶食，尤為可笑。

殺風景固然是殺風景，但也可以看到一般老百姓喝茶的習俗，與文人雅士提倡的風尚，有相當的距離。

（八）

從明清之際到近代，中國茶飲的傳統開始沒落。一方面是種茶飲茶的工藝沒有太大的發展，另方面則是由於民生經濟的凋蔽，晚明發展起來的品茗雅趣，到了清代中期，就逐漸走了下坡。

明清茶事值得一提的還有兩件。一是茶碗的變化，不但由大變小，也由崇尚厚重青黑的建窰，轉而崇尚青花白瓷，最後又出現了宜興紫砂茶具傲視群倫的現象。第二則是福建製茶工藝的變化，出現了武夷工夫茶一系的水仙和烏龍茶，同時也種植製造遠銷外洋的紅茶。

這兩種發展都出現在明代後期到清代中葉之間，其後則是中國茶業與茶藝的沒落期。特別是在清朝末葉，1890 年代之後，茶業一蹶不振，與中國近代的動盪戰亂相應。本世紀以來，戰事與革命頻仍，品茗的藝術當然無從發展，而且逐漸為國人遺忘了。以至於現代人提到「茶道」，直接的反應居然是日本的茶道，好像那是日本的「國粹」，與中國文化無關似的。

然而，明清飲茶的風尚雅趣，雖然在近代沒有得到提升，卻在幾個世紀的潛移默化之中，使得大多數中國老百姓遵循了明清雅士所提倡的「茶有真香」的質樸本色飲茶講究。喝茶以葉茶沖泡為主，既不加香，也不加果，全成了晚明雅士眼中的陽春白雪派了。

或許有人會説這是歷史的反諷，現代人根本不清楚茶飲歷史的情況，竟然胡裏胡塗成了高雅的陽春白雪派。可是，反過來看，也可説茶飲歷史的發展，有其自身客觀的發展脈絡，中國飲茶方式的演變正是循着這個脈絡自然生成的。古人説，茶有真香、有本色、有正味，現代人的葉茶沖泡方式，正符合最質樸的品味之道。

從這個角度來看，日本茶道發展的前途堪虞，因為其着眼點已經不是「茶之道」，而是從唐宋茶道禮儀形式發展出來的「茶以外之道」，可以與茶本身無關。而 1980 年代以來台灣發展的茶藝，特別是以烏龍茶為主，倒是在注重茶葉本身的色、香、味之時，逐漸提煉出一套新的品茶程序與儀式，有利於茶道的進一步演變。台灣種茶，早先多是從產烏龍和鐵觀音的福建安溪整個族搬過去的。烏龍、鐵觀音是濃香的茶。江南的茶，像龍井、碧螺春是清香。台灣的茶基本上是按照福建的系統，後來因為比較富裕之後，製作上精益求精。我就發現台灣的茶做得比福建好，可是現在台灣茶商又回到福建去做茶了，所以現在福建也學台灣的方法。這學起來並不是那麼困難，主要是花精神，很多好的茶都是需要經過許多手工程序，過程相當精密。

回顧中國茶飲的歷史，可以發現長遠的文化進程，提供了許多歷史經驗與前人努力創造的文化資源。有的可以汲取使用，有的可供反省思考，有的則是前人的覆轍，值得作為警惕之用的。品茗藝術的創新，應當是建築在歷史反思的基礎上，才能事半功倍，有所飛躍。

（本文關於茶飲歷史文化的材料，來自拙文〈茶飲歷史的回顧〉）

啜英咀華——宋人點茶的視覺審美追求

（一）

宋徽宗在《茶論》（今人稱作《大觀茶論》）的序中提及，太平盛世，喝茶也就喝得講究，「采擇之精，製作之工，品第之勝，烹點之妙，莫不咸造其極」。在這本《茶論》中，宋徽宗對產茶、採茶、製茶、碾茶的物理與各種工序都做了詳細而精到的探討。講到飲茶的器具，點茶所需要的物件，更是分門別類，按照盞、筅、瓶、杓，一一羅列。他特別指出，只要是涉及喝茶、存茶、點茶，無論階級貧富貴賤，都可以從中講究精緻高雅的品味，而享有閒情逸致生活。具體説到追求精緻飲茶的方式，他説：「莫不碎玉鏘金，啜英咀華，較篋笥之精，爭鑒裁之妙」。人人都喝茶，都蓄茶，都點茶，都鬥茶，就會從中體會飲茶的情趣，「可謂盛世之清尚也」。

宋徽宗形容點茶的過程，用了非常簡潔明確的修辭，説是「碎玉鏘金，啜英咀華」，聽起來像是運用文學修辭的伎倆，以華麗的辭藻來形容宋人點茶的境界，似乎沒有具體説明點茶的程式。其實這兩句話，特別是「啜英咀華」，看似文人玩弄辭藻的虛招，卻言簡意賅，深刻説明了宋代點茶的精髓。以下我就從這表面狀似文辭虛飾的題目說起，揭示宋徽宗遣詞用字之準確，描繪了宋人點茶的深刻複雜面貌。再進一步探討宋人點茶的審美追求，是否強調視覺美感多於味覺與嗅覺美感，以及「宋人點茶」風尚，為什麼無法持續，到了元明之後就衰微了，以至在中國茶飲傳統中成了絕響。這背後的原因當然與文化風尚的變遷有關，涉及「點茶」與「鬥茶」是怎麼回事，追求的風尚是什麼，又為什麼會出現風尚轉移，最後衰頹不振。

我從十五年前開始做《中國歷代茶書匯編》的校註工作，把能夠找得到的歷代茶書版本都整理了一遍，在進行校註的過程中，體會了「古典文獻學」的甘苦，真是皓首窮經，只為了在學問的米缸裏剔除出一粒秕糠。在整理文獻的過程中，也學會了細讀文本，倒是與我大學時代研習「新批評」的「close reading」訓練有異曲同工之處。只有細讀文本的每一個字，理解古人用字之矜慎，才能在每個字後面，了解到書寫者到底是什麼意圖。我讀宋徽宗《茶論》，就在「碎玉鏘金，啜英咀華」這八個字後面，讀出了宋代茶飲風尚的歷史意義。

說到「啜英咀華」，就會讓人想到古典文學中常用的「含英咀華」一詞。《禮記．樂記》裏面談到音樂美學，對音樂審美境界的追求，是「英華發外，唯樂不可以為偽」。揚雄《長楊賦》中提到「英華沉浮，洋溢八區。普天所覆，莫不沾濡」。李善註曰：「英華，草木之美者，故以喻帝德焉。」可見「英華」的本意，是形容「草木之美」，形容草木生長葳蕤，生氣勃勃，是天地間自然生態的美麗展現。不論是「英華發外」還是「英華沉浮」，都是引申的意思，將草木的英華轉為抽象本質性的「精英」或「精華」，拿來比喻音樂之美或道德之美。晉代潘岳的《司空鄭袞碑》（見《藝文類聚》卷四十七）說：「凡厥搢紳之士，所以挹酌洪流，含咀英芳者，猶旱苗之仰膏雨，湛露之晞朝陽也。」遣詞用字之法，已經從明喻轉為暗喻，襲取《離騷》餐飲蘭芷芬芳的修辭傳統，以飲食含咀花草的芳香，比喻士大夫如何亟亟汲取道德學問，內化世上的精華。因此，英華可以含咀，就成為古典文學中的慣用表達詞語，經常用來形容君子品類浸潤於優美傳承，以提高文化修養與道德品格。

南北朝時期梁朝的劉孝標《答劉之遴借類苑書》（見《藝文類聚》卷五十八）說：「若夫采亹亹於緗紈，閱微言於殘竹，嘔飫膏液，咀嚼英華。」說的是讀書學習，汲取古人著作中的精華，就把「咀嚼英華」一詞，具體聯繫到欣賞與體會文學，從中感受觸動心靈的審美享受。古文大家韓愈的《進學解》，是唐宋以來讀書人耳熟能詳的典範，其中寫道：「沉浸醲郁，含英咀華。作為文章，其書滿家。」這也就使人一提到「含英咀華」，就想到翰墨文章的精華，是學人墨客修養涵泳的必經過程。宋代張舜民《畫墁集》有一篇題懷素《歸田賦》的跋，說到：「中間以文章知名，含華咀英，馳騁今古者，不可勝數。」「英」與「華」兩個字雖然顛倒使用，但意思跟韓愈所說是一樣的，都是稱頌文章辭藻之美，可以馳騁百代，以臻不朽。類似的意思，在楊時《龜山集》的《曾文昭公行述》也可以見到：「自少力學，於六經百氏之書，無所不究，含英咀實，以畜其德。」朱熹的《朱子語類》也有這樣的文字：「含英咀實，百世其承。」

宋徽宗這位特別注重審美細節的大藝術家，在《茶論》中不用「含英咀華」一詞，而用「啜英咀華」，棄「含」取「啜」，是有其深意的。從文獻細讀的經驗中，我們可以得知，古人的聰明才智慣常顯示在遣詞用字之上，對每個字的選擇都十分精準。不說「含英咀華」，而說「啜英咀華」，不只是文學修辭上的變動，隨意說說喝茶要喝精華，而是回到草木英華的原意，具體明確地描繪宋人點茶的過程，在喝茶的時候，不但是飲其「英華」，還有「啜」有「咀」，點出品茶程式的關鍵。

北宋點茶，先碾茶成粉末，調製茶膏之後，徐徐注入沸水，講究擊拂茶湯，製造泛起在茶碗的沫餑。擊拂的茶具，先是茶匙，到了北宋中期之後開始用茶筅。蔡襄《茶錄》中，特別講到擊拂茶湯的技巧：「先注湯，調令極勻，又添注之，環回擊拂。」對擊拂所用的茶匙，是有特定要求的：「茶匙要重，擊拂有力。黃金為上，人間以銀、鐵為之。竹者太輕，建茶不取。」宋徽宗在《茶論》裏提到「擊拂無力，茶不發立，水乳未浹，又復增湯，色澤不盡，英華淪散，茶無立作矣。」需要擊拂得力，才能達到點茶的效果，才會出現美麗的乳花與光澤。否則就「英華淪散」，凝聚不起乳花似的沫餑，以失敗告終。宋徽宗講得非常清楚，宋人點茶是要見到乳花的，就像現代人喝卡布奇諾咖啡要拉花一樣。其實，現在沖泡咖啡用乳沫來拉花比較容易，相較起來，用茶沫來拉花要難得多。

宋朝的點茶、鬥茶，雖然沿襲唐代的茶餅研末傳統，喝的是末茶，但與唐代的烹茶方式不同，關鍵就是鬥拉花。宋徽宗所講的「碎玉鏘金，啜英咀華」這八個字，非常清楚說明了唐宋飲茶風尚的轉變，從陸羽煎茶到北宋點茶，出現了擊拂拉花的追求。有的人以為「碎玉鏘金」一詞，只是修辭用語，沒有特殊的含義，其實大謬不然。《大觀茶論．鑒辨》講如何辨別茶的品質好壞，說：「色瑩徹而不駁，質縝繹而不浮。舉之凝然，碾之則鏗然，可驗其為精品也。」茶餅之精品，色澤瑩澈，質地縝密緊凝，碾末之時有鏗然之聲。鏗，鏗鏘也，指碾茶的聲響。為什麼會有鏗鏘之聲？「碎玉鏘金」是什麼意思？徐夤《謝尚書惠蠟面茶》一詩中，有句「金槽和碾沉香末，冰碗輕涵翠縷煙」，明確指出高級茶碾是金屬器，最好的當然是金銀器。這在《大觀茶論．羅碾》中，也說到「碾以銀為上，熟鐵次之」。由此可知，「玉」指的是玉璧形狀的茶團，「金」指金屬器的碾槽。宋徽宗說「碎玉鏘金」，其實指的是碾茶的過程，鏗鏘有聲。把茶餅碾成茶末之後，下一個步驟就是擊拂點茶，再來就可以「啜英咀華」了。點茶出現的泡沫凝聚，宋人沿襲唐人的用詞習慣，不用「拉花」一詞，用的是「沫餑」、「英華」、「乳花」、「粟花」、「瓊乳」、「雪花」、「白花」、「凝酥」等等充滿華麗意象的詞語。十分形象地顯示，擊拂出來的沫餑，還要像白蠟一樣（所謂「蠟面」）可以凝聚，泡沫呈現固態，歷久不散，才是拉花的最高境界。如此精心炮製出來的「英華」，不但可以啜飲，也堪咀嚼。可見宋徽宗《茶論》說「啜英咀華」，在遣詞用字上，是十分精準的。

(二)

在宋徽宗《茶論》詳論「啜英咀華」之前，北宋的文人學士如梅堯臣、歐陽修、蘇東坡、黃庭堅等，已經寫過很多茶詩，對點茶拉花做了相當細緻精確的描述。蘇東坡的弟子黃庭堅好飲茶，特別宣揚自己家鄉江西修水出產的貢品雙井茶，曾經寫過一首《雙井茶送子瞻》，贈茶給蘇東坡，其中有句「我家江南摘雲腴，落磑霏霏雪不如」，形容雙井茶可比白雲，碾成茶末比雪還白。蘇東坡和了一首《魯直以詩饋雙井茶，次其韻為謝》，說到雙井茶十分名貴，不能讓童僕隨便烹點，需要親身煎點，才能保證拉花出現的雪乳：「磨成不敢付童僕，自看雪湯生璣珠。」兩首詩中出現的「雲」與「雪」的意象，都是描繪雙井茶提供的白色視覺感受。點茶的「雪乳」形象，是隱喻也是明喻，因為雙井茶的特色是生有白毫，磨末點茶可以凸顯雪乳的效果。

對雙井茶的流行，蘇東坡的老師歐陽修認為是時新的風尚，寫過一首詩《雙井茶》，其中說道：「西江水清江石老，石上生茶如鳳爪。窮臘不寒春氣早，雙井芽生先百草。白毛囊以紅碧紗，十斤茶養一兩芽。長安富貴五侯家，一啜猶須三日誇。……」雙井茶早春即採，茶葉覆滿了白毛，用十斤茶葉才能培養出一兩好茶，可見採摘製作與保存之精。

歐陽修在《歸田錄》中說得更為清楚：「自景祐（1034-1038）已後，洪州雙井白芽漸盛。近歲製作尤精，囊以紅紗，不過一二兩。以常茶十數斤養之，用辟暑濕之氣。其品遠在日注上，遂為草茶第一。」雙井茶能夠享有盛名，固然是有其白芽精製的特性，文人墨客的揄揚與炒作也扮演了重要的角色。從歐陽修、蘇東坡到黃庭堅，人人力捧，讚譽雙井的品級超過日注（鑄），可以媲美建溪御苑的龍團。其中最關鍵的炒作推手，就是為家鄉特產吹捧得不遺餘力的黃庭堅。葉夢得《避暑錄話》指出，「草茶極品，惟雙井、顧渚，亦不過數畝。雙井在分寧縣，其地即黃氏魯直家也。元祐間（1086-1094），魯直力推賞於京師，族人多致之。」

蘇東坡寫的茶詩極多，經常說到雪乳，吟詠點茶出現沫餑的愉悅。著名的《汲江煎茶》是他晚年遭貶海南所寫，描寫夜深人靜之時，親自到江邊汲水，親手煎茶，享受茶沫翻滾的樂趣：「雪乳已翻煎處腳，松風忽作瀉時聲。」《試院煎茶》也說自己全神貫注，凝視煎茶的過程：「蟹眼已過魚眼生，颼颼欲作松風鳴。蒙茸出磨細珠落，眩轉繞甌飛雪輕。」蘇東坡的《贈包安靜先生茶二首》，其一：「皓色生甌面，堪稱雪見羞。東坡調詩腹，今夜睡應休。」是說白色的茶沫浮在茶湯的表面，比白雪還要白，讓白雪都感到害羞。東坡喝了之後，只好調整肚皮作詩，這一夜是睡不着了。

蘇東坡還有一闕《西江月》詞寫茶，有序：「送建溪、雙井茶、谷簾泉與勝之。勝之，徐君猷家後房，甚慧麗。自陳敘本貴種也。」說勝之是朋友的妾室，既聰慧又美麗，而且出身高貴家庭，他就贈送給她建溪御苑的龍焙茶、江西修水的雙井茶，以及據稱是天下第一的康王谷谷簾水。上半闕說：「龍焙今年絕品，谷簾自古珍泉。雪芽雙井散神仙，苗裔來從北苑。」自誇禮品之貴重稀有，皇家御苑的龍團不用說，修水雙井茶是培育出來的雪芽珍種，而谷簾泉水曾被人列為天下第一名泉，正好得配名姬。下半闕「湯發雲腴釃白，琖浮花乳輕圓，人間誰敢更爭妍，鬥取紅窗粉面。」使用了一連串美妙的詞語，形容拂擊茶湯所呈現的乳花，可與紅粉佳人鬥豔，同是人間絕色，讓人浮想聯翩。蘇東坡詞中營造的美感，是活色生香的「從來佳茗似佳人」(語見蘇東坡《次韻曹輔寄壑源試焙新芽》)，集中在色彩絢麗，以點茶的雪白乳花媲美紅粉佳人，爭奇鬥豔，使我們想像無限的視覺美感。

文人學士吟詠雙井茶啜飲之美，等於大做代言廣告，既讚揚了茶葉品種，也宣傳了飲啜的方式，要點茶拉花，擊拂出雪乳沫餑。南宋的楊萬里有一首詩《以六一泉煮雙井茶》:「鷹爪新茶蟹眼湯，松風鳴雪兔毫霜。細參六一泉中味，故有涪翁句子香。日鑄建溪當退舍，落霞秋水夢還鄉。何時歸上滕王閣，自看風鑪自煮嘗。」從中可以看到，前人飲茶的典故成了詩歌創作的靈感，前人的詩文美句可以引發想像，從烹茶的過程聯想到《滕王閣序》，落霞孤鶩，秋水長天，重新組構意象，一方面繼承詩文傳統，另方面則延續了飲茶風尚的流傳。楊萬里用六一泉煮茶，首先想到歐陽修，烹煮雙井茶，就想到黃庭堅，落筆寫下「蟹眼」、「松風」，就不可避免會想到蘇東坡。飲啜雙井茶，想到同為上品的日鑄茶與建溪龍團，還要想回自己江西老家的滕王閣。

說起茶飲審美聯想，我們很自然會想到茶的色、香、味三個不同範疇的美感，但是宋人對點茶的關注，似乎太過癡迷於拉花的過程，集中在「色」的領域。假如太過於關注視覺美感，把飲茶的審美享受集中在啜飲之前的點茶拉花，如蘇東坡所說「雪乳已翻煎處腳，松風忽作瀉時聲」，看起來賞心悅目，再加上聽起來如聞樂音，繪聲繪形，的確是極聲色之娛，就有可能忽視了飲茶的「香」和「味」，對茶飲審美的嗅覺及味覺範疇，不太措意。世上事物多半如此，類似茶的質地與內涵，本來具備富贍的發展可能，可以開發各種認知與審美範疇，但若有一方面走向極致，其他方面往往就受到忽視，甚至逐漸喪失其內涵的可塑性。宋朝人點茶、鬥茶，從北宋中期發展到宋徽宗，就有強調視覺審美的傾向，也就對茶的味覺及嗅覺審美領域，逐漸有所忽視。

(三)

注重茶的視覺美感，始作俑者可能要算到陸羽頭上，因為他特別強調茶的沫餑是茶湯的英華。他在《茶經》的〈五之煮〉中，細述了烹煮研末之後的茶湯，盛到茶碗裏產生的視覺美感：「凡酌，置諸碗，令沫餑均。沫餑，湯之華也。華之薄者曰沫，厚者曰餑。細輕者曰花，如棗花漂漂然於環池之上；又如迴潭曲渚青萍之始生；又如晴天爽朗有浮雲鱗然。其沫者，若綠錢浮於水渭，又如菊英墮於鐏俎之中。餑者，以滓煮之，及沸，則重華累沫，皤皤然若積雪耳，《荈賦》所謂『煥如積雪，燁若春藪有之。』」意思是說飲酌之時，茶湯倒進碗裏，要讓沫餑均勻。沫餑，就是茶湯的精華。精華薄的，稱之為沫；精華厚的，稱之為餑。輕輕的稱之為花，就像棗花漂浮在圓形的池塘上，又像曲折迴環的潭水新生了青青的浮萍，又像爽朗的晴天點綴着鱗狀的浮雲。茶湯的沫，有如水邊浮着綠色的萍錢，又如菊花落在杯中。茶湯的餑，是以茶滓煮的，煮沸之後，累積層層白沫，皤皤如白雪。《荈賦》所謂「明亮似積雪，豔麗如春花」，是有的。

五代北宋時期陶穀（903-970）《清異錄》有〈生成盞〉一則：「饌茶而幻出物象於湯面者，茶匠通神之藝也。沙門福全生於金鄉，長於茶海，能注湯幻茶，成一句詩。並點四甌，共一絕句，泛乎湯表。小小物類，唾手辦耳。檀越日造門求觀湯戲，全自詠曰：『生成盞里水丹青，巧畫工夫學不成。卻笑當時陸鴻漸，煎茶贏得好名聲。』」靠煎茶獲得這麼大名聲，切實不容易，四個茶盞茶湯，像變魔術似的，輕輕鬆鬆就點出了這麼一首詩來。五代期間是幻化沫餑為視覺藝術的濫觴期，還有各種各樣的「茶百戲」、「漏影春」之類的花樣。

陸羽強調沫餑為茶之英華，強調其中有精神境界的追求，也連帶出啜飲養生的含義。沫餑的視覺聯想多於味覺聯想，又聯繫起養生益壽，與唐宋佛教流行的「醍醐」概念有關。陸羽在《茶經》裏說到茶的功能：「茶之為用，味至寒，為飲，最宜精行儉德之人，若熱渴、凝悶、腦疼、目澀、四支煩、百節不舒，聊四五啜，與醍醐、甘露抗衡也。」「甘露」就是清晨水氣凝結而成的露水，是上天凝聚靈氣，從暗夜轉為白晝之際，呈現在世上的仙品。

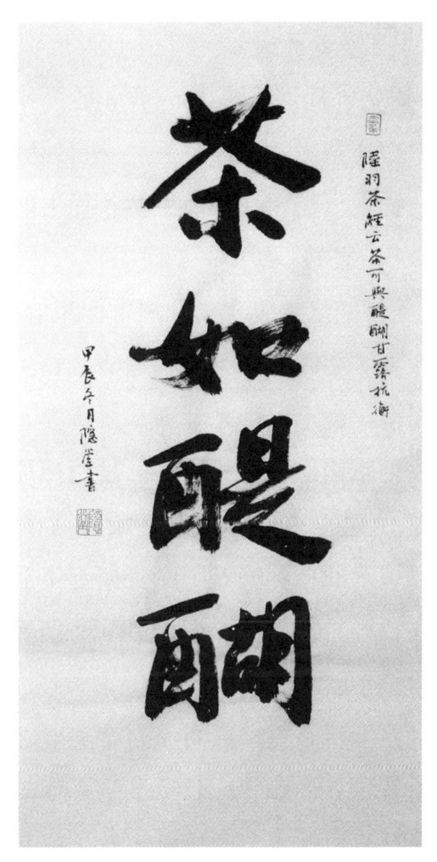

語出陸羽《茶經》（書法：鄭培凱）

《資治通鑒》卷二十記漢武帝元鼎二年（前 115 年）：「起柏梁台，作承露盤，高二十丈，大七圍，以銅為之，上有仙人掌，以承露，和玉屑飲之，云可以長生。」從漢代以來，宮廷就修建承露盤，以汲取天地精華的甘露。「醍醐」是動物奶乳提煉出來的精華，是與「甘露」同樣帶有神性的天地精華。《大般涅盤經．聖行品》中提到「譬如從牛出乳，從乳出酪，從酪出生酥，從生酥出熟酥，從熟酥出醍醐」，這裏的「醍醐」就是香港人所謂的「忌廉」（cream）。歐美傳統烹調美食，就經常使用醍醐（忌廉），比如蘑菇忌廉湯、松露忌廉義大利麵條之類。假如我們回到唐宋用詞習慣，也可以稱之為蘑菇醍醐湯、松露醍醐義大利麵。陸羽把茶比作甘露與醍醐，是精神飛升的聯想，因為他在聯想的過程中，有意無意給茶賦予了神秘的靈性，成為可以追求的精神境界，而且與延年益壽的養生觀念相連起來，很容易在審美風尚之上，又加持上一道養生風尚。

我覺得世界上所有追求風尚，對審美追求的提升，都是嚮往一種美好境界的聯想。既然茶是百草英華，點茶所營造的沫餑，就是草木英華的精華，就是在想像意識的提升中，營造了帶有神性的飲啜養生品。聯想的脈絡是：乳奶的精華是醍醐，茶的精華就是沫餑，都是提升精神境界的載體。這也就解釋了，為什麼唐宋飲茶如此在意沫餑，刻意要在湯面打出泡沫，而且要追求完美，擊拂出凝聚不散的雪白泡沫。這種追求不止是客觀物質性的視覺美感，其中還有視覺聯想帶出來的精神追求與嚮往，從形而下發展到形而上，從飲啜品嘗導致延年益壽，以至於提升到神靈境界。喝茶本來是物質性的，是個形而下的東西；可是審美聯想是形而上的追求，飲啜的精神追求就沒有止境了。假如飲啜沫餑能夠跟神聖因素聯繫起來，那麼茶飲審美的境界就可能遨遊無盡，達到審美追求的極致。這種想法是否偏執暫且不論，這種追求審美極致的方向，則是宋人點茶要求擊拂乳花、沫餑，還要精益求精的潛在原因。

（四）

對於點茶之道的掌握，宋徽宗這個曠世以來的第一大玩家，講得很多、很複雜，但條理分明，敘述得很清楚：

> 點茶不一，而調膏繼刻。以湯注之，手重筅輕，無粟文蟹眼者，謂之靜面點。蓋擊拂無力，茶不發立，水乳未浹，又復增湯，色澤不盡，英華淪散，茶無立作矣。有隨湯擊拂，手筅俱重，立文泛泛，謂之一發點。蓋用湯已故，指腕不圓，粥面未凝，茶力已盡，霧雲雖泛，水腳易生。

他首先指出，點茶要掌握技巧。技巧不到家，就會失敗，出現「靜面點」、「一發點」的現象。「靜面點」是說茶湯表面「無粟文蟹眼」，沒有乳花，因為使用茶筅的時候，手勁重而茶筅擊拂得輕，無法打出沫餑，達不到拉花的效果。關鍵在於擊拂不得力，茶沫發不起來，注湯的方式不得要領，沸水與茶膏尚未恰當調和，就再度加水，以至於「英華淪散」，出現不了沫餑。「一發點」指的是發沫稀薄，一發即散，也是失敗的拉花表現。原因還是技術欠佳，手勁與茶筅都用力過重，打起來的泡沫浮泛易散，無法凝聚。雖然表面上看似雲霧瀰漫，好像出現了乳花，但是很快就消失殆盡。

宋徽宗指出，掌握點茶的技巧，必須依照七個步驟，按部就班，澄心靜慮，一一施行。第一步至關緊要：

> 妙於此者，量茶受湯，調如融膠。環注盞畔，勿使侵茶。勢不欲猛，先須攪動茶膏，漸加擊拂，手輕筅重，指遶腕旋，上下透徹，如酵糵之起麵，疏星皎月，燦然而生，則茶面根本立矣。

真正的行家裏手，把茶膏先調得適宜，環繞着茶盞注水，要小心翼翼，不要讓注水的過程影響茶膏發立。一開始不能太猛，慢慢擊拂，逐漸發力。手要輕，筅要重，手指與手腕的動作要靈活，旋轉環繞，上下透徹，才能像酵母發麵那樣，如「疏星皎月，燦然而生」，形成茶面能夠持久的沫餑。接着還有六個步驟始至完美的點茶拉花境界:

第二湯自茶面注之，周回一線，急注急止，茶面不動，擊拂既力，色澤漸開，珠璣磊落。三湯多寡如前，擊拂漸貴輕勻，周環〔旋復〕，表裏洞徹，粟文蟹眼，泛結雜起，茶之色十已得其六七。四湯尚嗇，筅欲轉稍寬而勿速，其真精華彩，既已煥然，輕雲漸生。五湯乃可少縱，筅欲輕盈而透達，如發立未盡，則擊以作之。發立已過，則拂以斂之，結浚靄，結凝雪，茶色盡矣。六湯以觀立作，乳點勃然，則以筅著居，緩遶拂動而已。七湯以分輕清重濁，相稀稠得中，可欲則止。乳霧洶湧，溢盞而起，周回凝而不動，謂之咬盞，宜均其輕清浮合者飲之。《桐君錄》曰：「茗有餑，飲之宜人」，雖多不為過也。

宋徽宗教人點茶，秘訣是要掌握複雜的程式，循序漸進，才能一步一步看到「色澤漸開，珠璣磊落」、然後再看到粟文蟹眼，泛結雜起，到慢慢輕雲漸升，「結浚靄、結凝雪」，就像白雪一樣；再來是「乳點勃然」，最後才能達到沫餑凝聚的效果：「乳霧洶湧，溢盞而起，周回凝而不動，謂之咬盞，宜勻其輕清浮合者飲之。」

宋徽宗是皇帝，當然享受皇家待遇，喝的茶是特供給皇帝老子的貢品，也就是建溪御苑龍焙的產品。關於北苑龍焙的記載，蔡襄《茶錄》已經指出，「唯北苑鳳凰山連屬諸焙所產者味佳」。宋子安《東溪試茶錄》引述品茶大家丁謂與蔡襄的論述，綜論北苑水土特別適合產茶：「先春朝隮常雨，霽則霧露昏蒸，晝午猶寒，故茶宜之。茶宜高山之陰，而喜日陽之早。自北苑鳳山南直苦竹園頭東南，屬張坑頭，皆高遠先陽處，歲發常早，芽極肥乳，非民間所比。次出壑源嶺，高土沃地，茶味甲於諸焙。」

他描述北苑的地理位置特殊，連屬諸山出產好茶，離開這片土地就差了：「北苑西距建安之洄溪二十里而近，東至東宮百里而遙（焙名有三十六，東宮其一也）。過洄溪，踰東宮，則僅能成餅耳。獨北苑連屬諸山者最勝。北苑前枕溪流，北涉數里，茶皆氣弇然，色濁，味尤薄惡，況其遠者乎？亦猶橘過淮為枳也。」《宣和北苑貢茶錄》特別標出上貢給皇帝的御茶，都是精挑細選、花樣眾多卻產量極少的極品，從龍鳳團茶、石乳、的乳、白乳、小團、密雲龍、瑞雲翔龍，一直到宋徽宗喜歡的白茶，還不斷翻新，層出不窮，難以勝數，如龍園勝雪、御苑玉芽、萬壽龍芽、上林第一、乙夜清供、承平雅玩、龍鳳英華、玉除清賞、啟沃承恩等等，不一而足。

梅堯臣有一首茶詩，詩題很長：「李仲達寄建溪洪井茶七品，云愈少愈佳，未知嘗何如耳。因條而答之」。說的是他朋友李仲達寄來建溪所產的洪井茶，共有七等品級，分量愈少的愈好，要他品嘗試茶。梅堯臣品嘗之後，一一條舉：「末品無水暈，六品無沉柤。五品散雲腳，四品浮粟花。三品若瓊乳，二品罕所加。絕品不可議，甘香焉等差。」梅堯臣所喝的建溪茶，產自北苑一帶，分為七個等級品類，品嘗之後發現，四品以上才有粟花，三品則美如瓊漿玉乳，二品已經好到無以復加了，絕品更是言語道斷，難以形容。梅堯臣無法描摹二品與極品的茶湯品相，虛晃一招，讓人覺得，只能意會不可言傳，但是描述三品已經有如瓊乳，說及二品與極品，當然還是讚美建溪御茶可以擊拂出絢爛的乳花。他在《嘗茶和公儀》一詩，稱讚北苑御茶是這麼說的：「都籃攜具上都堂，碾破雲團北焙香。湯嫩水清花不散，口甘神爽味偏長。」到了徽宗皇帝寫《茶論》，教人點茶拉花七步驟，則把御茶擊拂所能達到的審美極致，像他書寫瘦金體與描畫花鳥人物一樣，刻畫入微，形容得淋漓盡致，纖毫畢露，那才是言語道斷，無以復加呢。

（五）

仔細觀察《大觀茶論》寫的品茶過程，可以知道，宋代品茶審美程序的展現，最強調的是視覺感受。雖然宋人飲茶的方式與唐代相似，主要是製造團狀茶餅，然後研末煎點，同時又沿襲了唐朝以來強調的沫餑，但是，宋代點茶把視覺審美提升到了極致，更重視的是點茶、拉花，就造成品茶審美的「色香味」三位一體，逐漸向「色」的視覺感受傾斜。

關於飲茶品味，蔡襄早在《茶錄》裏，就非常清楚地講到「色、香、味」，本來應該是三者並重的，也顯示宋代人飲茶繼承了陸羽提出的感官審美的統一性，要求視覺、嗅覺與味覺都能得到愉悦。他論「色」:「茶色貴白…… 既已末之，黃白者受水昏重，青白者受水鮮明，故建安人鬥試，以青白勝黃白。」論「香」:「茶有真香。…… 建安民間試茶，皆不入香，恐奪其真。」論「味」:「茶味主於甘滑，唯北苑鳳凰山連屬諸焙所產者味佳。隔溪諸山，雖及時加意製作，色、味皆重，莫能及也。」但是在「茶盞」這一段中，蔡襄卻明確點出了鬥茶的關鍵:「茶色白，宜黑盞。建安所造者紺黑，紋如兔毫，其坯微厚，熁之久熱難冷，最為要用。出他處者，或薄或色紫，皆不及也。其青白盞，鬥試家自不用。」你要鬥茶，就要使用建窰的黑盞，其他都不夠好，鬥茶的行家不用。原因很簡單，他要看到紺黑的茶盞襯出雪白的沫餑，要看到乳花洶湧而起，最好能夠凝聚不散。説到底，要鬥茶，鬥的首先還是視覺審美，要看擊拂拉花的本領。

宋徽宗在《大觀茶論》裏面，也説「色香味」，大體説得和蔡襄一致，但是論「色」的時候，就長篇大論説了一通「純白」的重要性:「點茶之色，以純白為上真，青白為次，灰白次之，黃白又次之。天時得於上，人力盡於下，茶必純白。」對於茶色要白，他特別關注，還專門列了「白茶」一項:「白茶自為一種，與常茶不同，其條敷闡，其葉瑩薄。崖林之間，偶然生出，雖非人力所可致。有者不過四、五家，生者不過一、二株，所造止於二三胯而已。芽英不多，尤難蒸焙。湯火一失，則已變而為常品。須製造精微，運度得宜，則表裏昭澈，如玉之在璞，他無與倫也。淺焙亦有之，但品格不及。」徽宗皇帝說的白茶，跟我們今天在二十一世紀講的白茶不同，是當時出產在崖林之間的珍異，是天地間鐘靈毓秀的英華，是專供皇室的貢品。我們要特別指出，宋徽宗雖然強調茶之「純白」，卻並非忽略「香」與「味」，因為他所飲啜的白茶，是色香味兼有的，也就是他自己說的「與常茶不同」。他在論「味」的時候，還特別說到，「夫茶以味為上，甘香重滑，為味之全，惟北苑、壑源之品兼之。」問題是，這種珍異的白茶千金難買，當天下官民一體都羨稱鬥茶風尚，都要使用黑釉的建窰茶碗，擊拂出皎如白雪的乳花，而卻得不到北苑或壑源的御茶，不能同時具備色香味的情況下該怎麼辦，如何取捨呢？

寫《東溪試茶錄》的宋子安，時代比蔡襄稍晚，生活在宋徽宗之前，對福建御茶園及其附近茶山出產的情況，知之甚詳，可能就是監管御茶並從事造茶有關工作的負責人。他在《東溪試茶錄》裏講到，北苑與壑源是最重要的上等茶產地，同時還說到，茶之名類有七：白葉茶、柑葉茶、早茶、細葉茶、稽茶、晚茶、叢茶。白葉茶列為第一等：「民間大重，出於近歲，園焙時有之。地不以山川遠近，發不以社之先後，芽葉如紙，民間以為茶瑞，取其第一者為鬥茶。而氣味殊薄，非食茶之比。」其次為柑葉茶:「樹高丈餘，徑頭七八寸，葉厚而圓，狀類柑橘之葉。其芽發即肥乳，長二寸許，為食茶之上品。」這裏透露的消息是，白葉茶晚近才出現，不出產在特定的地區，也不按照固定的時序出現，芽葉如紙，氣味淡薄，是鬥茶比試的上品，但是味道比不過葉芽肥厚的柑葉茶。可見宋子安已經明確做了區分，白茶是鬥茶的上品，而柑葉茶是食茶的上品。

北宋黃儒《品茶要錄》有一節專講鬥茶：

> 茶之精絕者曰鬥，曰亞鬥，其次揀芽。茶芽，鬥品雖最上，園户或止一株，蓋天材間有特異，非能皆然也。且物之變勢無窮，而人之耳目有盡，故造鬥品之家，有昔優而今劣，前負而後勝者。……其造，一火曰鬥，二火曰亞鬥，不過十數銙而已。揀芽則不然，遍園隴中擇其精英者爾。其或貪多務得，又滋色澤，往往以白合盜葉間之。 試時色雖鮮白，其味澀淡者，間白合盜葉之病也。（一鷹爪之芽，有兩小葉抱而生者，白合也。新條葉之抱生而色白者，盜葉也。造揀芽常剔取鷹爪，而白合不用，況盜葉乎。）

這一段話說明了白茶鬥品之難得，一片茶園中或許只有一株茶樹達標，而且還可能發生難以預期的變化，過一段時間枯萎或變質了。一株鬥品茶樹實在做不出多少鬥茶，就有人想出其他花樣，製造山寨版的鬥品，以搀芽為底，摻入白合與盜葉來冒充。揀芽是第三等的茶芽，也就是一般說的一槍一旗（一芽一葉），鮮嫩可口，但是色澤偏綠，達不到鬥茶所需要的乳花洶湧、凝聚不散的效果。為了達到視覺效果，就摻入欠缺香氣與味道的白合與盜葉，讓鬥茶的時候看起來色澤鮮白，然而味道澀淡，只能騙騙不入流的茶客。宋徽宗是行家裏手，他在《大觀茶論》裏說：「凡芽如雀舌穀粒者為斗品，一槍一旗為揀芽，一槍二旗為次之，餘斯為下茶 。茶始芽萌，則有白合；既擷，則有烏蒂。白合不去，害茶味；烏蒂不去，害茶色。」顯然不會上當受騙，當然也沒人敢騙皇帝。

《東溪試茶錄》指出，建溪御苑一帶，出產白茶的茶園，有以下諸家：「今出壑源之大窠者六：葉仲元、葉世萬、葉世榮、葉勇、葉世積、葉相，壑源巖下一：葉務滋，源頭二：葉團、葉肱，壑源後坑一：葉久，壑源嶺根三：葉公、葉品、葉居，林坑黃漈一：游容，丘坑一：游用章，畢源一：王大照（詔），佛嶺尾一：游道生，沙溪之大梨漈上一：謝汀，高石巖一：雲擦院，大梨一：呂演，砰溪嶺根一：任道者。」在北宋中晚期，因為鬥茶拉花的風氣盛行，白茶成了萬眾矚目的精品，民間也流傳「葉氏白、王氏白」的說法，而以葉氏白茶最為著名。蘇軾《寄周安孺茶》詩有曰：「自云葉家白，頗勝中山醁。」王家白茶在宋代亦久負盛名，劉弇《龍雲集》卷廿八：「其品制之殊，則有…… 葉家白、王家白…… 。」

蔡襄愛茶成癖，與茶農王大詔熟識，《蔡忠惠文集 · 茶記》云：「王家白茶，聞於天下。其人名大詔。白茶唯一株，歲可作五七餅，如五銖錢大。方其盛時，高視茶山，莫敢與之角。一餅直錢一千，非其親故，不可得也。終為園家以計枯其株。予過建安，大詔垂涕為余言其事。今年枯栴輒生一枝，造成一餅，小於五銖。大詔越四千里，特攜以來京師見予，喜發顏面。予之好茶固深矣，而大詔不遠數千里之役，其勤如此，意謂非予莫之省也。可憐哉！乙巳（1065）初月朔日書。」這裏講的一段故事，讓我們看到白茶的珍貴，茶戶之間因競爭而嫉恨的衝突，以及茶人之間的高山流水知音情懷。王大詔茶園裏只有一株白茶，卻能名聞天下。這一株茶樹，每年只能生產五銖錢大小的茶餅五七枚，每枚值一千錢，實在不便宜，卻不隨便售賣，只留給親朋故舊。後來這株茶樹遭人設計枯死了，王大詔曾向蔡襄哭訴，顯然是痛心已極。到了 1065 年，枯樹居然發了一枝新椏，王大詔以此製作成一塊小於五銖錢的茶餅，千里迢迢拿到京師來送給懂茶的蔡襄，讓他感動不已。

到了宋徽宗的時候，建溪白茶還是以葉氏生產的最為著名，《大觀茶論》還一一著錄了品名：

> 名茶各以所產之地，葉如耕之平園台星巖，葉剛之高峯青鳳髓，葉思純之大嵐，葉嶼之眉山，葉五崇林之羅漢山水，葉芽、葉堅之碎石窠、石臼窠（一作突窠），葉瓊、葉輝之秀皮林，葉師復、師貺之虎巖，葉椿之無雙巖葉，葉懋之老窠園，各擅其門，未嘗混淆，不可概舉。前後爭鬻，互為剝竊，參錯無據。曾不思茶之美惡，在於製造之工拙而已，豈岡地之虛名所能增減哉。焙人之茶，固有前優而後劣者，昔負而今勝者，是亦園地之不常也。

這些記載讓我們看到，宋人為了點茶拉花，擊拂出最出色的乳花沫餑，對珍稀的白茶是如何嚮往與渴求，而茶農也因種植高檔茶葉，得以蜚聲天下，連皇帝老子都在書中記了一筆。

傳為劉松年的《茗園賭市圖》及趙孟頫的《鬥茶圖》（台北故宮博物院藏），都畫了市井鬥茶的場景，似乎宋朝人上從帝王將相下到市井小民，人人都參與鬥茶的風尚狂歡，都在點茶拉花的過程中，享受乳花洶湧的愉悅。問題是，升斗小民能得到擊拂出色香味俱全的白茶嗎？想來是不可能的。點茶講究純白的色效，只有正宗的白茶才能達到色香味俱全境界。因此，一般市井小民為了鬥茶的沫餑呈現孄白的效果，使用欠缺香氣與味道的山寨白茶，也就成了無可奈何的替代。為了跟上風尚，點茶的色相逐漸壓過了香氣與味道，成了視覺藝術的偏執追求了。啜英咀華的發展，由於風尚的大眾化與平民化，完全顛覆了飲茶的色香味審美的統一性，淪落為拉花技藝的表演，也就預示着宋代點茶走向衰微的必然途徑。

茶之為飲，有其客觀的物質性，能夠提供色香味的實體愉悅，滿足形而下的感官享受。感官愉悅的發展，提升為形而上探索，追求嗅覺、味覺、視覺的審美統一性，在精神領域追求美感的昇華，就是茶道的肇始。從唐代陸羽的煎茶到宋代文人學士與宋徽宗的點茶拉花，是在一脈相承中，不斷攀升審美的境界，以臻於極致。但是，當追求過程偏於一隅，為了視覺效果達到乳花凝聚的巔峰狀態，就不免忽視了茶香與茶味，排除了茶飲實體愉悅的兩個相關面向。在早期點茶拉花的發展過程，問題還不嚴重，到了蔡襄與宋徽宗這樣的飲茶大家，把高雅藝術追求的探索精神，移植到點茶拉花，就逐漸脫離了茶飲的物質性，帶動了難以持續的點茶風尚。

范仲淹有一首著名的《和章岷從事鬥茶歌》：

年年春自東南來，建溪先暖冰微開。溪邊奇茗冠天下，武夷仙人從古栽。新雷昨夜發何處，家家嬉笑穿雲去。露芽錯落一番榮，綴玉含珠散嘉樹。終朝采掇未盈襜，唯求精粹不敢貪。研膏焙乳有雅製，方中圭兮圓中蟾。北苑將期獻天子，林下雄豪先鬥美。鼎磨雲外首山銅，瓶攜江上中泠水。黃金碾畔綠塵飛，碧玉甌中翠濤起。鬥茶味兮輕醍醐，鬥茶香兮薄蘭芷。其間品第胡能欺，十目視而十手指。勝若登仙不可攀，輸同降將無窮恥。

從採茶、製茶，寫到鬥茶，生動活潑，色香味俱全，似乎把鬥茶的歡樂都寫盡了。可是蔡襄覺得范仲淹寫得不夠好，沒能掌握點茶的箇中三昧，其中最大的問題是，形容茶沫是「綠塵飛」，而茶湯的沫餑是「翠濤起」，不符合雪白色的茶沫要求，更降低了沫餑色澤應該是雪白乳花的標準。明馮時可《茶錄》記載了蔡襄對范仲淹的批評：「范文正公《採茶歌》『黃金碾畔綠塵飛，碧玉甌中翠濤起』，今茶極品色甚白，碧綠乃下者，謂改為『玉塵飛』、『素濤起』如何？」蔡襄講究茶道，是要色香味三位一體的，但是他的批評卻在客觀上造成強調視覺美感的後果。再經過宋徽宗的推波助瀾，通過《茶論》的大力宣揚，使得鬥茶一味追求視覺美感，違背了這兩位茶道大家的初衷。

回顧中國茶飲的歷史，點茶拉花的風尚在宋代大行其道，影響了日本茶道的主流發展。在中國卻因為發展走了偏鋒，在視覺審美上提升到了極致，忽視了飲茶的客觀本質的香與味，以至於點茶之風走向沒落。明太祖罷造龍團，進貢芽茶，一般都說是體恤民情，讓茶農不至於疲於奔命，在驚蟄以前趕製特供皇室的龍鳳茶團。自此以後，中國飲茶歷史完全改觀，開始了飲啜芽葉茶的新傳統。仔細思考飲茶的歷史發展，就會發現宋代點茶拉花走向極致，以乳花雪白為上的情況，需要偶生於天地間的白茶作原料居然成為全民風尚，是個不可能持續發展的途徑。中國飲茶歷史轉向芽葉沖泡涉及了茶的物質本性，具備色香味的條件，是應當發展三位一體的審美追求的。因此，明代以來飲茶以芽葉沖泡為主，揚棄了盛極一時的點茶風尚，或許也是中國茶道返璞歸真的歷程。

唐宋茶道與中日傳承

(一)

我們今天喝茶的主流方式，基本上是明代以後出現的，以芽葉沖泡為主，講求嗅覺、味覺與視覺的感官愉悅。但在唐宋時期，中國人不是這樣喝茶的，唐宋的主流茶飲，喝的是末茶。一般是先做個茶餅，飲茶時磨成茶粉，經過研磨、烹煎，到擊拂成沫餑，發揮茶的色香味秉性，從中感受心靈淨化的過程。唐宋茶道在禪宗寺院中的發展，特別講究精神純淨的提升，在簡約日常中體現生命的感悟，也就是日本人從中國茶道學過去的精義。

首先，講一講「茶道」是什麼？一講茶道，很多人的第一個概念，就是日本有茶道。其實，把「茶道」界定成「日本茶道」是個歷史誤會，而且是兩重的歷史誤會。第一，是誤會了中國歷史上沒有茶道的發展與形成，不知道唐宋與明清時代都有以心靈審美為依歸的茶道。第二，是因為近百年來中國文化傳統崩塌，不講求精神超升的茶道感悟，國人以之作為立論基礎，目光聚焦在二十世紀這一百年的歷史現象，作為界定的證據與標準，認定只有日本是茶道的宗主國，而不知道日本茶道的主流發展源自中國。

為什麼現在一講茶道，就以為是日本茶道？最主要就是一百多年來，中國人念茲在茲的就是搞革命、推翻、打倒，完全喪失了歷史感，忘記了文化傳承，把近百年來政治軍事的頹敗與國勢的衰微，都推到傳統文化身上。自從鴉片戰爭以來，中國受盡了西方列強的壓迫與欺凌，集體的文化心理產生一種逆反的自強／自戕意識，一心反封建、反傳統、反文化，以學習仿效西方現代化為鵠的。把中國文化傳統視作現代化的絆腳石，對傳統中精緻高雅的審美追求不屑一顧，對文化中儒釋道的精神探索棄如敝屣，更不用說涉及審美品味與心靈提升的飲茶之道了。

反觀日本，在十九世紀末，汲取了中國鴉片戰爭戰敗的教訓，推動了明治維新，勵精圖治，各方面的發展不僅是學習西方，同時對於自己傳統文化裏的東西盡量發揚。日本的明治維新，表面上不像中國革命那麼激烈，但實質上推翻了傳統的幕府政治體系與經濟結構，迎回了七百年來沒有實權卻掌握傳統法理的天皇制度，可以大刀闊斧在政治經濟上進行現代化改革，同時又能理直氣壯地弘揚文化傳統，重塑日本尊崇天皇的文化心理結構。

在這個前提下，我們就發現，第一本有系統談論茶道，而能產生世界性影響的書，是由日本人岡倉天心用英文寫的《茶之書》。岡倉天心是美國波士頓美術館東方部主任，同時也是一個美術史家，英文、日文都非常好。《茶之書》是本寫得很好的書，很能抓住茶道的本質，書一開頭就說：「茶，初為藥用，後漸成飲品。在 8 世紀的中國，飲茶作為雅趣而進入詩歌領域。15 世紀的日本把飲茶尊崇為一種審美的宗教，即茶道。茶道是對塵世瑣事中隱藏之美的崇拜。它教導純粹與和諧，人際敬愛的奧秘，社會秩序的浪漫精神。茶道本質上是對不完美的崇拜，是在人生宿命的諸多不可能中，試圖完成可能的一種溫良的希圖。」（江川瀾譯文）

岡倉天心將日本文化中的審美精神，通過茶道介紹到西方，所以西方人最早知道茶道的精神境界是通過日本人的介紹。岡倉天心的介紹，雖然主要說的是日本茶道的追求，但基本脈絡比較清楚，對茶道的源流也講了是從中國唐朝陸羽開始，後來傳入日本，在日本得以發揚光大。這本書的主要篇章，講的是十五世紀以後日本茶道的發展。因此，給人一個印象是，中國唐宋茶道傳入日本以後，中國好像就沒有茶道了。一百年來對茶道的介紹，都是以日本茶道為主，造成深入人心的印象，認為「茶道」就是日本文化的結晶，與中國文化無關。連研究物質文化的大家孫機都說：「日本是有茶道的，中國不能叫做茶道，充其量只能叫茶文化。」我總覺得這個說法有點怪，混淆了廣義的「茶道」與狹義的「日本茶道」，所以要和大家討論一下如何定義「茶道」。

我們講所謂的「道」，最主要是精神性的東西，講的是概念性的認知與體會。說到喝茶，先要知道茶是植物，是物質性的；飲用茶湯，基本上是感官對物質的品嘗，之後才有從意識到心靈的反應與思考，從而進入精神境界，進入「道」的領域。最早發現茶對人有好處，因為它是作物、還是藥物，有一定治病的功效。傳說神農嘗百草，中了毒，結果採到茶葉，發現這種植物嚼一嚼就可以解百毒。這個是傳說，不過不管怎麼樣，至少顯示亙古以來，中國人就知道茶有藥用，有保健的實效。陸羽《茶經》，開宗明義就說，「茶之為用，味至寒，為飲，最宜精行儉德之人，若熱渴、凝悶、腦疼、目澀、四支煩、百節不舒，聊四五啜，與醍醐、甘露抗衡也。」中國人在先秦時期就發現，茶可以作為飲品，不但解渴，還能有各種保健功能。早先發現茶的功能，主要是物質性的，和精神領域沒有關係。那麼，飲茶的精神領域是怎麼出現的？那就需要喝茶「有道」，要講求飲茶的方法和道理，不只是物質性的解渴或藥用的生理學道理，而是涉及了精神審美、心靈想像的道理。這要等到唐代，特別是陸羽寫了《茶經》，喝茶出現了專門的茶具，規定了飲茶的儀式與規矩，這就不同了，精神性就出現了。

當飲茶不止是單純的喝茶，不止是解渴或解乏，也不止是為了健康保養，還訂定了一大堆規矩與程式，規矩後面還要有道理，這就是茶道的開始。所謂茶道，就是從物質性到精神性，從形而下到形而上的追求。審美的追求，從感官愉悅提升到整個辨別鑒賞，而且能轉化成文化修養，其意義就不同了。這就跟文化相似，文化是人文化成的，人類精神的發展，我們利用自然界所有的東西、利用一切資源，最後累積成文明的進程。當喝茶的目的已經不是普通的解渴或者藥用，而有程式、有各種各樣、後面還有一大堆道理的時候，這就是茶道的開始。剛才寬泛的講了講什麼是茶道，現在再回頭看看，唐宋的時候是怎麼討論茶道的，而日本人是怎麼學的。

這裏牽扯到整個歷史文化。有許多人會說，道跟藝是有別的，道要高，是不是日本茶道的「道」比較高，而中國喝茶的道理或者這個「道」比較低，所以它只是茶藝呢？其實，道、藝之分，不要糾纏在字眼上，關鍵是怎麼用，用的時候的背後是什麼？ 因為我寫書法，我跟日本的、韓國的書法朋友聊天的時候，韓國人就跟我說，書法最高的境界就是書藝；而日本人跟我說，書法最高的境界是書道。其實，說的都是中國的書法。不管法也好、藝也好、道也好，真正背後的內涵，追求的都是同樣的東西。所以不用咬着那個字眼，說日本有茶道、中國很少用茶道。其實，中國有沒有用茶道？有！中國在唐朝的時候，陸羽的好朋友皎然寫的詩就是講茶道。所以，不要拘泥於某一個字眼。

飲茶，現在有很多不同說法，但關鍵是它是不是給你精神境界的提升。所謂「道」，其實也是這個意思。《茶經》說:「茶性儉，不宜廣，廣則其味黯澹。且如一滿碗，啜半而味寡，況其廣乎！」很好地闡釋了陸羽宣導的茶飲境界，他把茶的性質與飲茶的感受合在一起，把物質性的茶葉提升到精神性的茶飲之道，使得飲茶帶有強烈的文化意涵，與清高、文雅、儉樸、敬謹等意義範疇聯繫在一起，進入了「清風明月」的境界。日本茶道發展到最高境界，千利休提出的四字真言「和敬清寂」也是沿着這個脈絡而來。日本人原來就叫它「茶之湯」。他們特別喜歡強調說，日本的茶道是「侘び」（音同 WABI），中文沒有這個字。但其實講了半天，講的也就是精神境界。沒有這個字，不代表中國沒有此境界，關鍵是精神境界的提升。另一方面，「中國沒有茶道」這一觀點還因為中國人也喪失了自信。這一百多年來，許多對文化、對傳統的認識，都認為它們拖了中國發展的後腿。但其實這也不重要，真的講起來是因為我們不了解整個歷史發展的進程。

（二）

中國茶道的發展，最重要的一個人其實是陸羽。因為陸羽在唐朝中葉的時候，寫了一部《茶經》，在這裏面，他闡發的興趣跟前面所有人都有差別的，因為他把種茶、製茶、喝茶、茶具、品茶，還有所有相關的這些資料，統統寫到他的《茶經》裏面，當作學問好好研究。這使得《茶經》在唐朝，距今差不多一千四百多年，成為一本關於飲茶的精神境界與審美追求的集大成的書。現在，所有人都說陸羽是茶聖或茶神，其實他的地位也就是靠這部《茶經》奠定的。他創製了二十四種茶具，每一種茶具使用時都有一定的規矩和儀式。為什麼要有儀式呢？我們知道所有的宗教都有儀式，儀式就會讓你進入一個新的精神領域。飲茶的規矩，讓你進入一個茶飲的天地，這是一種淨化心靈的程式，不摻雜其他的功利目的，這是一種純粹的歡愉。這個真的是史無前例的。就因為陸羽寫了這部《茶經》，定了這些規矩，而且大家覺得很好，去遵守並且一直傳下去，這是茶飲的新天地。

喝茶在古代有各種各樣的方法，最早是煮菜湯，把茶葉煮一煮再喝，比如唐朝人就還在喝「菜湯」。魏晉南北朝時期，有了茶葉保存的方法。現在我們有真空包裝、放冰箱裏，那古人怎麼保存呢？他們把茶葉做成茶團或者茶餅，喝的時候把它磨成末，這個保存方法叫製團研末。另外，古人也會喝一種散茶，把茶葉摘下來、篩清、曬一曬，再沖泡或煮製。古人製茶本領比較差，這裏頭還牽扯到做茶、製茶以及科技的發展。陸羽非常清楚，講喝茶有粗茶、散茶、末茶、餅茶等等不同的做法。他在《茶經》裏提及，他最反對當時大多數人喝茶，在裏頭放蔥、薑、棗、橘皮、茱萸、薄荷等，「煮之百沸」，他認為就像陰溝水一樣難喝。可是，這個習慣今天的民間也仍有保留。

老百姓喝茶，從唐宋至今都有放東西，許多人講的擂茶，裏面就放了各種東西。北宋的都城開封汴京、南宋的都城杭州臨安，那裏的茶舖就賣七寶擂茶，裏面會放油餅、芝麻……愛放什麼就放什麼，這種習慣在漢族古已有之，只是慢慢消失，因為只喝茶才有真香、有真味，這一習慣後來變成主流，而喝擂茶的習慣在比較偏遠的地方，特別是客家人，以及其他一些少數民族那裏才保留了下來。而陸羽提倡喝茶就是喝茶，因為這樣可以提升精神境界，這對後來的人很重要。那麼，從這個意義上來講，陸羽之前是喝茶的史前史，陸羽之後是飲茶的歷史。所謂史前史大概就是這樣，我們沒辦法考據之前的事情，可能巴蜀地帶是中國最早人工植茶、人工栽培的發源地。因為茶是植物，歷史比人類還要早，據考古發現，在西漢初期馬王堆的墓葬裏面，一個竹簍子裏面有茶；在西藏阿里地區也發現有西元前人工栽培的茶，換句話說，在藏青高原都有人在喝茶了。我們大概可以確定，在春秋戰國之前，人們就已經開始人工栽培茶樹和飲茶。

陸羽的《茶經》裏，有一句話最為重要：「茶之為用，味至寒，為飲，最宜精行儉德之人。」這是陸羽首創，他講到茶的功用：「熱渴、凝悶、腦疼、目澀、四支煩、百節不舒，聊四五啜，與醍醐、甘露抗衡也。」上面的這句話很簡單，卻提出一個重要的議題，茶是最適合「精行儉德之人」。喝茶就喝茶，怎麼提出精神性的、道德性的東西？這就是陸羽把飲茶從形而下、物質性，提到形而上、精神性，提升一個境界的內容，他的整個觀念裏這一創見是最重要的，影響了千餘年來人類生活審美的取向。這就是陸羽《茶經》最大的貢獻。

《茶經》裏特別講到天人合一的觀念、儒釋道的融合、心靈審美、文化。陸羽設計了一個風爐，這是他的茶具之一，這個風爐上有五行八卦，燒個爐子和五行八卦有什麼關係？他就把文化因素加進來，喝茶就變成和整個文化的關係，要和自然合拍，提了好多主敬、中庸、和諧等概念，提升了飲茶意識的重要性。

我們現在知道，陸羽對一般老百姓到上層，甚至皇家喝茶都有影響。關於茶具的選擇，陸羽《茶經》中傳達出「邢不如越」的觀點，即更青睞越窰青白瓷，這也是唐代的審美共識，非陸羽一人的看法。正如陸龜蒙《秘色越器》所說「九秋風露越窰開，奪得千峰翠色來」，從唐代飲茶的審美感覺來看，青瓷高於白瓷。這一點在 1987 年，通過對法門寺地宮的考古活動，得到了最清楚的展現，法門寺中的一座塔在 1981 年經歷一場大風雨塌了一半，開始清理後，1987 年考古隊進入，發現在地宮裏存有唐僖宗供佛的整套茶具，其中有非常精美的鎏金茶具，還有秘色瓷。這一考古研究證明，陸羽所設計的這套茶具連皇家都在使用。

陸羽提出青瓷勝白瓷的概念，就是因為喝茶。白瓷其實很漂亮，為什麼不符合呢？ 後來在北宋呂大臨家族陵墓中發現的定窰茶碗，定窰是繼唐代的邢窰白瓷之後興起的另一大瓷窰體系，而越窰青瓷出產在今天浙東慈溪、上虞這一帶，最重要的是上林湖區。我也曾去當地考察，當時還不敢百分之百確認就是越窰，現在考古發掘出來的瓷器都在慈溪博物館保存着，這些瓷器都很漂亮，釉很厚，2016 年中國十大考古發現之一，就是在上林湖區的一個重大發現。後來，我們還在越窰的遺址中發現了一隻八棱瓶，很漂亮，與法門寺裏的發現一模一樣，都是皇帝用的。

對於瓷器審美，陸羽在《茶經》裏非常清楚地說，邢瓷，就是白瓷，像銀一樣的瓷，可是越瓷像玉一樣，所以邢不如越。對於中國人而言，金器銀器都不如玉器，君子如玉，中國人這種文化觀念影響整個品位。所以，越窰因為像玉一樣所以更好；另外一個說法是，邢瓷類雪，越瓷類冰，而冰又高一層，這些瓷器有冰面釉可以上得比較厚；可是真正的理由，在於「邢瓷白而茶色丹，越瓷青而茶色綠，邢不如越三也。」唐朝人做茶的本領不是特別好，所以在製作茶餅、磨成茶粉，等到沖、煮之後，再倒到茶碗裏頭，湯色是暗紅色的，不漂亮；而青瓷是青綠色的，茶湯倒在青綠色的茶碗裏，感覺非常美。陸羽強調一件事，審美要有統一性，喝茶不只是口感，跟視覺也有關係，跟環境也有關係，所以我們現在講日本茶道有好的原則、有茶寮，陸羽統統都講過，換句話說，唐朝的時候，人們的審美觀念體系已經提升到相當高的高度，知道統一性的重要性。

因此，陸羽對於審美的關懷，第一個是整體性、統一性。此後的茶道演變，無論是宋代宮廷與士大夫的點茶鬥茶，寺院茶儀的持修空靈，明清文人的清雅茶敘，日本茶會的和敬清寂，都因陸羽的啟示，而得以開創自成體系的飲茶天地。茶碗這個例子舉得最清楚，其他內容中也都有，還有飲茶的環境。第二，他認為水很重要。陸羽寫過一本書叫作《水品》，說活水很重要，最好的水是山水、山泉水，第二好的水是江水、河水，那河水要遠離人的，因為人會污染水，第三是井水，井水需要有人時常打打井裏出的水比較好。陸羽對水非常講究，傳說他曾經嘗試過天下第一泉，唐朝的天下第一泉是在揚子江心的中泠泉，不是長江水，是長江當中有一個泉，這個泉在金山這一帶，因為河道對河岸的衝擊，現在到鎮江去了。

陸羽講茶的本色，為飲茶定了調子。喝茶不要亂加東西，如果亂加東西，對於整個飲茶所得到的審美、品味以及精神提升沒有幫助。茶很容易吸收其他味道，從明朝開始，人們會把茶葉放到花中，藉此讓茶葉染上花的香氣，這樣做的話，茶的真香就減少。最後這一點很重要，就是「茶性儉」，陸羽在《茶經》特別強調了這一點。飲茶講究質樸，發展的是簡約哲學，所以從形而下到形而上，喝茶基本講的是一件事，那就是簡樸，簡樸之美，茶道的發展都和這個有一定的關係。唐朝品茶極致，唐朝的俗語：「揚子江心水，蒙山頂上茶。」蒙頂茶宋朝以後就沒落了，到明朝就已經不行了，到現在不太有人知道蒙頂茶，一直到前段時間發生了地震，當地人想要重新恢復蒙頂茶。蒙頂茶是唐朝時候最好的茶，蒙山這個地方我去調查過，雲霧瀰漫，到了中午太陽就散盡。奇怪的是，最好的茶產地的天氣都是這樣，雲霧瀰漫、溫差很大，到了中午太陽全散盡。其中道理，我想研究茶文化的人會比較清楚。陸羽還講茶席，他說茶席最好是三個人，實在沒辦法就五個人，七個人就太多了，所有這些東西都是很簡樸的。今天我們到日本，日本的茶道大師就給三個茶席，這些都是和陸羽講究簡樸有關，所謂「茶席宜簡」。

(三)

日本茶道是從中國學去的，一個最關鍵的地點是在杭州餘杭徑山寺，南宋的徑山茶。唐代的時候，遣唐僧已經開始把中國茶帶回日本，也把種茶與喝茶的方法帶回日本。

《日本後記》第廿四卷嵯峨宏仁天皇六年（815）四月癸亥（22日）：

> （天皇）幸近江國滋賀韓崎，便過崇福寺。……升堂禮佛。更過梵釋寺，停輿賦詩。皇太弟及群臣奉和者眾。大僧都永忠手自煎茶奉御，施御。即御船泛湖。

《淩雲集》收有嵯峨天皇《夏日左大將軍藤冬嗣閒居院》(814 年作)：

吟詩不厭搗香茗，乘興偏宜聽雅彈。

《文華秀麗集》收皇太弟（後為淳和天皇）《夏日左大將軍藤原朝臣閒院納涼探得閒字應制一首》：

避景追風長松下，提琴搗茗老梧間。

我們可以看到一些資料，講日本嵯峨天皇煎茶、喝茶，日本皇室寫的詩裏也有出現他們是如何喝茶的。在平安時代，日本皇室中開始喝茶，但是，他們種的茶後來沒了，茶沒有傳下去，就這麼斷掉了。平安時期的最澄、空海已經介紹茶種入日本，但並未繼承發展。一直到南宋期間，1168 年和 1187 年，日本榮西禪師先後兩次來中國，把中國的茶種帶回了日本，並著《吃茶養生記》。這是一本在日本茶道歷史上很重要的書，主要講的是養生和醫藥。之後，日本的僧人慢慢開始在中國禪寺學中國茶，並帶茶種回到日本，茶才又一次在日本發展起來。隨着飲茶之風的盛行，日本的茶道模仿中國寺院茶會，逐漸發展起來。

入宋日僧一般都從明州登陸，巡禮參拜兩浙東海岸沿綫各地寺院，進而到達南宋首都臨安，到五山十剎之首的臨濟宗徑山寺去拜訪學習。

徑山寺地處天目山中，日本和尚在此學佛，順便也就學了飲茶之道。帶回日本的，不但有禪宗佛法清規，還有飲茶之道，以及宋代鬥茶的精品建窰黑釉茶碗。因為是在天目山學的喝茶之道，又在此得到建窰茶碗，便訛稱為「天目茶碗」，成為日本茶道最為尊貴的「唐物」茶具。

桑田忠親《茶道的歷史》（講談社學術文庫）一書，談所謂的「茶道」歷史，其實只是「日本茶道」的歷史，而且談的是「一條紅綫」式的日本抹茶道的歷史。

桑田忠親講茶道歷史，從能阿彌説起，奉村田珠光、武野紹鷗為嫡傳正宗，以千利休集大成，再來就是傳承千家茶的歷程，完全不談茶道如何從中國傳到日本，也不談歷史上茶道的多元發展，完全忽視茶道並非日本獨有的歷史事實。

就算只談日本茶道，也不能橫空出世，突然就出現了一個能阿彌（1397-1471），為人類文明與日本文化創製了茶道。能阿彌寫過《君台觀左右帳記》，為足利幕府將軍設計了合乎審美情趣的生活起居裝置，同時也把禪院茶禮的道具引入武家書院，創製了日本的「書院茶」禮法，對日本主流茶道有很大的貢獻。但是，有貢獻不等於開創，創製日本書院茶也不能作為「茶道歷史」的肇始。

然而，從日本茶道發展的歷史來說，榮西法師之後的道元法師（1200-1253）及南浦紹明（1235-1308），把中國禪寺的茶禮介紹回國，對於以後從能阿彌到千利休一脈的茶道歷程，發生了更重大的影響。

一直到明朝中葉以後，茶在日本才慢慢有了比較好的發展，誕生茶道三大家：村田珠光（1423-1502）、武野紹鷗（1502-1555）、千利休（1522-1591），日本的茶道正式發展起來。村田珠光提的「謹敬清寂，茶禪一味」，這是中國寺院茶道的規矩，傳到了日本，創立草庵茶室，開創與鄉村自然融合的「草庵茶」。

武野紹鷗，把日本和歌帶入到茶道中，把清雅的精神、詩文的意境融入茶道。可我們剛剛講到，唐宋的文人雅士哪一個不寫茶詩？特別是蘇東坡。

千利休則確立了「和、敬、清、寂」的思想，「和、敬、清」在中國茶道中都有提及，而「寂」只有寺院茶道有，其他地方不太出現，從千利休至今，日本茶道主要講的就是這四個字。

日本茶道的宗教性、儀式性比中國強，其特色就體現在這個「寂」字上。講到日本茶道美學，就要講到「侘び」，所謂侘び，講的是整體環境，包括茶室內外、茶道和俗世的融合，這些其實都可以看到中國飲茶文化的影子。

岡倉天心《茶之書》第四章，論述茶室的時候，說

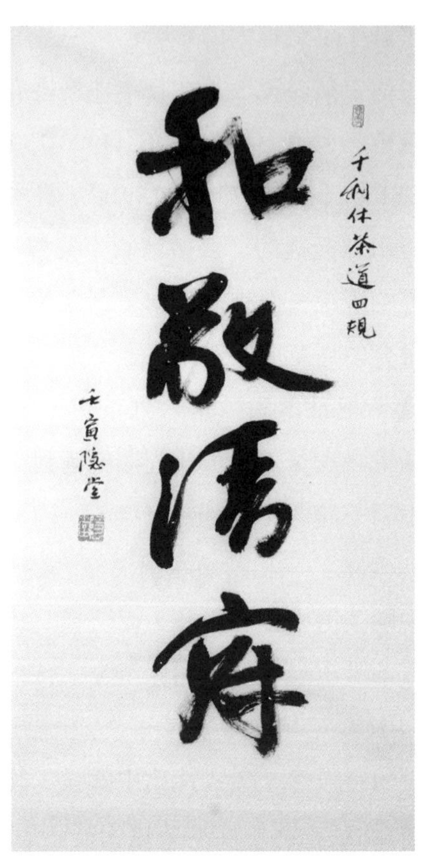

日本茶道遵循的千利休茶道四規
（書法：鄭培凱）

「第一個獨立的茶室，是千宗易（千利休）創建的。」這個説法很容易產生誤導，讓人以為日本茶道大師創建了歷史上第一個具有遺世獨立精神的茶屋。從元明期間中國山水畫中，可以看到一批專門畫山林隱逸風光的茶屋畫，如元代畫家趙原畫的《陸羽烹茶圖》、唐寅《事茗圖》、文徵明《品茶圖》，遠遠早於千利休的獨立茶室。

日本人稱簡潔純樸美學為「侘」(WABI)。為了配合這種境界，茶室的內外環境及佈置都很考究。茶室大多是在在幽靜的日式庭院內部。整個茶室的景緻，清流細石，樹叢幽徑的佈置，不單是作為觀賞之用，更為營造一寂寞之境，形成茶道與俗世隔絕的一個區界。

最近這十來年，我發現很多中國人又恢復對喝茶環境的追求，雖然這種環境和陸羽當時講的不一樣，但對於環境追求的境界是很接近的。對於茶道方方面面接觸的東西，從喝茶的方法到規矩、環境，甚至有的人還恢復到唐宋的喝茶法，而我們現在的喝茶法，其實是多種多樣的。其中有一點很重要，是希望從喝茶的方式裏，找到心靈的寄託、精神的提升，這個我覺得是在二十一世紀，中國人的文化發展上很重要的一件事。

回顧歷史進程，中日茶道的文化異同可以歸納成以下幾點：相同的地方是中日茶道同根同源，都來自陸羽的開示，通過飲茶的器具與儀軌，以簡樸審美為核心，追求精神境界的提升。不同的地方在於：中國茶道歷史悠久，精英階層多元，有皇室貴冑，有士大夫文人雅士，有寺廟道觀的禪師道長，又因地域廣袤，變化多端，與日本茶道承襲宋代寺院茶道傳統，基本未變的單一性不同。中國茶飲的主流形式，在唐宋期間是研末烹點，到了明清時期，則變為葉芽沖泡，風尚截然不同。隨之而起的製茶技術與飲茶品味也發生了巨大的變化，引起茶具形制與茶儀規矩都與唐宋末茶傳統不同。而日本茶道承襲了南宋禪茶傳統，從十四到十六世紀進行深化，融入日本的精英文化，到千利休集其大成，是主流不變、一元發展的茶道。

中國茶道因為多元的原因，和生活比較接近、比較開放活潑，日本就比較符合教規、比較封閉保守。

晚明飲茶風尚

喝茶是清雅之事，大概是陸羽寫了《茶經》之後，在士大夫精英階層之中，逐漸發展而成的概念。先是追求純淨，再來就從形而下的茶飲純淨之中，提煉出精神境界的純淨，變成了形而上的心靈追求。中國人喝茶，從最先滾水煮茶葉，當作菜湯或藥湯的飲料，用來解渴與解乏，從原本只強調物質性的功能，逐漸變身，開始進入追求非物質文化的精神境界，成為提升個人文化修養與審美情趣的道場，經歷了很長的時間，而且峰迴路轉，其中還有許多曲折變化。

從物質形態的變化來看，最主要是中國飲茶的主流風尚，從唐宋的研末煎點，轉化為明清以來的芽葉沖泡。對日本茶飲的影響，則是唐宋研末煎點法在日本得以持久承續，演化為日本茶道的抹茶法，經千利休的發揚光大，迄今仍然是日本茶飲風尚的主流。若從非物質的精神追求領域來看，無論是研末煎點，還是芽葉沖泡，抑或是日本人堅守不變的抹茶道，不管是古代的文人雅士還是當今的社會精英，則追求的目標基本不變，企圖從喝茶的形而下體驗，上升到精神的形而上領悟，凝神慮志，希望從飲茶過程中發現人世間的靜修之道。其間或許存在茶葉形態的不同，程序與儀式的差異，但目的一致，都是追求心靈的平和與審美的享受。

陸羽《茶經》可說是開創了茶道的精神領域，從物質性的解乏解渴，上升到口感審美，並且強調飲茶的純淨性，追求簡約美學，從中得到道德境界的提升。陸羽講究茶道，指出茶有其本色，有其內在的品質，不應當加料加果。飲茶可以有各種各樣的方式，製茶也有粗茶、散茶、末茶、餅茶之別，他卻反對當時流行的喝法：「或用蔥、薑、棗、橘皮、茱萸、薄荷之等，煮之百沸，或揚令滑，或煮去沫。斯溝渠間棄水耳，而習俗不已。」晚唐的皮日休非常喜歡喝茶，說古人喝茶的方式不敢恭維，就是把茶葉丟進鍋裏煮，跟喝菜湯無大分別。唐朝通俗喝茶，沿襲了「煮菜湯」的古法，還喜歡放各種佐料，把蔥、薑、棗、橘皮、茱萸、薄荷等，都放到茶湯裏面一起去煮。這個習慣是沿襲古人喝茶如喝菜湯的方式，什麼東西都可以往茶裏放。陸羽認為這不是喝茶，是糟蹋茶，喝的是溝渠間的棄水，跟人家倒在溝裏的餿水差不多。陸羽強調「茶性儉，最宜精行儉德之人」，要從簡約當中發現茶的靈性。

陸羽在人類飲茶歷史上，最大的貢獻就是寫了《茶經》，明確點出飲茶有精神境界，可以從中提升心靈感悟，體驗靜修的審美經驗。之後的茶儀與茶道演變，無論是宋代宮廷與士大夫的點茶鬥茶，寺院茶儀的持修空靈，明清文人的清雅茶敘，日本茶會的和敬清寂，都因陸羽的開示，而得以開創自成體系的飲茶天地。

中國歷史發展到明代，在文化審美的追求上，基本沿襲宋代對精緻美學的嚮往，以及對日常生活品味的講究。宋代士大夫文人在審美的體會上，較之唐代的上層社會，或許對盛世排場及奢華的追求有所不及，但是能夠沉潛於細節，精益求精，在純淨簡樸之中，體悟光風霽月的審美境界。宋人講究的「清風明月」、「鳶飛魚躍」，是一種追求自然境界的精神領悟，融合了儒家的寬博、道家的逍遙、佛家的禪悟，通過具體的人間事物，達到圓融的審美境界，體會天人合一的神韻。宋人飲茶發展出點茶拉花，雖然有耽於賣弄技巧，過度偏重技藝之嫌，但是，大多數文人雅士在茶飲審美的追求上，還是注重心靈提升的體會的。如蘇東坡的《汲江煎茶》詩，寫在他遭貶海南的時期，就顯示了這種審美超越的精神境界：

活水還須活火烹，自臨釣石取深清。大瓢貯月歸春甕，小杓分江入夜瓶。茶雨已翻煎處腳，松風忽作瀉時聲。枯腸未易禁三碗，坐聽荒城長短更。

汲水煎茶過程是一種心靈淨化的過程，在人生境遇遭到困蹇之際，安安靜靜喝一碗茶，自己取水，自己烹茶，靜聽水聲翻騰，默看茶沫浮泛，夜深人靜，正是安頓自己心境，「萬物靜觀皆自得」的時候。

歷史經過蒙古入侵，天下大亂，再經歷改朝換代的天翻地覆變化之後，到了明代中葉，經濟與社會形態漸趨穩定，江南的商品化經濟開始起飛，物產豐富，社會繁華，士大夫階級的日常生活重新講求精緻與奢華，品味也開始重新追求高雅。明朝的文人雅士心目中高風亮節與風雅灑脫表率，就是蘇東坡，不但景仰他的為人處世，欣賞他的詩詞歌賦，也嚮往他的生活品味及態度。在飲茶方面，雖然明代的飲茶風尚，在物質性的製作與烹調方法已經改變，不同於宋人的研末點茶，而開始推崇炒青的芽茶，特別講究清明到穀雨期間的新茶嫩芽，但是在追求茶飲的高雅審美境界，冀望精神提升方面，卻仍然一脈相承，繼承了陸羽、蘇東坡的審美嚮往。

我們只要看看明代文人雅士的著作，說到飲茶的場合，除了要喝好茶，滿足口舌的物質性品味之外，說的都是如何可以達到清雅之境，讓心靈得到無限歡愉。徐渭《煎茶七類》首先就說「人品」，也就是坐在同一茶席中喝茶的朋輩：「煎茶雖凝清小雅，然要須其人與茶品相得。故其法每傳於高流大隱、雲霞泉石之輩，魚蝦麋鹿之儔。」喝茶要清雅，首先人品要雅，物以類聚，人以群分，要跟高雅之士在一起，才能登臨清雅之境。徐渭還說到適合喝茶的環境，有以下幾類:「涼台靜室、明窗曲几、僧寮道院、松風竹月、晏坐行吟、清譚把卷。」而可以一起飲茶，一同體會茶飲審美境界的茶侶，則是：「翰卿墨客、緇流羽士、逸老散人、或軒冕之徒、超然世味者。」換句話說，孜孜營役於官場或商場，肚滿腸肥，而無隱逸超越心境的人，是不配與他同席飲茶的。

明萬曆年間的茶人，最為當時稱頌的是浙江錢塘（今杭州）人許次紓（字然明，約 1549-1604）。他寫了一本《茶疏》(1597 年成書)，不但對茶的歷史文獻瞭若指掌，還反映了作者訪茶、品茶的實踐經驗，吸收了當時江浙一帶精於茶事者的寶貴經驗，可說是杭州地區最懂得品茗之人。他列舉古今名茶的興廢，說到明代中葉以後的風尚趨向江南的春茶，最有名的有長興之羅岕，他懷疑就是唐朝人崇尚的顧渚紫筍，但又有不同。此外，「若歙之松蘿、吳之虎丘、錢塘之龍井，香氣穠鬱，並可雁行，與岕頡頏。」福建的茶，宋元之後開始衰落，到了晚明，只有武夷的雨前最好。浙江其他地區也有些好茶，如「天台之雁宕，括蒼之大盤、東陽之金華、紹興之日鑄，皆與武夷相為伯仲」。可惜的是「製造不精，收藏無法，一行出山，香味色俱減」。

許次紓非常講究烹茶的方法，要從清潔的茶具開始，按部就班，一一合乎潔燥的程序，否則會破壞茶的原味：「未曾汲水，先備茶具。必潔必燥，開口以待。蓋或仰放，或置瓷盂，勿竟覆之，案上漆氣、食氣，皆能敗茶。先握茶手中，俟湯既入壺，隨手投茶湯，以蓋覆定。三呼吸時，次滿傾盂內。重投壺內，用以動盪香韻，兼色不沉滯。更三呼吸，頃以定其浮薄，然後瀉以供客。則乳嫩清滑，馥郁鼻端。病可令起，疲可令爽。吟壇發其逸思，談席滌其玄衿。」

泡茶要有技巧，而使用技巧的目的，是要達到一種審美的感受，從中體會高雅的境界，不只是滿足口腹之欲，為喝茶而喝茶。他認為嫩綠的新茶最有趣，不但有新鮮感，而且充滿了詩意，有餘不盡，留下無窮的美好想像：

> 一壺之茶，只堪再巡。初巡鮮美，再則甘醇，三巡意欲盡矣。余嘗與馮開之（馮夢禎）戲論茶候，以初巡為停停嫋嫋十三餘，再巡為碧玉破瓜年，三巡以來綠葉成陰矣。開之大以為然。所以茶注欲小，小則再巡已終。寧使餘芬剩馥尚留葉中，猶堪飯後供啜嗽之用，未遂葉之可也。若巨器屢巡，滿中瀉飲，待停少温，或求濃苦，何異農匠作勞，但需涓滴，何論品賞，何知風味乎。

許次紓還講到茶寮的安排與佈置：

> 小齋之外，別置茶寮。高燥明爽，勿令閉塞。壁邊列置兩爐，爐以小雪洞覆之，止開一面，用省灰塵騰散。寮前置一几，以頓茶注、茶盂，為

臨時供具，別置一几，以頓他器。傍列一架，巾帨懸之，見用之時，即置房中。斟酌之後，旋加以蓋，毋受塵污，使損水力。炭宜遠置，勿令近爐，尤宜多辦宿乾易熾。爐少去壁，灰宜頻掃。

他對於茶室環境的講究，強調明亮清爽，而且明確地說，「煎茶燒香，總是清事，不妨躬自執勞。」許次紓鍾意的茶寮，在半個世紀以後文震亨的《長物志》中，是這麼形容的：「構一斗室，相伴山齋，內設茶具。教一童專主茶役，以供長日清談，寒宵兀坐。幽人首務，不可少廢者。」

至於飲茶的場合，許次紓更是着意羅列，可從中見到晚明雅士的茶飲情趣：

心手閒適。披詠疲倦。意緒棼亂。聽歌拍曲。歌罷曲終。杜門避事。鼓琴看畫。夜深共語。明牕淨几。洞房阿閣。賓主款狎。佳客小姬。訪友初歸。風日晴和。輕陰微雨。小橋畫舫。茂林修竹。課花責鳥。荷亭避暑。小院焚香。酒闌人散。兒輩齋館。清幽寺觀。名泉怪石。

說來說去，都是清雅的場所與情景，就像平日在自家園林中優哉游哉的生活，高興了出去遊山玩水，到清幽的寺觀中與出家人談玄説禪，像明代畫卷中想像的隱逸風神。許次紓還説到不適當的場合：「作字。觀劇。發書柬。大雨雪。長筵大席。繙閱卷帙。人事忙迫。及與上宜飲時相反事。」更指出不宜茶飲場合的人與物事：「惡水。敝器。銅匙。銅銚。木桶。柴薪。麩炭。粗童。惡婢。不潔巾帨。各色果實香藥。」不宜靠近的地方、人與物：「陰室。廚房。市喧。小兒啼。野性人。童奴相閧。酷熱齋舍。」

與許次紓同時代的羅廩，周遊各地，潛心調查種茶、製茶技藝之後，回鄉居山十年，親自實踐，加以驗證、總結經驗，寫成《茶解》一書，主要探討茶葉生產和烹飲技藝，是明清時期最為「論審而確」之茶書。他指出：「茶須色、香、味三美具備。色以白為上，青綠次之，黃為下。香如蘭為上，如蠶豆花次之。味以甘為上，苦澀斯下矣。」為了表現他品評茶飲的知識來自親身考察，見識與本領不下於許次紓，他特別在品水的體會上，點出許次紓沒有發現杭州的甘露泉水：

> 武林（杭州）南高峯下，有三泉。虎跑居最，甘露亞之，真珠不失下劣，亦龍井之匹耳。許然明（許次紓），武林人，品水不言甘露何耶？甘露寺在虎跑左，泉居寺殿角，山徑甚僻，遊人罕至。豈然明未經其地乎？

關於適合飲茶，而能躋升到體會清雅的場合，羅廩是這麼說的：「山堂夜坐，手烹香茗，至水火相戰，儼聽松濤，傾瀉入甌，雲光縹渺，一段幽趣，故難與俗人言。」這樣的幽趣的確「難與俗人言」，卻是蘇東坡《汲江煎茶》所展示的詩境。

關於品茶需好水，是陸羽一直強調的基本原則。羅廩則引用蘇東坡《仇池筆記》的記錄，說：

> 瀹茗必用山泉，次梅水。梅雨如膏，萬物賴以滋長，其味獨甘。《仇池筆記》云：時雨甘滑，潑茶煮藥，美而有益。梅後便劣。至雷雨最毒，令人霍亂，秋雨冬雨，俱能損人。雪水尤不宜，令肌肉銷鑠。

這一段話提到，品茶最好是用山泉，即是陸羽的真傳不二之法，其次是「梅水」。梅水是什麼呢？就是江南梅雨季節的雨水，也就是蘇東坡說的「美而有益」的甘滑的時雨。這樣的「時雨」，並不只是詩情畫意的聯想，讓人想起陶淵明說的「靄靄停雲，濛濛時雨」。古代的天宇不像現代這般污染，沒有鋼鐵廠或化工廠製造的毒霧，沒有汽車排出的廢氣，沒有籠罩在空中死活不肯消散的霧霾。梅雨季節的濛濛時雨，是潔淨甘美的天水，是泡茶的好水。後人把「梅水」誤會成梅花瓣上的露水，以訛傳訛，還自以為高雅，未免拋棄了形而下的物質本性，數典忘祖，混淆視聽了。

《紅樓夢》第四十一回，賈母帶着眾人到妙玉的櫳翠庵品茶。曹雪芹特別描寫妙玉的品味高雅清純，有這麼一段敘述，顯示她的茶飲境界高出寶玉與黛玉：

> 寶玉吃了好茶，覺得輕淳無比，賞贊不絕。黛玉因問：「這也是舊年的雨水？」妙玉冷笑道：「你這麼個人，竟是大俗人，連水也嘗不出來。這是五年前我在玄墓蟠香寺住著，收的梅花上的雪，共得了那一鬼臉青的花甕一甕，總捨不得吃，埋在地下，今年夏天才開了。我只吃過一回，這是第二回了。你怎麼嘗不出來？隔年蠲的雨水那有這樣輕淳，如何吃得。」

妙玉所說的玄墓，是在蘇州的西邊靠太湖一帶，現在稱作光福的地區，以種植梅花著名，有「香雪海」之稱。她收集了梅花上的雪水，藏了五年，再來泡茶，是否適合發揮春茶的清揚香氣，是頗有可議，也令人懷疑的。曹雪芹是知道晚明茶飲風尚的，因為晚明清雅的遺風到了乾隆時期才逐漸頹喪，何況「上有天堂，下有蘇杭」，江南的清雅並不會全然消逝。或許從這段描述，我們也可以看到曹雪芹生花妙筆的狡獪之處，讓我們看到妙玉的故作玄虛，把以訛傳訛的「梅水」，變成了可遇不可求的茶飲甘露，只有通過具有潔癖的妙玉，才能體會品茶的最高審美境界？

「茶禪一味」五題

（一）禪宗茶道

一位懂茶的朋友問我，「茶禪一味」的歷史脈絡是怎麼回事，是不是榮西禪師（1141-1215）到中國求法，得到圜悟克勤（1063-1135）的開示，圜悟手書「茶禪一味」四字，由榮西帶回日本，藏於京都大德寺，肇始了日本禪茶的歷史？他曾拜託大德寺的管事人去查，回答是寺藏之中沒有圜悟大師手書「茶禪一味」的墨寶，而這段傳說或許是後人編造的。

當然是瞎編的，榮西與圜悟相隔一個世紀，怎麼個開示法？佛法再精妙，圜悟該不會像周公般，進入孔子的睡夢中開示吧。那麼，傳說是誰編造的呢？我查了查日本茶學資料，日本學者從來沒有這麼説過。淡交社出版的《茶道辭典》，有「茶禪一味」詞條，説的是村田珠光（1423-1502）在大德寺修禪，體悟了禪道與茶道「不二一如」的精神，再經過武野紹鷗（1502-1555）及千利休（1522-1591）的發揚光大，逐漸（請注意，是「逐漸」）成為日本茶道與禪道結合為一的表述。這三位日本茶道大家，生活在中國明代中葉之後，與北宋的圜悟克勤及南宋來華的榮西，相距三、四百年。編造傳説的人恐怕是歷史觀念薄弱，才會混淆了宋代到明代的時間差距。

倒是在 2003 年中國出版的一本《茶道》中，指出圜悟大師寫了這四個字，被日本僧人攜帶回國，傳到大德寺一休宗純（1394-1481）手中，成了日本代代相傳的國寶。珠光在大德寺跟着一休習禪，繼承了圜悟手書「茶禪一味」的傳統。中國學者的推想，到了「百度百科」，居然搖身一變，成了確鑿的歷史事實：「宋代高僧圜悟克勤以禪宗的觀念和思辨來品味茶的無窮奧妙，揮毫寫下了『茶禪一味』，其真跡被弟子帶到日本，現珍藏在日本奈良大德寺，作為鎮寺之寶。南宋末年，日本茶道的鼻祖榮西高僧兩次來到中國參禪，並將圜悟禪師的《碧岩錄》以及『茶禪一味』墨寶帶回日本，於 1191 年寫成《吃茶養生記》一書，成為日本佛教臨濟宗和日本茶道的開山祖師。」其實，大德寺曾經藏有一幅圜悟的墨跡，不是「茶禪一味」四個字，而是圜悟寫給他弟子虎丘紹隆（1077-1136）的印可文書，與茶道無關。這幅墨跡原來藏在大德寺的大仙院，輾轉到了一休和尚手中，一休轉贈給珠光，成為日本禪道的至寶。這幅墨跡後來從大德寺流出，現在收藏在東京國立博物館，屬於日本一級國寶。圜悟墨跡的流傳，以訛傳訛，居然就成了「茶禪一味」，也真令人歎為觀止。

「茶禪一味」在日本茶道史中演變為明確概念，而這四字則是在村田珠光之後逐漸發展出來的。追溯概念的源頭，與中國唐代禪宗普及飲茶有關，與百丈懷海（749-

814）制定《百丈清規》的寺院喝茶規矩有關，更與趙州和尚（778-897）的「喫茶去」有關。趙州和尚的一句「喫茶去」充滿了禪機，不過，我們得記住，趙州和尚說的喝茶悟道，講的是個人回到日常生活去悟道，不是進入茶道來悟道，與日本發展的「茶禪一味」在具體實踐上是不同的。「茶禪一味」指出，茶道即禪道，禪悟可以通過茶道的體悟程序達到精神超升。這是要到十五世紀末十六世紀初（約於明嘉靖年間）才在日本成型的，而大德寺則在日本茶道即禪道的發展過程中扮演了重要的角色。

據說，村田珠光跟一休和尚在大德寺習禪，把參禪與吃茶視為一體，奠定了「茶禪一味」的基礎。珠光的再傳弟子武野紹鷗，後來跟隨大德寺的大林宗套（1480-1568）參禪，並且推廣珠光提出的「草庵茶」精神，發揮茶道的禪意。武野過世，大林曾為武野的畫像題寫讚語：「曾結彌陀無礙因，宗門更轉活機輪。料知茶味同禪味，汲盡松風意未塵。」此後，大德寺就一直提倡「茶禪一味」的觀念，成了日本禪茶發展的重要基地。

總之，「茶禪一味」成為具體概念詞，出現得很晚，概念的雛形來自中國禪寺茶道，卻在傳來日本之後，經歷了長期的實踐總結，出現了「茶禪一味」。

（二）珠光禪茶的傳說

日本茶之湯文化協會會長倉澤行洋教授，是著名的茶學學者，2007 年曾應香港商務印書館之邀，來參加我主編之《中國歷代茶書匯編校注本》的新書發佈會。倉澤教授溫文爾雅，談吐頗有古代學人之風，對日本茶學歷史研究極為精湛，特別注意史實的考訂，所以對我們出版一本詳細考訂中國歷代茶書的工作，大加謬賞，以日本老派學者帶有矜持的興奮，說這是一部「不世出的精審著作」。其實，要說嚴謹與精審，倉澤教授探討日本茶學的歷史，那才是「有一分證據說一分話」，對茶道歷史上的傳說，經常提出質疑。

倉澤教授研究過村田珠光參禪的傳說，懷疑珠光曾經跟隨一休和尚參禪，更懷疑一休贈送圜悟克勤的墨跡給珠光，就由此創始了「茶禪一味」傳統的說法。他覺得傳說與歷史是兩回事，歷史是真實發生的史實，要有可以稽考的證據。傳說可能是後人無中生有的想像，口耳相傳，無從稽考，但能在後世發揮作用，影響視聽。他明確指出，日本茶道從一休傳道給珠光的說法，都出自後來一兩個世紀的茶書，很可能是後人對茶道最初發生的嚮往，強加到一休與珠光這兩位人物的光輝形象身上。例如，藪內竹心（1678-1745）的《源流茶話》說：「珠光乃居住於南都稱名寺的僧侶。他參禪於一休和尚，悟得教外之旨後，將作為參禪印可的圜悟禪師的墨跡懸掛於方丈之中，爐中煮茶，沉湎於茶禪之味。」這段記載，敘述了珠光向一休和尚參禪悟道的經過，以及得到一休印可，獲贈圜悟大師的墨跡，得以懸掛在施展茶道的茶室中，展現了「茶禪一味」的精神，說得活靈活現。

同樣的說法，在早一點的記載中也可見到蛛絲馬跡，如山上宗二（1544-1590）的《山上宗二記》說道：「圜悟禪師之墨跡，堺的伊勢屋道和所有。該掛軸本是珠光從一休和尚那裏獲得的。茶道掛軸使用墨跡即始於此。」《宗湛日記》在天正十五年（1587）有記載，說千利休在閒談中也提到這個傳說。然而，倉澤指出，至今為止，從實證性的歷史研究來看，沒有任何直接的證據可以證實上述的傳說。

有趣的是，傳說中珠光從一休和尚得到圜悟墨跡，是因為他參禪悟道，獲得一休的印可，所以一休把圜悟手書的墨跡傳了給他，就好像五祖把衣缽傳給六祖慧能的翻版。這裏就出現了值得注意的傳說形成模式，在口耳相傳的過程中，歷史人物、文物、事跡，出現了合乎想像與願望的排列組合。從珠光參禪到「茶禪一味」的出現，最合乎後世茶人想像與願望的發展程式是，珠光向一休學禪，因為一休不但是日本的禪修大師，還是家喻戶曉的傳說人物，由他把禪道傳給珠光，發揚光大為「茶禪一味」的茶道，真是禪茶有傳承，光芒萬丈長。還有作為悟道印可的信物，就是編寫《碧岩錄》的圜悟克勤墨跡，甚至有人以為寫的是「茶禪一味」四個字。

其實，以圜悟墨跡作為一休傳道珠光的信物，本身就透露了編造傳說的想像軌跡，一心想要在特定的時空拐點上，確立茶道即禪道的歷史淵源。早先傳佈故事的日本茶人，或許都無緣見過這幅圜悟墨寶，沒有細讀圜悟書跡的機會，當然也就不清楚圜悟書跡寫的是什麼。這幅字的確可謂印可文書，卻是圜悟印可他的弟子虎丘紹隆參禪悟道的文字，現在收藏在東京國立博物館，與日本「茶禪一味」的源起毫無關係。北宋時期中國禪宗的悟道印可文書，居然搖身一變，到了十五世紀（相當明代中葉），成了日本參禪的印可傳說，用來支援茶道即禪道的傳承，也真是難為了日本茶道的傳人。

正式闡述「茶禪一味」的著作，在日本出現的時間比較晚，要到十七世紀末的《南方錄》與十九世紀的《禪茶錄》，是兩、三個世紀以後的事了。

（三）珠光飲茶說禪

講日本茶道，一般總是舉村田珠光為禪茶的開山祖，繼之以武野紹鷗與千利休，從而開創了「茶禪一味」的傳統。我多次指出，珠光、紹鷗、千利休三位茶道大師在世時，從未明確提出「茶禪一味」這四字真言，只說過茶道與禪道有相通之處。也就是說，他們在發展茶道的過程中，融入了禪悟的精神，逐漸轉化了日本飲茶之道的脈絡，充滿追求精神超越的悟道意識，同時也影響了後世的茶道儀節。不過，以嚴格的歷史研究角度而言，「茶禪一味」四字真言的出現，是千利休弟子那幾代人在江戶時代總結的教訓，雖然可謂之弘揚師說，卻已經是珠光過世百年之後的事了。

村田珠光作為日本禪茶的開山祖，最重要的貢獻，是超越了當時上層社會精英所沉湎的書院茶傳承，脱離了室町時代茶道儀式的繁文縟節，以及對唐物茶器的懷古依戀，回歸到禪宗一貫強調的簡約美學，相信自己內心呼喚的自然審美品位。他創立的草庵茶，與幕府將軍宮廷書院茶的華麗濃豔形成強烈的對比，把茶道審美的方向，從炫耀茶器與室內裝置的金碧輝煌，轉向內心修養的自然抒發，也就與禪道強調日常生活的精神相通，在擔柴挑水之中可以發現美感的意義。

珠光曾寫過一篇給弟子古市播磨法師的短文，講茶道的精神，譯文如下（多謝沈國威兄指點）：

> 此道最忌我慢我執。嫉妒能手，蔑視新手，最是褻瀆此道。須就教於前賢，隻言片語皆須銘記在心，亦須提攜後進。此道第一要義，乃化解和漢之境，至要至要，此事須用心。當今，初學者為彰顯「冷枯」，爭索備前、信樂之物，無憑無證，自以為珍，真乃言語道斷也。
>
> 枯也者，謂能品味上好道具之美，從而在心底深刻體會其旨。如此則不假外求，無不得其

「冷枯」之意。然而，未曾具備鑒賞與擁有珍品的資格，亦無須羨嫉他人所有。同時，無論個人多有修養，亦須記取本身缺陷，有所自律，此為至要。謹記自慢自傲即是故步自封，同時要有自信，否則難臍此道。語云，當作心之師，莫被心所師，古人亦如此說也。

村田珠光這篇短文講了幾個重要觀點，可以視為日本禪茶的立意基礎。首先，珠光明確指出茶有其「道」。此道的關鍵是心態開放，「最忌我慢我執」，這是禪宗佛學與印度宗派佛學大不同處，因為吸收了中國原始儒家的精神，也就是孔子講的「勿意、勿必、勿固、勿我」，還要有「三人行必有我師」的態度。如此，在施用「茶之湯」的過程中，不斷開放學習，就能超越習慣性自我認知的限制，進入神思翺翔的悟道境界。

具體而言，是對日本本土與唐土舶來的文化，都要有審美的體會，而且有所化解而能包容，有容乃大。有了開放心態的「道」為指導，才不會像書院茶會那樣以炫耀唐物茶器為目的，成了品賞珍貴茶器的集會，也不至於為了追求「冷枯」，而一味強調本土產品，無視備前、信樂茶器品質低劣，敝帚自珍，實在貽笑大方。

其次，珠光對「枯」（kareru）與「冷」（hie）做了文化審美的定位，把品味茶器的美感，與品賞枯山水庭園與書畫的枯淡筆調聯繫起來，更讓人想到世阿彌《風姿花》探討藝能，以「枯木逢春之花」作為表演藝術的極致。「枯」的境界，是簡約美學的極致；「冷」的態度，是矜持審美的昇華。要有開放的精神來理解茶道，切忌因循固蔽，絕不自大自傲，但同時要有自信，有強大的心靈才能登臍此道。要成為心的主導，絕不能師心自用，就如古來禪師所說。

沒錯，珠光是在説禪，茶道就是禪道。

（四）一休與珠光

一休和尚在日本是家喻戶曉的傳説人物，頗似中國民間傳説中濟公活佛與徐文長的形象，不修邊幅，滑稽突梯，但又超塵出俗，充滿智慧。日本茶道有個傳説，認為「茶禪一味」始自村田珠光在大德寺向一休學禪，遭到棒喝而開悟，肇始了茶道即禪道的傳統。故事説得活靈活現，是説珠光因為傳承了書院茶的規矩，對名貴的古董唐物茶器極具鑒賞能力，又視若珍寶，有一次正捧着愛不釋手的名貴茶碗喝茶，一休突然大喝一聲，舉起手中的鐵如意，一棒捶下來，把茶碗擊個粉碎。在錯愕的剎那中，珠光如夢初醒，從此大悟，覺悟到茶道的真諦是超脱世塵，不再留戀於物欲的牽掛。

這故事很有戲劇性，也合乎想像中禪師開悟過程的風虎雲龍氣象，聽起來過癮，好像就該是一休和尚棒喝傳道的橋段。可惜與歷史的真實情況不符，時地人都配不上套，只能算是姑妄言之的傳説。由於大德寺傳承宋元禪茶的淵源，人們想像「茶禪一味」的起源，不自覺就會想到大德寺，聯繫起相關的禪師與茶人，倒也無可厚非，就使得傳説的形成有了着落。大德寺是大燈國師（宗峰妙超，1282-1337）創立的，他的師父則是南宋時期在徑山寺學臨濟禪及禪茶規儀的南浦紹明（1235-1308）。因此，大德寺習禪的傳統既有禪道，也有中國傳來的禪宗寺院茶道規儀。把著名的一休與珠光連在一起，以大德寺作為「茶禪一味」風雲際會的聯繫點，也很容易讓人姑妄聽之。

一休宗純是真實的歷史人物，出身極不平凡，是室町時期後小松天皇的皇子，因宮廷鬥爭的影響，被迫從小出家，後來投入大德寺華叟宗曇和尚門下，在二十多歲的時候就已悟道，曾寫過一首和歌：「欲從色界返空界，姑且短暫作一休，暴雨傾盤由它下，狂風捲地任它吹。」據説他的「一休」法名，就是這樣來的。正長元年（1428）華叟病故之後，他就離開大德寺，雲遊天下，成為一代狂僧。按照他過世後弟子撰寫的《東海一休和尚年譜》，到了日本文明六年（1474），一休八十一歲（虛歲）時，受後土御門天皇的詔令，任大德寺第四十七代住持，但他晚年住在京都府京田邊市的酬恩庵（俗稱「一休寺」）。一休與大德寺的關係固然密切，時間卻可以確定在正長元年他三十五歲（虛歲）前，與文明六年他八十一歲後。傳説珠光到大德寺向一休學禪是在三十歲左右，已經浸潤於幕府宮廷的書院茶道之後，大約在 1453 年前後，這時的一休和尚正浪跡江湖，與大德寺同門相互攻訐，處於關係破裂之時，不太可能回到大德寺向珠光傳授禪茶之道。

倒是珠光受教於能阿彌，得以進出室町幕府的書院茶會，對他追求茶道超越精神有一定的刺激與啟發。珠光出身於庶民背景，對日本民間文化的審美意境有相當的體會，感到書院茶會的貴族氛圍不接地氣，而模仿宋元宮廷茶道的精緻點茶又過於繁瑣，引發他融合高雅意趣與簡約審美的契機，從寺院禪茶的規儀與民間藝能的修煉之中，得到審美鑒賞與禪悟超越的結合。室町幕府的足利義政將軍，是貴族化書院茶的愛好者，同時也有獨特的審美眼光，通過能阿彌的介紹，對珠光的簡約茶道發生了濃厚的興趣。在《珠光問答》一書中，有這樣一段記載：

> 將軍義政公，召珠光問茶事。珠光曰：「一味清靜，法喜禪悦。趙州如此，陸羽未曾到此。入此室者，外離人我，內蓄和德。交接相見處，謹兮敬兮，清兮寂兮，及至天下太平。」源公欣然，相逢恨晚。

這段話是珠光茶道「謹敬清寂」的來源，也是千利休「和敬清寂」四字真言的前身。更重要的則是，珠光認識到，趙州和尚「喫茶去」的禪意，是陸羽茶道未曾意識到的境界，也就是茶道不能只是茶的技藝，還得要有禪悦。

（五）飲茶參禪

日本茶道集大成的千利休有個弟子山上宗二（1544-1590），曾被豐臣秀吉封為「御茶頭八人眾」之一，是當時著名的茶人。他的命運與千利休有點類似，都是因為個性耿直，堅持自我信念，忤逆了脾氣暴躁的豐臣秀吉，遭到殺身之禍。在他過世前兩年，寫過日本茶道史的重要文獻《山上宗二記》，其中不但明確提出茶道出於禪道的雛形觀念，而且指出，村田珠光、武野紹鷗、千利休是一脈相承，展現了侘茶的精神就是禪悟：「因茶湯皆出自禪宗，故茶人修行以僧人為準。珠光、紹鷗悉禪宗也。」

熊倉功夫寫有《山上宗二記研究》，其中特別討論了日本茶道傳統中，「一座建立」與「一期一會」概念的出現及其意義。《山上宗二記》提到，武野紹鷗對初學茶道的人說：「做好一個客人，主要在於『一座建立』，但具體做法很多是屬於秘不外傳的。」「一座建立」的主要意義是營造出一體的氛圍，有客觀具體的茶室與茶席的環境，也有主客在施用茶湯時的精神交流，使參與茶會的客人進入一種藝能審美境界，可意會不可言傳。書中還提到千利休的態度：「當時宗易（千利休）則不願意多講這些，只是偶爾在晚上聊天時會涉及一點兒。早晚的『寄合』(日文『聚會』之意）使用新道具或舉辦切茶壺封的茶會時，自不必說，就是一般情況施展茶湯，從進入露地（茶屋的庭園）到退場，主客皆須以一期一度之參會心情來對待。」

熊倉認為，武野對茶會的儀式規矩，要求「一座建立」，是比較屬於藝能的審美感悟，而千利休則讓茶會順其自然，帶有充滿禪意的隨興與活潑，同時要參與者體悟「一期一度」(一期一會）的意義，是生命流逝中值得珍惜的聚會，剎那之中體會永恆。

千利休的另一個弟子南坊宗啟記載了千利休的言行，經後人整理成《南方錄》，在十七世紀末面世，其中有這麼一個故事:「有人出席宗易的茶會，問他：為什麼你要親自提水桶，往淨手缽中注水呢？宗易回答說：在露地裏，主人的第一個動作就是運水。客人的第一個動作是用水，此乃露地草庵的根本所在。淨水缽的作用，是讓露地中的問答雙方，互相洗淨世塵的污染。」故事的主旨是千利休規劃飲茶的環境，精心設計經營茶屋與庭園，目的是為了隔絕塵緣，進入飲茶的清修境界，也就是禪宗精神超升的境界。《南方錄》還記載了利休的一段話:「小茶室的茶湯，是指佛法修行得道的第一事。居美屋、食珍味為樂，乃世俗之事。居處以不漏為宜，飯食以吃飽為足。此乃佛之教誨，茶之湯的本意。運水、取薪、燒水、點茶，供佛、施人、自享、立花、焚香，皆是效法佛祖之行。」

從這段話中，我們可以看到禪宗日常悟道的痕跡，搬柴、運水、吃飯、喝茶，飢來吃飯睏來眠，一切順應自然，不加意勉強，便可隨緣悟道。

從珠光、紹鷗到利休，可以看到唐宋寺院茶規與禪道簡約審美觀對日本茶道的啟示與影響，但是，這三位茶道大師都不曾明確提出「茶禪一味」的理論。他們是以自身對禪修的體會，融入「茶之湯」，以實際經驗的表現，促成了茶道與禪道相結合的歷史進程。「茶禪一味」成為明確的理論，咬定茶道就是禪道，不允許飲茶還有禪修之外的念想，把茶道當成是靈修的道路，一切儀式與程式都是宗教修行過程，要到十九世紀初《禪茶錄》的出現。此書一開頭就說，「茶事以禪道為宗旨」，通篇都在闡述「茶禪一味」的道理，甚至強調沒有禪意，就沒有茶之湯：「茶意即禪意，故除去禪意則外無茶意，不知禪味亦難曉茶味。」

到了《禪茶錄》的「茶禪一味」，就成了徹底極端的宗教清修，不懂禪就不知茶味。好像人的感官都有礙靈修，只有通過禪修，才能嘗到茶味，才有精神境界的茶味，生命才有意義。不禁令人疑惑，兼有精神性與物質性的茶飲，色香味俱全，有口感有喉韻，讓涉及感官的六根得到審美提升，若是完全轉化為宗教禪修，為什麼還要喝茶？光是禪修，不就夠了嗎？

（原刊於《書城》2020 年 6 月號）

多元的中國茶文化

(一)

中國是世界上最早飲茶的國家，也最早出現了對茶的研究，把飲茶提升到文化審美的領域，讓人們在飲茶的過程中，不但得知解渴解乏的保健養生效果，也逐漸體會飲茶有其精神淨化的作用，可以使人的道德修養得以精進。在一千四百年前，唐朝的陸羽撰寫了《茶經》一書，系統地探討茶的植物學本質、茶的產地、採茶的工具、製茶的方法、飲茶的茶器、烹茶的工序、品茶的體會、歷代飲茶的事跡，呈現了全方位的飲茶知識，奠定了飲茶從物質性的「喝」到精神性的「品」，從而開啟了茶道的雛形，為人類文明增添了嶄新的生活哲思與審美的世界。

《三聯生活週刊》近年做了許多期關於茶的專輯，比如 2018 年的《自由自在中國茶》，2016 年的《好茶之道：武夷山，茶人與技藝》，2015 年《茶之道：山場、活水與茶境》，2014 年《茶之道：茶話、茶事與老茶》，2013 年《茶之道：中國與日本，茶史、茶事與茶境》，2011 年《紅茶的性格：正山小種、祁紅、滇紅、川紅》，對於飲茶文化的知識推廣，起了很大的作用。《三聯生活週刊》繼承了早年鄒韜奮《生活週刊》對現實生活與文化理念的關懷，經過相當一段時間的實驗與摸索，在本世紀終於走出一條新的方向，以文化與現實結合，深入探討人們關心的切身問題，而成為內地家喻戶曉的流行雜誌。因此，這幾年來出版的茶文化專輯，也推動了人們對茶的深入了解與興趣。

《三聯生活週刊》編選了過去刊登的文章，輯成兩本專題書，《茶之境：中國名茶地理》與《茶之道：自由自在中國茶》，以免週刊上刊出的好文章隨時間而消逝，造成愛茶人的遺珠之憾。《茶之境：中國名茶地理》選取關於中國茶產的文章，主要是通過深入產茶地區，以田野調查的方式，介紹蒙頂茶、六安瓜片、武夷山茶、西湖龍井等中國名茶背後的地理環境、製作工藝與當地文化等。這些作者都癡迷於茶的生產，理解不同茶區產茶的實際情況，親身探訪名茶產地，細緻講解製茶工藝，全面展示當今中國名茶的面貌，同時也涉及了名茶產區的歷史淵源。從本書中，我們看到各種茶類的誕生過程，知道綠茶、紅茶、黑茶、白茶、烏龍茶、武夷岩茶、普洱茶等等名目的前世今生。這本書像茶區風光的導遊手冊，又像茶文化的地方史志，敘述觀點有趣，文字又十分優美，還能讓人清楚認識各地的茶葉製作過程，是很有意義的探索。

《茶之道：自由自在中國茶》則圍繞中國茶史、茶事、茶境三個方面，從中國人飲茶的感官體會説起，敘述茶飲意識系統的演變，講到茶飲生活向全球的傳播。茶飲歷史的演變，產生了不同形式的飲茶風尚，由煎茶、鬥茶、點茶、泡茶，帶出飲茶環境的設茗焚香，以及茶器配合茶飲風尚的演變，是理解古人生活情趣與性靈修為的最佳社會生活史材料。從中可以看到唐代以來，茶器品賞與瓷器審美的密切關係，了解燒瓷對釉色的考究，經常是考慮到盞中茶湯色澤的效果，追求茶飲時尚的視覺美感。茶與禪修的關係，也可以溯源到唐代，禪宗茶儀出現與清修的結合發展了寺院茶道，到南宋之後直接影響了日本抹茶道。本書的面向很廣，作者都是精研茶學與茶道的飽學之士，涉及中國茶由器至道的方方面面，也展示了中國飲茶之道的多元性格，是一本從品茶香到品文化、品境界的進階之書。

(二)

關於茶的原產地，古植物學家認為，應該是中國西南邊疆與南亞的東北角，但是與人類飲茶相關，以及人工栽種並飲用的地區，則最早出現在巴蜀一帶。《茶經・八之出》已經詳細列舉了唐代主要產茶地區，並且按照陸羽自己的見聞，評定不同產區所產茶葉的優劣。我們從陸羽所列的產地，可以知道他最熟悉的是從四川沿着長江流域向東，經過今天的湖北、湖南，一直到皖贛江浙地區，也包括了他從沒去過的福建與嶺南。他所列出的茶區，基本上反映了唐代產茶的地理分佈，其實也是今天茶產的主要地區。陸羽對茶葉產地的調查，使他得出一個重要結論，即是人工栽種茶葉的自然環境有氣候水土的限制。《茶經》開篇就說：「茶者，南方之嘉木也。一尺、二尺，乃至於數十尺。其巴山峽川，有兩人合抱者，伐而掇之。」明確指出，茶樹最適合生長的地方，是南方潮濕的丘陵地帶，這是茶樹生長的自然天性。茶樹有低矮的，也有高聳巨大的，或許反映了唐代茶樹有的是人工栽培的茶園，有的是深山老林自然生長的古茶樹。陸羽沒去過雲南，而雲南在唐代還屬於比較化外之地，產茶的情況很不清楚，也反映當地茶葉商貿尚未形成規模。唐代各地出產的高級名茶，以四川雅安附近的蒙頂茶與太湖邊上陽羨的顧渚茶最為著稱；而量產行銷從中原一直到塞外，則以蜀茶及浮梁茶為大宗。

從五代到宋元時期，各地茶產繼續發展，不過因為皇室貴冑品茶興趣的轉變，講究研末擊拂的鬥茶風尚，使得福建的龍團建茶與兔毫黑釉碗，成了上層社會追求的最愛，出現精品茶的追風熱潮，人人爭誇建茶，特別是上貢朝廷的龍鳳小團茶。蘇軾曾經寫過一首《惠山謁錢道人烹小龍團登絕頂望太湖》，其中有這麼兩句：「踏遍江南南岸山，逢山未免更留連。獨攜天上小團月，來試人間第二泉。」反映的就是這種風尚，茶要建茶的小龍團，烹茶的水要惠山的天下第二泉。好山好水出好茶，而且好山好水的環境與風光，才能烹製出色香味俱佳的好茶。講究精品貢茶的品質，自然就會追求最佳產地及其製作工序是否完美，這也就出現了《東溪試茶錄》、《品茶要錄》、《宣和北苑貢茶錄》、《北苑別錄》這樣的著作，讓我們知道宋代對出產極品建茶的癡迷。在追求品味完美的過程中，蔡襄把他的品茶審美體會寫進了《茶錄》，而宋徽宗趙佶更以「天下一人」的地位，帶頭發展「盛世之清尚」，寫出了品評末茶的曠世奇書《茶論》(後稱《大觀茶論》）。

朱元璋罷造福建上貢的龍團茶，遏止了宋代以來鬥茶過份奢靡的社會風氣，肇始了明清時代的飲茶習慣，使得江南地區出產的新鮮綠茶成為新的品茶風尚。隨着植茶與製茶技術的發展，到了明代中葉社會經濟繁榮興盛之時，上層社會對精品茶的需求也出現了新的風尚，特別嗜好江南品味清靈的新茶，造就了名盛一時的虎丘茶、龍井茶、松蘿茶等精品。張謙德（1577-1643）寫的《茶經》，論明代精品茶葉，就詳列了當時著名的產地：

> 茶之產於天下多矣，若姑胥之虎丘、天池，常之陽羨，湖州之顧渚紫筍，峽州之碧澗明月，南劍之蒙頂石花，建州之北苑先春龍焙，洪州之西山白露、鶴嶺，穆州之鳩坑，東川之獸目，綿州之松嶺，福州之柏岩，雅州之露芽，南康之雲居，婺州之舉岩碧乳，宣城之陽坡橫紋，饒池之仙芝、福合、祿合、蓮合、慶合，壽州之霍山黃

> 芽，邛州之火井思安，安渠江之薄片，巴東之真香，蜀州之雀舌、鳥嘴、片甲、蟬翼，潭州之獨行靈草，彭州之仙崖石倉，臨江之玉津，袁州之金片、綠英，龍安之騎火，涪州之賓化，黔陽之都濡高枝，瀘州之納溪梅嶺，建安之青鳳髓、石岩白，岳州之黃翎毛、金膏冷之數者，其名皆著。品第之，則虎丘最上，陽羨真岕、蒙頂石花次之，又其次，則姑胥天池、顧渚紫筍、碧澗明月之類是也。餘惜不可考耳。

可以得知，明清時期環太湖區的蘇州與湖州引領了飲茶的風尚，而全國各地都有出產好茶的特定區域，以早春的炒青新茶為上品。

飲茶習慣與風尚的變化，有一個歷史的過程，也有特殊的社會原因。唐宋流行的末茶，在明代之後逐漸絕跡於中土，卻在十四世紀之後流行於東瀛，逐漸在十六世紀形成日本茶道系統。明清開始流行的炒青新茶，一直到今天還是中國茶飲的主流，但是明末清初在武夷山一帶出現了變化，逐漸開拓了世人飲茶的新風尚，即是陳茶發酵過程的掌握。茶葉發酵技術的精緻化，引出了半發酵到重發酵的烏龍茶與武夷岩茶，以及全發酵的紅茶，帶動了清代中葉的福建茶產業，同時也影響了其他地區製作的紅茶與後發酵茶，成就了今天多元茶飲的風氣，也使得各地茶葉產區再現興隆。

(三)

過去一個世紀以來，中國人喝茶的主流方式是葉芽沖泡，也就是把製作好的茶葉，不管是綠茶、紅茶、烏龍茶、武夷岩茶，還是茉莉花茶，直接放在茶壺或茶杯中，倒入滾燙的開水，就可以優哉遊哉自飲或饗客了。其實，這只是中國人歷來喝茶的一種方式，而且是明代以後流行的方式，並不能在時空座標裏作為中國茶飲的唯一面貌。從時間上來說，三國時期就開始製茶為餅，而在隋唐時期流行研末烹煎，到了宋元則以研末擊拂成泡沫為主流，也就是後來日本抹茶道的元祖。從空間來說，歷代不同的製茶方法或飲茶方式，在偏遠地域經常自有傳承，如各地鄉間加果加料的擂茶、湘黔雲貴地區壓製成磚狀或餅狀的黑茶與後發酵普洱茶，以及清代中葉普遍出現的全發酵紅茶，都有廣大群眾飲用而成為當地喜愛的習俗，甚至漂洋過海，改變了西方人品飲的生活習慣。日本抹茶道的發展，更是東亞地區飲茶時空演化的明確例證，先是從南宋中國引入研末點茶，到了十五、六世紀逐漸經由村田珠光到千利休，出現日本茶道的雛形，到十七、八世紀才確立了「茶禪一味」的侘茶傳統。

從十九世紀中葉開始，中國社會經濟停滯不前，國勢逐漸頹敗落後，文化隨之衰微凋零，開始了龔自珍所謂「萬馬齊喑究可哀」的時代，歷代飲茶文化培養出的審美品位與精神追求幾乎喪失殆盡，只剩下百姓日用對茶飲的堅持。雖然江南人士依舊盛讚明前雨前的龍井、碧螺春，漳泉潮汕民間浸潤濃郁香澀的工夫茶，但是，主要關注只剩下口感喉韻，對於精神領域的心靈提升甚少致意，不去關注茶飲儀式背後的文化藝術想像空間，遑論歷史累積的審美境界、詩情超升與靈修情懷。

二十世紀的日本崛起，使得生活在戰爭動亂與社會巨變的中國人，出現數典忘祖的心態，一聽到「茶道」，就覺得與自身文化無關，誤以為這是日本獨有的文化特色。甚至認為「茶禪一味」的侘寂宗教情懷，是日本茶飲的精神境界高於中國飲茶文化的體現，以為中國從來沒有性靈超升的「茶道」傳統。這當然是無稽之談，是晚清以來革命心態對自身歷史文化「反戈一擊」的副作用，以至民眾意識產生歷史文化的無知，造成新時代精英自我鄙視的誤解。所幸到了二十世紀末，大中華社會經濟的物質環境逐漸富裕繁榮，人們對自身歷史文化出現了自覺的認識與鑽研，才了解中國飲茶文化的多元多樣與多彩多姿，知道歷代對茶飲審美的追求是如此繽紛妍麗，有物質層次的感官體驗，也有性靈超升的精神探索，有百姓日用的品飲之道，有文人雅士的清雅茶道，也有禪修超越的寺院茶道，是多元開放的文明歷程。

與日本文化自我標榜的「茶道」相比，中國茶飲文化是自由自在的品味發展，有精神性也有物質性，更重要的是，精神性超升要奠基在物質品味基礎之上，並非空穴來風，在四疊半的空中樓閣中，排斥了豐富多姿的飲茶口感，一味讚歎封閉性茶道儀式的海市蜃樓。我經常說，從飲茶到茶道，從「喝」到「品」，從日常品味愉悦到靈修精進，是因時因地因人發展的多元歷程。茶飲出現精神境界的關鍵，是「從形而下到形而上」，從感官愉悦到精神超升的體會，絕不因堅持精神境界的精進，就必須摒棄茶飲的物質性。每一個茶人都可以是品茶的藝術家，可以是精神持修的禪悟者，也可以是自由自在的喝茶人，在品茶的過程中自得其樂。

茶葉成為飲品，最早是與解渴解乏的養生作用有關，所以古人飲茶的方式，是很隨便的。皮日休就說，唐代以前喝茶的方式，與喝菜湯一樣，沒有明確的品賞意識。陸羽提倡飲茶與精神境界提升的關係，對民眾喝茶只是解渴解乏的態度有所針砭。他在《茶經》裏說，「飲有觕茶、散茶、末茶、餅茶者，乃斫、乃熬、乃煬、乃舂，貯於瓶缶之中，以湯沃焉，謂之痷茶。或用葱、薑、棗、橘皮、茱萸、薄荷之等，煮之百沸，或揚令滑，或煮去沫，斯溝渠間棄水耳，而習俗不已。」他觀察到當時人喝茶的隨意性，總是摻和着不同佐料，缺乏淨化心靈的儀式與規矩，主張飲茶有道，強調簡約淨化的飲茶方式，要建立儀式與規矩，創造屬於心靈範疇的「形而上」追求。他特別關注歷來飲茶人道德修養的事跡（見《茶經．七之事》），提出飲茶有助於精神境界的修持：「茶之為用，味至寒，為飲，最宜精行儉德之人。若熱渴、凝悶、腦疼、目澀、四支煩、百節不舒，聊四五啜，與醍醐、甘露抗衡也。」這是最早提出飲茶與精神超升的文字，配合陸羽設計的二十四茶器，以及飲茶儀式的訂立，甚至規定茶席的人數以三人為上，五人次之，開啟了「形而上」的茶道。北宋梅堯臣盛讚陸羽，在詩中說道：「自從陸羽生人間，人間相學事新茶。」而民間尊崇陸羽為茶神、茶聖，奉為茶飲業的行業神，也是因為他開啟飲茶有道的傳統，展開了飲茶多元化的局面。

陸羽提倡簡約與淨化心靈的茶道，是飲茶歷史上的大事，在宗教、文學與藝術領域，產生了持久不衰的影響。我們只要看看蔡襄的《茶錄》與宋徽宗的《茶論》，就可發現茶道講求性靈自由的審美境界，已經化為上層精英的日常品味追求。從歐陽修、梅堯臣、蘇軾、黃庭堅等人的詩詞創作，到趙原、唐寅、文徵明的繪畫，都可發現一種順應自然的態度，在隱逸清雅情境中，進入心靈的自在翱翔空間。中國飲茶之道的主流，從唐宋到明清，結合了儒家的「內聖」、道家的「心齋」與佛家的「出世」，在擾攘的紅塵中，提供了心靈靜修的最佳氛圍，通過品啜清茗的樂趣，得到生命意義的超越感悟。文徵明的《品茶圖》現藏台北故宮博物院，圖中畫山居草堂，窗明几淨，堂舍軒敞，畫家與友人對坐品茗，環境清雅絕塵。茶舍周遭則有山林野趣，小橋流水，蒼松喬木映照遠山峰巒。畫上的題詩是：「碧山深處絕纖埃，面面軒窗對水開。穀雨乍過茶事好，鼎湯初沸有朋來。」後有跋語：「嘉靖辛卯（1531），山中茶事方盛，陸子傳過訪，遂汲泉煮而品之，真一段佳話也。」可謂詩情畫意，隱逸之中醞釀高山流水的情趣，出世超脱又不失人間活潑的氣息。這幅畫體現了中國茶道的多元開放特性，充分顯示文人雅士追求的意境，是回歸自然本性的內在超越。其中沒有封閉的教規束縛，也沒有強烈的道德桎梏，一切順性自然，活活潑潑，自由自在，是道法自然的生活體悟。

這種生活情趣與生命意義體悟的結合，不僅存在於士大夫階級的飲茶審美，也出現在一般民眾的日常生活。周作人寫中國人喝茶：「喝茶當於瓦屋紙窗之下，清泉綠茶，用素雅的陶瓷茶具，同二三人共飲，得半日之閒，可抵十年的塵夢。喝茶之後，再去繼續修各人的勝業，無論為名為利，都無不可，但偶然的片刻優遊，乃正亦斷不可少。」説日常生活要有喝茶的閒適，是生命中必不可少的情趣。喝茶可以有禪意，但不必堅持「茶道即禪道」，認定了喝茶就是禪修的功課，以讀教科書考高考的姿態來喝茶，繃緊了神經，如臨大賓，有着強烈的目的性，企圖博取禪悟的精進。茶之有道，不該只是正襟危坐的坐禪，而是與自然大化共流轉的自在。

（轉載自《茶之境：中國名茶地理》與《茶之道：自由自在中國茶》，天地出版社，2021 年）

輯二

茶事與茶之道

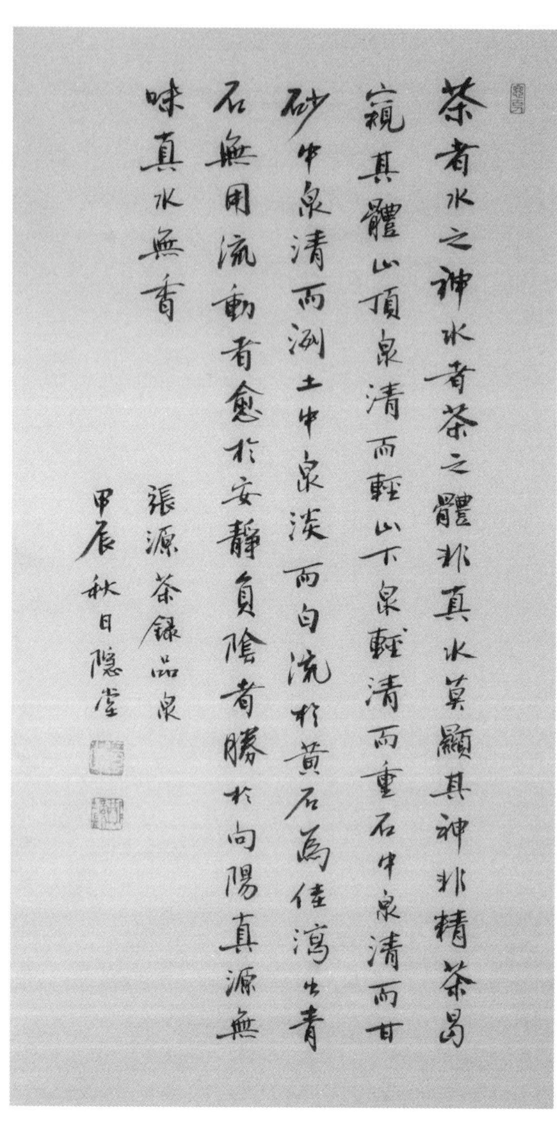

張源《茶錄・品泉》節錄（書法：鄭培凱）

陸羽與茶道審美（上）

陸羽姓陸名羽，字鴻漸，其實這並不是父母給他的名字，大概是他長大以後自己命的名，就跟他自號桑苧翁的情況相似。陸羽是一個棄嬰，他的父母是誰，我們不知道，他誕生在湖北竟陵，生下來以後被丟在寺院旁邊的水濱，老和尚把他收養了。他應該有他的法名，後來沒有真的受戒，跑掉了。他的名字來自《易經》第五十三漸卦，「鴻漸於陸」，說是鴻雁降落在陸地上。然後，他就把陸變成他的姓，羽毛的羽，變成他的名，字鴻漸。你真要問陸羽到底姓甚名誰，我們只好說不知道，只能說他是竟陵人，因為寺廟在湖北竟陵。這個棄兒真的很了不起，從唐朝到現在一千多年以來，人類的日常生活和審美取向都被他所影響。現在全世界人都喝茶，而且有各種各樣的方法，喝茶被賦予很多修養與審美的意義，不單單是口感享受，有另外的豐富文化意義，這都跟陸羽有關。

陸羽說：「茶之為用，味至寒，為飲，最宜精行儉德之人。若熱渴、凝悶、腦疼、目澀、四支煩、百節不舒，聊四五啜，與醍醐、甘露抗衡也。」形容茶像醍醐，好到這個地步。醍醐是甚麼東西，現代人都不知道了，但是唐朝人很知道的，這是佛教從印度傳來的詞。在印度浴佛的時候，在佛頭上澆酥油，那就是醍醐。現在寫武俠小說的不懂，大談醍醐灌頂，是說老師父按着年輕人的頭頂，像輸液一樣，把畢生功力灌注過去。其實醍醐灌頂的本意，是用醍醐敬佛，牛乳打出奶油，奶油再打出 cream，就是醍醐，最精華的東西就是醍醐。陸羽的貢獻，就是把原來只是物質性作為飲品的茶，提升到帶有宗教聯想的玄思領域，像佛教的醍醐與道教的甘露，成為精神境界的導引，給世界人類提供了一個茶道的開始。

陸羽《茶經》很有意思，把種茶、製茶、喝茶、茶具、品茶，都當作學問，寫得清清楚楚，有很多規矩是他自己總結創造的。唐朝中葉的時候，喝茶的習慣已經相當普遍，不僅限於西南、華中、江南地區，甚至從中原傳到了塞外。陸羽總結了歷代喝茶的經驗，提升了喝茶的道理，寫了這本書。他最了不起的是創造了二十四種茶具，規定了喝茶的儀式，並且賦予文化與審美的意義，使得飲茶成為一種愉悦的文化修養過程，可以提升飲者的精神境界。

陸羽的《茶經》大約是在八世紀中期出現的，若以文獻的有無來劃分茶的歷史，《茶經》便劃分了茶的史前史和歷史期。陸羽之前，沒有這樣的系統調查研究與記錄，沒有通盤探討飲茶文化意義的專著，只有零散的文獻記載，就是所謂的史前史。講到喝茶的史前史，人類到底是什麼時候開始喝茶的，我們並不知道。《茶經》說茶是神農發現的，當然是引述傳説。神農是傳説人物，你説是神農發現的，就等於説我不知道是誰發現的，反正是了不起的文化英雄發現的。傳説神農嘗百草，亂吃，吃了毒草，後來吃茶，才解了毒。我們講歷史，沒有歷史證據，就不好這麼説，只能説，傳説神農發現了茶。茶的原產地在哪裏？這是古生物學家可以告訴我們的，野生茶原產地是在中緬印這一帶。在中國西南、滇緬邊境，以及孟加拉國的東北角，有野生的古茶樹。不過，野生茶與喝茶的歷史是兩回事。我們知道，所有的植物，包括五穀雜糧，都有野生的物種，遠比人類出現要早，你總不能説，飲茶的歷史要追溯到恐龍時代吧。講茶文化、茶飲歷史，重要的是在於人工採集、種植、栽培，人怎麼發現、怎麼馴化、栽培。我們發現，全世界沒有一個其他的民族，像中國人這樣，最先把茶種植、馴化、栽培，變成一種飲料，成為經濟作物。人工栽培的最早產地，可能是在巴蜀。近來浙江有一個考古發現，在新石器時代遺跡有一種植物很像茶，到底是不是茶，還在爭論。日本提供的初步檢測，認為很像茶，既然在人類居住地區發現，會不會浙江在遠古時期也有茶呢？ 按照現有的考古資料以及上古文獻，我們覺得可能性不太大，不見得就是人工栽培作為飲料的茶。

有很多歷史資料説到，茶成為作物，是從西南地區開始的。也有考古分佈資料的跡象，讓我們了解，在長沙馬王堆西漢墓，發現了墓葬裏面陪葬了「櫝一笥」，就證明墓主人是會喝茶的。湖南地區在西漢的時候，在貴族中喝茶已經很普遍了。一直到魏晉南北朝，都是南方人喝茶，北方人不喝茶。茶的歷史傳播軌跡，顯然是從巴蜀，一直沿着長江而下，繁衍到太湖流域。這也就是陸羽《茶經》開篇就講的，「茶者，南方之嘉木也。」

唐朝皮日休曾說，唐朝以前喝茶都是生煮羹飲，跟喝菜湯沒大區別。製作茶餅，應該始於三國時候，但不是很普遍，到了隋唐的時候，才蔚然成風。陸羽寫《茶經》的時代，飲茶已經成為全國風尚，有些明顯的跡象。第一，不但北方人開始喝茶，飲茶習慣還傳到塞外，包括青藏高原地區。唐朝與吐蕃人有許多來往，吐蕃人也喝茶，而且有明確記載，說吐蕃贊普懂得喝高檔名茶。第二，茶馬貿易的發展，顯示了茶作為大宗經濟商品，在國防與外貿方面扮演重要角色。中國不太產馬，馬都在塞外，就用茶來換馬。第三，唐朝設立了專管茶業的機構與制度，有茶政，收茶稅，顯示茶有重要的商品經濟價值，已經納入政府稅收。另外一個很重要的跡象，是禪寺普遍飲茶，也成為民間宗教生活習俗的組成部分。佛教在中國發展出禪宗，可算是中國式或中國化的佛教，特別講究開悟與坐禪。禪教大興是在唐朝，特別是唐朝中葉的時候，禪宗已經遍佈全國。禪宗打坐，最重要的是靈台空靜，但是，不想甚麼事情，坐在那裏，很容易就睡着了。禪師發現，和尚打坐經常打瞌睡，特別是小和尚，叫他打坐，過一會兒就睡覺了。打坐而又不能睡覺，那怎麼辦？禪師發現，喝茶可以提神，打坐就不至於昏睡，所以禪宗寺廟一律喝茶。寺院喝茶還發展出一些寺院儀式，所以禪宗的傳播，使得飲茶在全國傳播，還連帶散佈一些宗教的規矩與儀式。茶葉變成經濟貿易大宗，飲茶成為人們生活的日常習慣，至少在唐末已經出現「柴米油鹽醬醋茶」這樣的說法。陸羽寫《茶經》的時代背景，喝茶已經是很普遍的社會生活一部分，而陸羽的重要性，就在於他總結了歷來一切喝茶的經驗與規儀，創造性地轉化成一套文化審美系統，開創了茶道。

根據陸羽自傳及《新唐書．陸羽傳》，我們知道，陸羽是個棄嬰，是湖北竟陵龍蓋寺智積和尚在寺外的水濱撿到的。他在廟裏長大，卻不喜歡讀佛經，喜歡讀「儒典」，顯然與老和尚的預期不同，有點離經叛道。我覺得，陸羽說的「儒典」，可能不只是「儒家經典」，而是佛典以外的中國典籍。他從小在寺院裏面長大，不喜歡讀佛經，看來是不想當和尚，就跟老和尚有很多衝突，衝突就使他逃家。他是一個出家人，居然還要「逃家」，當然是因為受不了寺廟的封閉性宗教生活，反映了陸羽的性格有其叛逆的一面，想要海闊天空，任他魚躍鳶飛。老和尚想盡一切辦法，沒能約束住陸羽，到最後他終於逃跑成功，流浪天涯。他浪跡天涯幹甚麼呢？他參加了一個戲班子，顯示陸羽是個有藝術才情的人，後來做了「伶正」，也就是我們現在說的劇團編導，帶着戲班子到處跑，所以陸羽是一個在全國各地流浪的藝人。他很聰明，終於被一位郡守發現，留下了他，給他讀書進學的機會，就奠定了發揮才學的基礎，開始了士大夫文人的高雅追求。

陸羽的學問很好，而且知識面很廣，但是沒有功名。唐朝這個社會，不但講功名，還是講出身、講家世的，是個貴族集團掌權的時代。一直到安史之亂之後，世家的力量慢慢削弱，科舉的力量才慢慢起來，到了宋朝科舉制度才變成主流。唐朝沿襲魏晉南北朝制度，世族力量非常大。陸羽出身低微，全部靠自己努力，逐漸進入上流社會。當時很多人覺得陸羽有才，很了不起，願意跟他交往。物以類聚，他交的朋友不但有學問，對藝術審美都有興趣，像皎然、顏真卿等。陸羽寫過很多著作，絕大部分都喪失了，只留了一部《茶經》，倒是完完整整留存了下來。顯然大家都覺得這部書寫得好，在當時就廣為流傳，產生巨大影響。到了唐朝晚期的時候，已經有人稱呼他為茶神、茶聖，而且在當時的茶肆中還供奉陸羽的瓷像，使得賣茶這個行業以陸羽作為行業神了。茶肆每天都要用茶水澆在陸羽瓷像的頭上，就是把浴佛禮俗的醍醐灌頂，轉為浴茶神陸羽，可見當時人對陸羽開創茶道的崇敬。

陸羽寫《茶經》，有意識地融合了儒釋道的精神，發展出茶道的文化審美追求。陸羽很有藝術細胞，而且在審美的體會上，境界也很高。他設計了一個風爐，模仿古鼎的形式，上面要有五行八卦，就是要跟自然合拍，又能繼承歷史文化。他在創製茶具的構思中，就把喝茶這個形而下的物質生活，提升到了形而上的精神追求。他強調了一些文化因素，跟文化傳統儒釋道的精神很接近，例如中庸、和諧、主敬這類的超越性追求。陸羽的《茶經》並不長，一共有十節，先講茶的性質，這是屬於植物學及植物分類的，然後講採茶的方法，怎麼辨別茶樹的好壞，再列舉烹茶、喝茶的器具，再告訴你怎麼製茶、烤茶，必須要把茶烤了才能研末的。他還提出了茶和水的關係，他是很早寫《水品》的人，可惜那本書已經散失了。他講到飲茶的精粗之道，把古籍文獻中能看到的茶飲資料都列舉下來，提供了中國茶飲的歷史概要。他還說了各地的茶產，等於繪製了唐代茶業經濟的地圖。由於他行蹤遍佈全國，到各地區探訪植茶、製茶的情況，以實際考察的具體經驗，知道哪裏產甚麼茶。《茶經》還要求茶室裏面要掛一幅畫，或者是展示茶飲的道理。你到日本的茶室，裏面一定會掛一幅字，或者插畫，襯出文化的氛圍，有人說是武野紹鷗的創始。其實，對於飲茶環境與氛圍的要求，結合文化審美精神，陸羽早就提到了。

我覺得《茶經》對茶文化最重要的影響，可以歸納成四點，一個是審美感覺的整體性與統一性。他講得最具體的是茶碗，也就是喝茶最重要的器具，然後延伸到其他的茶具環節。陸羽的《茶經》不但規範了飲茶的道理，還對中國傳統品鑒瓷器產生很大的影響。喝茶要用瓷器，茶碗是很重要的，茶碗的審美就必須配合飲茶，這就影響到了對瓷器好壞的評鑒。他關注的重點，不完全是瓷器的本質區別，不是青瓷本身比白瓷好，而是強調喝茶的時候，青瓷比白瓷好，因為青瓷的釉色配合茶湯，給飲茶者提供的視覺美感經驗，可以聯想到青山綠水，可以感受大自然的色澤，可以由此體會天人合一的境界。有趣的是，這個對茶具審美的判斷卻長期影響了中國對瓷器的評鑒，把本來是陸羽發展出來的一種特殊飲茶審美標準，變成了評鑒瓷器品第高低的普遍準則，放之四海而皆準，使得越窰青瓷在中國瓷器史上獨佔鰲頭，品第第一。

第二，陸羽講到了擇水與用火，講究「活水」與「活火」。「活水」容易理解，就是自然界流動的水，流動就清澈，就「活」，就不是一潭死水。蘇東坡貶謫到海南，曾寫過一首《汲江煎茶》:「活水還須活火烹，自臨釣石取深清。大瓢貯月歸春甕，小杓分江入夜瓶。雪乳已翻煎處腳，松風忽作瀉時聲。枯腸未易禁三碗，坐聽荒城長短更。」其中提到的「活水」與「活火」，講的就是陸羽提出的道理。不過，陸羽所說的「活火」比較複雜，除了蘇東坡詩中講的煮水用活火之外，其實還有另一個意思，就是烤茶時所用的「活火」。煮水的活火，要掌握火勢的均勻，不可一下子猛烈，一下子消微，目的是掌握水溫的平穩上升。在陸羽的時代，烹茶多用煮茶法，要求水沸三次；到了蘇東坡的時代，烹茶用研末調膏注水法，則要求水沸達到「蟹眼方至，魚眼未到」的標準。烤茶的活火，則反映唐代的主流喝茶方式的特殊程式，是製團研末法的茶飲講究。因為茶團保存不易，受潮之後影響茶湯的色香味，所以在研末之前，需要用「活火」把茶團烤透，使得內外乾燥均勻。

陸羽還強調茶的本色。茶本身就有自己的色香味，不要亂加東西。他在《茶經》中說得很清楚：「有人用蔥、薑、棗、橘皮、茱萸、薄荷之類，和茶一起反覆煮沸，或揚棄雜質令其清，或煮掉泡沫來喝，這都無異於溝渠裏的棄水，居然還一直成為習俗。」陸羽批評唐朝當時飲茶的習慣，認為亂放各種佐料之後，無異於喝陰溝水，罵得也夠兇的。自從陸羽發展茶道審美之後，中國精英階級喝茶，從來都不添加香料與果物。高雅之士一直尊重陸羽《茶經》的指示，從蔡襄、宋徽宗、到明朝的文人雅士，都是遵循茶有本色的規矩。可是老百姓喝茶並不如此，喜歡在裏面放各種東西，像宋代茶肆賣的七寶擂茶，甚麼都放。到了現代，我們的老百姓喜歡標新立異，發展各種各樣的喝茶方法，從英國奶茶到絲襪奶茶，從泡沫紅茶到裏面有「青蛙蛋」的珍珠奶茶，花樣百出。可是中國傳統的茶道審美，主流一直是講究茶本身的真香、真味、本色，是崇尚簡約之美的。

第四，陸羽說「茶性儉」，講求質樸，強調儉樸之美，發展出簡約哲學。《茶經》說「茶之為用，味至寒，為飲，最宜精行儉德之人。」我譯成白話文，就是：「茶之為用，因其性寒，最適合品德端正儉樸的人飲用。」這是有史以來，第一次有人把飲茶提升到道德倫理的精神領域，而且強調其苦澀清澹的本質，賦予茶飲簡樸平淡而又端正肅穆的品位，開創了延續至今的茶道。從唐朝後期，一直到宋元明的通俗文學中，都有人以茶與酒的差異，專門寫了文章，來討論飲茶與飲酒反映了截然不同的人際處境與性格，很有意思。

在敦煌的資料裏面，我們看到《茶酒論》，把茶跟酒擬人化，作為人物角色互相褒貶。茶列舉自己的優點，酒也不甘其後，自誇好處。茶說，我可以讓人們腦筋清醒，修身養性；酒說，我可以促進朋友之間的感情，帶來歡樂。吵來吵去，很有意思。在通俗文學傳統之中，茶與酒所表現的人際關係，不斷出現在宋元明的小說戲曲裏面，成了中國人的集體潛意識，對茶與酒的功能有了典型化的認識。好茶的人多為清修之士，追求精神領域的精進，修持自我內在的品德；好酒之人則任性縱情，沉溺於世間肉體的歡樂，甚至可能有縱慾的傾向。

我覺得這四個方面很重要，都產生了長遠的文化影響。陸羽的重要性就在於，他開啟了茶飲之道，立下了規儀，指明茶飲發展的取向，賦予文化審美的意義。之後所有的茶道的演變，都萬變不離其宗，不管是唐宋宮廷的茶宴，士大夫點茶鬥茶，或者是寺廟裏面的飲茶規儀，明清文人清雅茶局，日本茶道的一期一會、茶禪一味，都是來自陸羽的茶道精神，一脈相承，只不過在不同時空中，各地會有相應的變化而已。

（內容源自上海圖書館講座，2014 年 11 月 22 日）

陸羽與茶道審美（下）

我要特別講講茶飲與審美統一性的問題，因為這涉及了陸羽審美思維的全面觀照，還考慮到了感官認識的心理活動，如何與自然協調，達到天人合一的境界。陸羽《茶經》最明顯的例子，是講茶湯跟茶碗的關係，講的是味覺、嗅覺、視覺的審美統一性，也就是飲食審美所說的三大要素：色、香、味。

唐朝飲茶所用的茶碗瓷器，最著名的是南方的越窰青瓷與北方的邢窰白瓷。越窰青瓷出產在今天浙東的慈溪、上虞這一帶，最重要的是上林湖區，這個湖旁邊都是瓷窰，現在已經變成國家重點文物遺址圍起來，除了進行考古調查與發掘，一般人進不去了。我曾去上林湖區做過調查，發現那個地方遍佈了從東漢到北宋的瓷窰，湖邊散佈着瓷片，有一些燒壞的瓷器、匣缽、墊餅，有些瓷片閃爍着耀眼的青釉，色澤與後來的龍泉窰相類似。在北方，邢窰燒的是白瓷，晶瑩雪亮，直接影響了定窰的工藝，是非常好看的雪白色瓷器。唐代還有很多窰燒造茶具瓷器，如浙江金華一帶的婺州窰、安徽淮南一帶的壽州窰、江西豐城一帶的洪州窰，以及湖南湘陰一帶的岳州窰。但是這些瓷窰的產品，質地比起越窰與邢窰較差，不是一個等級的，入不了品茶行家的青眼。

特別有意思的是，陸羽把南方的越窰跟北方的邢窰做比較，他說：「若邢瓷類銀，越瓷類玉，邢不如越一也；若邢瓷類雪，則越瓷類冰，邢不如越二也；邢瓷白而茶色丹，越瓷青而茶色綠，邢不如越三也。」他把當時最好的瓷器做了比較，給了三條理由，從瓷器本身來看，這是很奇怪的，但是從當時飲茶的具體情況來看，他強調「青則益茶」，認為青瓷才能配合飲茶的審美感受，卻有其道理。南朝時期的越窰青瓷，青中發黃，還有點褐色，還達不到唐代之後的青綠色，過去推想就是文獻中提到的「秘色瓷」，但是沒有實際的證據。法門寺地宮出土的唐僖宗供佛的茶具，以及隨帶的帳冊，明確記載是「秘色瓷」茶具，才讓我們確定秘色瓷就是越窰青瓷。慈溪、上虞這一帶，在上林湖區考古發掘的越窰青瓷，有完整瓷器，更有大量碎瓷片，與法門寺地宮出土的秘色瓷完全相同，可以證實唐代皇室所用茶具就是越窰青瓷。你們去浙江博物館以及新建成的慈溪博物館，就能看到一大批越窰的青瓷，的確是釉色精美。然而，邢窰白瓷的製造工藝十分高超，瓷色雪白，造型也精美，為甚麼陸羽強調，邢窰不如越窰呢？

陸羽說，邢窰非常漂亮，像銀器一樣，白色的，可是不如越窰，因為越窰像玉一樣，銀不如玉。這麼一比，就不得了了。越窰的瓷器上了釉，釉比較厚潤，跟玉比較接近。中國人從古以來對玉都有特殊的愛好和尊敬，如果把玉和金銀相比，從來都是覺得金銀屬於次等。玉為美石，是君子佩戴的，所以自古以來就把美石比作君子，而金銀是比較次的東西。這一直到漢朝都是非常清楚，玉是屬於王侯貴族的飾物，老百姓不准佩玉的。現在的考古發掘，在很多漢墓裏面發現金縷玉衣、銀縷玉衣，有許多墓都被盜過，金縷銀縷都沒有了，玉片卻都還在，因為老百姓拿着玉也不敢用，偷了沒用，可是黃金可以融化，查不出是贓物。玉是給王侯貴族的，屬於君主統治階級的，老百姓哪兒可以用玉啊！大家從小也聽過和氏璧的故事，弄了一塊原石，說是美玉，君王都不相信，把他的腿都砍掉了。華夏民族這一點很有趣，貴重無過於玉，以美玉比擬君子。到了今天二十一世紀好像還是這樣，大家還是把玉看得比金銀高太多了，這也是中國文化傳統，是在潛意識裏面對珍寶的態度。陸羽說，邢窰類銀，再漂亮也比不上類玉的越窰，只從瓷器工藝而言，似乎不成理由，但是放在文化意識脈絡裏，邢窰再美，也輸他越窰一籌，因為越窰讓人聯想到君子如玉。

第二，他說，邢瓷類雪，越瓷類冰。越窰上了釉之後，釉色厚潤晶瑩，就像結了冰一樣，發亮的，是水的結晶體。要說冰比雪高一個級別，雖然是一個很奇怪的理由，但是也是一個理由，是一個審美的選擇。第三個理由，才是真正有客觀理由的，「邢瓷白而茶色丹，越瓷青而茶色綠」。唐朝人做的茶，你們想想，先做成茶餅、茶團，再彌封起來，喝的時候刮掉外層，因為怕它濕乾不勻，要用火烤，烤透了才能碾末使用，茶到了這個時候其實已經是暗紅色的。倒進鍋裏烹煮之後，再盛到茶碗裏面，如果使用白色的茶碗，茶色呈暗紅色，發烏，不太賞心悅目。如果倒進青瓷碗裏面，茶色是綠的，就像大自然的千峰翠色。陸龜蒙寫過一首詩，講秘色越器，寫的是越窰的瓷器，「九秋風露越窰開，奪得千峰翠色來。」這就是越窰青瓷，說茶碗裏面蘊含了千峰翠色，這當然是詩的想像，但是很重要，非常形象化地說出越窰在飲茶過程中提供的視覺美感，是唐朝人家喻戶曉的道理。近三十年考古發現，如法門寺地宮出土的皇帝喝茶的茶具，就是越窰青瓷，符合陸羽的標準。

很多年以前，我們開過一次學術研討會，一位國家一級品茶師和我討論。我講陸羽喝茶強調越窰青瓷勝過邢窰白瓷的道理，他就不高興，跟我爭辯。他說，我們現在品茶，用的都是白瓷碗，才可以看到茶湯真正的顏色。若用青瓷，茶色都掩蓋掉了。我說，我講的不是二十一世紀，我講的是八世紀，是陸羽的時代，那時候製茶的工藝與現代不同，沒有達到現在的水準，茶色是比較昏暗發紅的，不像現在有各種未發酵與各色等級的發酵茶，茶色從嫩綠、鵝黃，到淡紅、紅褐，可以用純白的茶碗辨明茶湯。時代不同，是有一個歷史的進程。他堅持，茶就是茶，古代的茶與今天的茶都一樣，好茶的湯色就是好，劣質茶湯色就不好，要看就看茶湯，看茶湯就只能用白瓷碗，青瓷絕對不行的。陸羽的說法全無道理，陸羽不懂茶！我這才知道，原來有人只懂自己的專業，完全不懂歷史文化，不懂任何專業知識都有一個歷史的進程。品茶師講的道理，是二十一世紀的道理，完全不顧歷史發展的進程，厚誣古人。陸羽當然不是二十一世紀的人，不知道今天的科技發展，現在做茶花樣繁多，茶具五花八門，品評湯色的標準也大有發展。可是別忘了，陸羽的時代是陸羽的時代，距今一千多年，品茶的客觀條件與今天不同，何況他是茶具與茶儀的創始人呢。在陸羽心目中，通過「奪得千峰翠色來」的青瓷茶具，飲茶可以帶入一種心境，與大自然融為一體。他在《茶經》中指出，岳州瓷、越瓷都是青的，「青則益茶」，這是他基本判斷標準。

前幾年在湖南湘陰岳州窰考古，發現了一隻青瓷褐彩茶碗，這個茶碗很有意思，上面有兩個字，寫的是「茶碗」。茶碗就牽涉到了「茶」字出現的問題，茶字我們現在常用，但是「茶」這個字，唐朝之前是沒有的，《說文解字》裏面就沒有茶字，但是有荼字，表示甚麼呢？在古代，茶還沒有成為一個獨立的概念類別，它跟荼（苦菜）是同一個字，也就是屬於苦菜的一種。到唐朝的時候就獨立出來，把茶跟荼分開了，出現了「茶」這個字。有人說陸羽發明了「茶」字，其實不是的。我們有資料證明，《開元文字音義》明確標出「荼」字，可知在陸羽之前就有茶這個字。顧炎武（1613-1682）在《日知錄》裏也說，茶這個字在唐初就出現了。也就是說，到了唐朝的時候，茶飲愈來愈普遍，成了日常生活的要素，普遍到必須要有一個單獨的字來示意，不能再含糊籠統稱之為「荼」了。

除了對茶碗的規制提出審美標準，陸羽對飲茶所涉及的器具，在創製上也有諸多要求。他在《茶經》中詳列了這些茶具的製作方式，並且連帶賦予文化意義，以符合茶飲的儀式性規矩。陸羽創製的茶具，在當時影響很大，成為唐代後期飲茶的必備器具。在陝西扶風法門寺地宮的出土文物中，我們看到了一大批唐僖宗供佛的茶具，基本都符合陸羽《茶經》所列的規制，可見晚唐皇室飲茶已經採用了陸羽創製的器具，飲茶的程式也就按規按矩，會遵循一定的儀式。伴隨地宮文物一起出土的，還有一本賬冊，記載了每一件文物的名稱，所以我們可以作為依據，與陸羽《茶經》一一對照。

法門寺地宮出土了一件鎏金的銀風爐，上面有八卦圖形。陸羽《茶經》「四之器」對風爐製作，從外形到銘刻文字與紋飾，有極為詳盡的描述：

> 風爐，灰承。風爐以銅鐵鑄之，如古鼎形，厚三分，緣闊九分，令六分虛中，致其杇墁。凡三足，古文書二十一字。一足云「坎上巽下離

於中」，一足云「體均五行去百疾」，一足云「聖唐滅胡明年鑄」。其三足之間，設三窗。底一窗以為通飆漏燼之所。上並古文書六字，一窗之上書「伊公」 二字，一窗之上書「羹陸」二字，一窗之上書「氏茶」二字。所謂「伊公羹，陸氏茶」也。置墆㙣於其內，設三格：其一格有翟焉，翟者火禽也，畫一卦曰離；其一格有彪焉，彪者風獸也，畫一卦曰巽；其一格有魚焉，魚者水蟲也，畫一卦曰坎。巽主風，離主火，坎主水，風能興火，火能熟水，故備其三卦焉。其飾，以連葩、垂蔓、曲水、方文之類。其爐，或鍛鐵為之，或運泥為之。其灰承，作三足鐵柈台之。

陸羽講的風爐，是以銅鐵製成，而唐代皇室所用風爐，則是鎏金銀胎的器具，其間的差異，顯示了皇室用具的豪奢與尊貴，但是器型卻基本仿照陸羽的規制，沒有甚麼不同。《茶經》對風爐的製作規定得很清楚，要把風爐的功能設計，顯示出五行八卦，符合天地自然運行的象徵要素。風爐造型模仿古鼎，鼎有三足，於是風爐也有三腳，每隻腳上刻有七個字，共二十一個字。其一云「坎上巽下離於中」，刻的是八卦，符合天地自然現象；其二云「體均五行去百疾」，表示五行相生相剋，可以通過茶飲而祛除百病；其三云「聖唐滅胡明年鑄」，則是標明風爐這種茶具的創製年代，明確顯示陸羽要昭示自己的發明版權，相當於現代人強調要尊重「智慧財產權」一樣。

他還說了這個風爐要有三扇隔窗，每一扇有兩個古文字，一共六個字，就是「伊公羹，陸氏茶」。這個設計也可以看出陸羽對自己的期許，從中顯示自己創製茶具的歷史地位，希望能夠媲美伊尹。陸羽拿自己跟伊尹對比，似乎有點自抬身價的意思，但也明確表示，自己創製茶具、提倡茶道，意義並不止於如何喝茶，而是希望飲茶有道，能夠對社會文化產生重大影響。伊尹是廚師出身，靠烹飪起家，受到重視，而能輔佐商湯，安邦定國，成就一番偉大的事業。陸羽以之作為榜樣，當然是見賢思齊，反映了自己創製茶器的驕傲，有着很高的心氣。

法門寺地宮還發現了一個鎏金鴻雁流雲紋銀茶碾了，是把茶餅碾碎的器具。唐朝人飲茶的習慣，是先把茶餅掰碎，再放入碾中磨成粉末，然後才烹製茶湯。飲茶的程式，像我們現在喝普洱茶，拿到一塊茶餅要先掰開弄碎，才好泡製茶湯，只是唐代還要碾成茶末，像日本人喝的抹茶。因此，茶碾是必要的茶具。按照陸羽《茶經》，茶碾的製作也是有規範的：

> 碾，以橘木為之，次以梨、桑、桐、柘為之。內圓而外方。內圓備於運行也，外方制其傾危也。內容墮而外無餘。木墮，形如車輪，不輻而

軸焉。長九寸，闊一寸七分。墮徑三寸八分，中厚一寸，邊厚半寸，軸中方而執圓。

陸羽説的茶碾是木頭做的，質地雖然有講究，但簡樸適用，不求華麗，而法門寺出土的茶碾是「鎏金鴻雁流雲紋銀茶碾子」，精美異常，極其貴重，符合皇家身份，但其基本形制與構造，和陸羽所説的是雷同的。

陸羽《茶經》還講到「羅合」，是碾茶之後所需的茶具。茶餅碾完以後，茶末並不均匀，要放在茶羅裏面篩，篩出來的茶末就很均匀，可以盛在盒子裏，以備烹煮。在法門寺地宮裏面發現了「鎏金飛天仙鶴紋壺門座銀茶羅子」，是鎏金銀胎的貴重茶器，背後還有很清楚鏤刻的銘文：「咸通十年，文思院造，銀金花茶羅字一副，全共重卅七兩。匠臣邵元，審作官臣李師存，判官高品臣吳弘慤，使臣能順。」《茶經》講羅與盒的製作：「羅末，以合蓋貯之，以則置合中。用巨竹剖而屈之，以紗絹衣之。其合以竹節為之，或屈杉以漆之。高三寸，蓋一寸，底二寸，口徑四寸。」羅是用巨竹剖開製作，上面覆以紗絹，過濾極細的茶末。盒是用竹節或杉木製成，用來盛取篩過的茶末。陸羽制定的羅合，是用巨竹或杉木製作，取材容易，人人可以效法。到了皇室用具，就大為講究，棄竹木而用金銀，變簡樸為奢華。法門寺地宮出土的茶羅子，是貴重的鎏金銀器，並飾以「飛天仙鶴紋」，不是一般人使用的，但其規制依舊沿用陸羽的設計。

不知大家有沒有去過法門寺，參觀過地宮出土的文物？法門寺地宮出的文物種類繁多，基本上就是唐代皇室供奉佛骨的精品。當時供奉在地宮裏，每過五、六十年都要請出佛骨，也把皇室供奉的寶貝拿出來，在長安城滿街遊行。當此遊行盛典，信徒蜂擁而來，真是一境若狂。史料記載有些和尚，信仰狂熱，會以自殘的方式獻佛，有的把十指蘸上燃油，像蠟燭那樣點燃，似乎信仰的狂迷比麻醉藥還靈。唐僖宗奉請佛骨之後，把供品封入地宮，再來唐朝就亡了，所有的皇室珍品，包括唐僖宗供佛的茶具，就永遠埋在地宮裏面了。所以，法門寺地宮出土的文物，顯示晚唐皇室所用茶具沿用了陸羽創造的規制，顯然也沿用了《茶經》所列出的茶儀。

除了茶具以外，陸羽對水也很有講究，他是最早講茶飲必須要用好水的人，可能還著有《水品》一書，可惜散佚掉了。(見《湖州府志》)《茶經》說飲茶要懂水:「其水，用山水上，江水中，井水下。」這個標準非常清楚，就是山泉水最好，其次是流動的江水，最差的是靜止不動的井水。他還做了詳細的說明：

其山水，揀乳泉、石池慢流者上；其瀑湧湍漱，勿食之，久食令人有頸疾。又多別流於山谷者，澄浸不洩，自火天至霜降以前，或潛龍蓄毒於其間，飲者可決之，以流其惡，使新泉涓涓然，酌之。其江水取去人遠者，井取汲多者。

也就是，飲茶最好用山泉水，或潺潺流動的山澗或澄潭的活水。瀑布與急湍的水，不可用，喝多了會生病，因為這類水源有問題，雖然是流動的，但是挾泥沙以俱下，很不可靠。還有一些山中的積水，是聚集不散的，在夏季可能有毒蛇蛟龍散放毒素，最好也不用。真要使用，必須決其堰塞，讓污濁的毒素排出，使水泉涓涓，才可取水。實在沒辦法，得不到山泉水的時候，只好去取遠離人跡的江水，因為沒有污染。井水則用經常有人汲取的，關鍵是不要死水，要活水。

天下第一蒙頂茶又是怎麼回事呢？今天大多數人都沒聽過蒙頂茶，對於蒙山頂上茶在唐朝的輝煌歷史，完全不知道了，因為蒙頂山茶到宋朝以後，就開始衰落，到了元明期間，連大多數文人雅士都沒聽過，成了昨日黃花。陸羽《茶經》記述全國茶葉產地，首先列了山南的峽州，也就是今天的宜昌一帶，或許是因為他成長在湖北竟陵，熟悉地望。峽州產的茶，在唐朝名列上品，而且名目眾多，如碧澗、明月、芳蕊、茱萸簝、小江源等等。他也提到劍南道的雅州，指出蒙山所在的名山地區產茶，不過，他似乎並不看好蒙山茶的品質。倒是唐代李吉甫《元和郡縣圖志》說到貢茶，明確指出：「嚴道縣（在今天雅安一帶）蒙山，在縣南十里，今每歲貢茶，為蜀之最。」李肇《唐國史補》，則是這麼説的：「風俗貴茶，茶之名品益眾。劍南有蒙頂石花，或小方，或散芽，號為第一。湖州有顧渚之紫筍。東川有神泉小團、昌明、獸目。峽州有碧澗、明月、芳蕊、茱萸寮。…… 而浮梁之商貨不在焉。」唐代俗諺「蒙頂第一，顧渚第二」、「揚子江心水，蒙山頂上茶」，跟這些當時的記載是符合的。孟郊也寫過一首詩，《憑周況先輩於朝賢乞茶》，想得點蒙頂好茶喝喝，卻又無緣到手，只好託人去乞討：「道意勿乏味，心緒病無蹤。蒙茗玉花盡，越甌荷葉空。錦水有鮮色，蜀山繞芳叢。雲根才剪綠，印縫已霏紅。曾向貴人得，最將詩叟同。幸為乞寄來，救此病劣躬。」

到了元明，大多數人，包括江南講究喝茶的文人雅士都沒聽過蒙頂茶了，萬曆年間茶人許次紓在《茶疏》中指出：「古今論茶，必首蒙頂。蒙頂山，蜀雅州之山也，往常產，今不復有。即有之，彼中夷人專之，不復出山。蜀中尚不得，何能至中原、江南也？」可見蒙頂茶早已喪失了天下第一的位置。

白居易的長詩《琵琶行》説到浮梁地區產茶：「商人重利輕別離，前月浮梁買茶去。去來江口守空船，繞船明月江水寒。」到浮梁販茶的商人，是俗不可耐的市儈，對於「名屬教坊第一部、妝成每被秋娘妒」的琵琶女，毫無憐香惜玉之心，讓貶謫江州的白居易感慨不已，不但覺得「同是天涯淪落人，相逢何必曾相識」。這首詩提到茶商到浮梁去買茶，頗有不屑的口氣，放回到唐代飲茶的風習來看，就是個暗喻，因為浮梁茶在唐朝是大路貨，屬於最普遍，同時也是等級最次的大眾飲用商品，排不上名品之列，入不了品茶人士的法眼。到浮梁去買茶的商人當然是唯利是圖，為錢財奔走的市儈，不會懂得憐香惜玉的。據《元和郡縣圖志》（813年成書），浮梁縣設置於武德五年（622），名新平，後廢，開元四年（716）再置，改名新昌，天寶元年改名浮梁，「每歲出茶七百萬馱，稅十五餘萬貫。」可見浮梁茶產量之大。唐代楊華的《膳夫經手錄》指出，蜀茶與浮梁茶產量大，是當時通行的商品：「惟蜀茶南走百越，北臨五湖，皆自固其芳香，滋味不變，由此尤可重之。自穀雨已後，歲取數百萬斤。散落東下，其為功德也如此。饒州浮梁，今關西、山東，閭閻村落，皆吃之。累日不食猶得，不得一日無茶也。其於濟人，百倍於蜀茶，然味不長於蜀茶。」反映了唐代茶葉供應情況，主要的量產商品茶是蜀茶及浮梁茶。蜀茶流佈到長江流域及南方，仍然滋味芳香，浮梁茶傳佈更廣，甚至流行在黃河流域，遍及整個北方。然而，說到品質與滋味，則浮梁茶不及蜀茶，算是最下等的。

在白居易心中，浮梁茶屬於下品，浮梁茶商是市儈，那麼，他喜歡喝什麼茶呢？在《春盡日》一詩中，他寫道：「醉對數叢紅芍藥，渴嘗一椀綠昌明。」原來他欣賞的是東川的昌明茶，產地是在今天的北川一帶，是蜀茶中的佼佼者。白居易晚年寫過一首《琴詩》:「兀兀寄形群動內，陶陶任性一生間。自抛官後春多醉，不讀書來老更閒。琴裏知聞惟淥水，茶中故舊是蒙山。窮通行止長相伴，誰道吾今相與還。」道出退休之後閒居的樂趣，喝酒發呆，彈琴飲茶，過起無憂無慮的神仙生活，飲的則是天下第一的蒙頂茶。

我們知道，唐朝人標榜的名茶，跟我們今天崇尚的名茶是不一樣的。歷史變遷以及風尚轉向，都會影響人們對品味的追求，甚至改變口味的愛好。唐代最著名的蒙頂茶、顧渚茶、碧澗茶，是現代人鮮為聽聞的，而當今流行的龍井茶、碧螺春、大紅袍、凍頂烏龍，則在唐朝尚未出現。陸羽在《茶經》中講的茶產地，基本上都是他去過的地方，屬於實地調查得來的知識，主要是南方地區，從陝南、湖北、湖南，沿着長江一直下來。他還曾長住湖州與天目山一帶的苕溪，對江南的情況十分清楚。他講到峽州的茶屬於上等，其中就有今天鮮有人知的碧澗茶，而碧澗茶一直到明朝都還是非常有名的。明末筆記《金沙細唾》有一個記載，説到明末民變的時候，天下大亂，清軍南侵，江南的世家受到衝擊，出現奴變、僕變，就是奴僕造反的事件。許多江南大族，奴僕上百成千，這個時候開始鬧翻身。有一豪族的主人家，喜歡喝碧澗茶，經常要奴僕奔波到湖北去運購過來，奴僕翻身造反了，把主人拖到

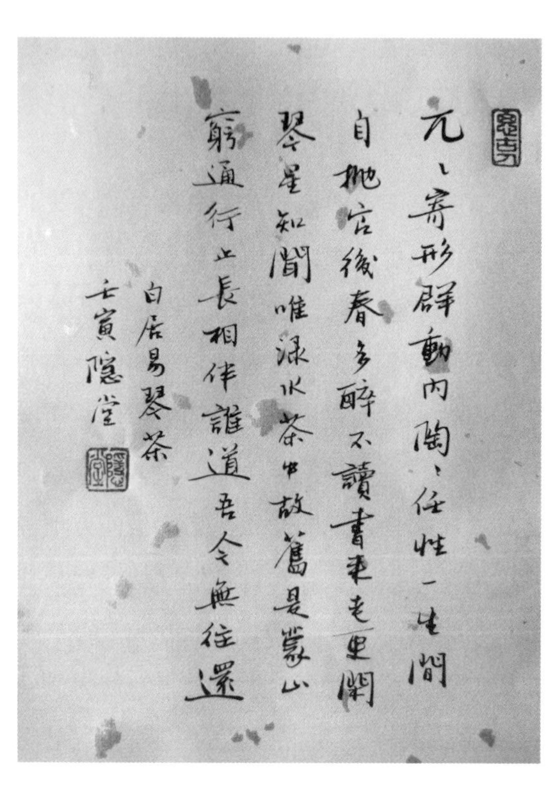
兀兀寄形群動內陶陶任性一生間
自抛官後春多醉不讀書來老更閑
琴裏知聞唯淥水茶中故舊是蒙山
窮通行止長相伴誰道吾今無往還
白居易琴茶
壬寅隱堂

白居易《琴茶》（書法：鄭培凱）

街上，跟文革情景有點像，打翻在地，還指斥說，你一天到晚要喝碧澗茶，煮的不好還責罵我們，今天我們也讓你喝喝碧澗茶！就把小便裝進茶壺，灌倒主人嘴裏面。可以從這個資料看出，到了明朝末年，碧澗茶還是備受追捧的名茶。

陸羽強調茶有本色，反對茶飲中胡亂加料。當時流行怎麼喝茶呢？《茶經》記載：「或用蔥、薑、棗、橘皮、茱萸、薄荷之等，煮之百沸，或揚令滑，或煮去沫。斯溝渠間棄水耳，而習俗不已。」這種喝茶的方法，是過去把茶當草藥煮湯的習慣，有點像今天廣東人喝的涼茶。陸羽堅決反對這種喝法，斥之為陰溝裏的棄水，是庸俗低下的飲茶法。這是因為他創製了茶具，制定了茶儀，發展了茶道，把喝茶提升到審美的精神領域，講究細膩精純的茶飲之風。陸羽茶道之建立，開始了歷代講求茶有本色、茶有真香的、茶有至味的傳統，成為高雅之士喝茶的主流風格。

陸羽《茶經》極為講究喝茶的程式與規矩，因此，特別提到「茶有九難」：「一曰造，二曰別，三曰器，四曰火，五曰水，六曰炙，七曰末，八曰煮，九曰飲。」又仔細說明：「陰採夜焙，非造也；嚼味嗅香，非別也；羶鼎腥甌，非器也；膏薪庖炭，非火也；飛湍壅潦，非水也；外熟內生，非炙也；碧粉縹塵，非末也；操艱攪遽，非煮也；夏興冬廢，非飲也。」我把這段說明譯成白話：「陰天採摘，夜裏焙製，算不上製造；僅憑口嚼舌嘗與嗅氣辨香，算不上鑒別；膻膩的爐鼎與腥染的甌碗，算不上器具；油脂重的薪柴，算不上用火；激流急湍與壅塞死水，算不上擇水;茶餅外熟內生，算不上炙烤;茶末碾得過細，像粉末飄塵，算不上碾末；煮茶操作生硬，攪動急促，算不上烹煮；夏天喝茶，冬天不喝，算不上飲嘗。」可見陸羽非常挑剔，從茶葉採摘到擇優製作，從使用茶具到用火用水，如何烤茶餅，如何碾磨茶末，如何烹煮茶湯，以及四季如何飲茶，都是學問。喝一盞好茶，在陸羽看來，是需要澄心靜慮，全神貫注，是非常不容易的。

陸羽設計茶席，強調簡樸之道，並且還規定了人數。他說，喝茶「其碗數三。次之者，碗數五。若坐客數至五，行三碗;至七，行五碗」。也就是說，最適當的茶席，只有三個人，其次五人，而且五個人只給三碗茶。實在沒辦法，有七個人來了，就給五碗茶。今天你去日本，如果應邀參加茶道師的正式茶席，一定還是三個人，而且三個人只用同一個碗。可以看出，日本茶道的這個規矩，就是陸羽定下來的。道理很簡單，就是陸羽說的「茶性儉，最宜精行儉德之人」。讓你在參加茶席，進入茶飲天地之時，心靈平靜，達到身心和諧的狀態，從審美領域進入道德提升的境界。

《茶經》論及烹茶，將茶湯傾入茶碗，是這樣形容的:「凡酌，置諸碗，令沫餑均。沫餑，湯之華也。華之薄者曰沫，厚者曰餑。細輕者曰花，如棗花漂漂然於環池之上;又如迴潭曲渚青萍之始生;又如晴天爽朗有浮雲鱗然。其沫者，若綠錢浮於水湄，又如菊英墮於鐏俎之中。餑者，以滓煮之，及沸，則重華累沫，皤皤然若積雪耳。」譯成白話，就是:「飲酌之時，茶湯倒進碗裏，要讓沫餑均勻。沫餑，就是茶湯的精華。精華薄的，稱之為沫；精華厚的，稱之為餑。細輕的稱之為花，就像棗花漂浮在圓形的池塘上；又像曲折迴環的潭水新生了青青的浮萍；又像爽朗的晴天點綴着鱗狀的浮雲。茶湯的沫，有如水邊浮着綠色的萍錢，又如菊花落在杯中。茶湯的餑，是以茶滓煮的，煮沸之後，累積層層白沫，皤皤如白雪。」由此可以看出，唐宋時期飲茶，講究茶湯上有沫餑，以為沫餑是茶的精華。如此，啜飲沫餑就是啜飲茶之精華，在味覺上是一種精緻的享受，在精神體會上則在啜飲之中上升到審美的境界。再加上沫餑漂浮在茶湯上的視覺美感，讓人聯想到藍天白雲，晴空爽朗，與天地自然融為一體，通過茶飲進入了天人合一的感悟。從唐代到宋代，飲茶過程重視沫餑的風尚，更上一層樓，把拉花的技藝發展到妙理精微的境地，我在《古人飲茶要拉花》一文中將詳細討論，這裏就不複述了。

陸羽創製茶道，提倡茶飲的審美追求，為喝茶奠定了規矩，成為精神世界修持的法門，不但規劃出中國茶飲的歷史進程，也直接影響韓國與日本，之後還擴散到全世界。中國歷史悠久，幅員廣大，人口眾多。因此，陸羽茶道雖然在理念上提供了飲茶的審美之道，在歷代具體飲茶的實踐上，卻並不能囊括各種各樣的飲茶方式。隨着時間的演變、地域的不同與社會群體的階級差異，中國有多元多樣的喝茶方法。宮廷有宮廷喝茶的方法，士大夫有士大夫的喝茶法，寺院有自己的清規與儀式，老百姓也有老百姓的喝茶法，而且都有其歷史傳承與各自的道理，並隨着歷史的演化而有所發展。歷史的演進，總會適應「眾口難調」的情況，生發各種支脈，讓我們發現各地發展出來的擂茶、酥油茶、奶茶，乃至於泡沫紅茶之類。回顧茶飲歷史，最重要的是，喝茶的方式可以不同，但是萬變不離其宗，飲茶之道是陸羽首創，而且賦予了精神境界的審美追求。

（內容源自上海圖書館講座，2014 年 11 月 22 日）

趙州和尚喫茶去

《趙州和尚語錄》卷下，有這麼一段公案：

> 師問二新到：「上座曾到此間否？」云：「不曾到。」師云：「喫茶去。」又問：「那一人曾到此間否？」云：「曾到。」師云：「喫茶去。」院主問：「和尚不曾到，教伊喫茶去，即且置。曾到，為甚麼教伊喫茶去？」師云：「院主！」院主應諾。師云：「喫茶去。」

這段公案非常有名，大多數禪宗文獻如《祖堂集》、《五燈會元》之中都有記載，文字或許稍有變動，但記載的對話情景是一樣的。廟裏新到了兩個僧人，從沒來過的，教他喫茶去；已經來過的，也教他喫茶去；院主想分辨清楚是怎麼回事，照樣教他喫茶去。總之是兵來將擋，水來土掩，萬變不離其宗，不管是誰，只要碰上了，趙州大師就給你來個「喫茶去」。也不需要棒打聲喝，只給你個喫茶去，莫測高深，自己揣摩吧。禪宗悟道，講究的是自家事自家了，其實喫不喫茶，喫甚麼茶，都不要緊，喫茶去吧。

根據《趙州真際禪師行狀》的說法，趙州和尚受戒之後，雲遊四方，到了八十歲才定居下來，住持河北趙州城東的觀音院，算是禪宗六祖惠能大師之後的第四代傳人。這一住持，就是四十年，到了一百二十歲，在唐乾寧四年（897）十一月十日才坐化圓寂。我們姑且相信他活了一百二十歲，倒推一下，他出生在778年，即唐代宗大曆十三年，是大曆十才子之一的錢起寫了《省試湘靈鼓瑟》名句「曲終人不見，江上數峰青」的時期。趙州從諗和尚受教於南泉普願之後，雲遊四方，參訪了黃檗希運、溈山靈佑、藥山惟儼、雲居道膺、臨濟義玄、百丈懷海等禪師，是他長達八十年的前半生。轉益多師期間，與韓愈、柳宗元、白居易、元稹以及後來的杜牧、李商隱活躍的時代相若，中央與地方藩鎮的政治鬥爭轉趨激烈，佛道衝突也劍拔弩張，後來還觸發了會昌滅佛事件。趙州和尚足跡遍天下，當然是見過世面，看透了世間的蠅營狗苟，爾虞我詐，甚至經歷了政府毀佛的艱難時期。真虧他活得長，看山是山，看山不是山，看山又是山，在滅佛運動之後，還能住持趙州的佛寺，振興禪宗血脈。

趙州和尚經歷的中晚唐時代，是安史之亂過後的一個世紀，也是陸羽寫定《茶經》後的一個世紀，國破山河依舊在，城春草木分外深。盛唐飛揚跋扈的氣勢已經頹散，人們沉浸於個體感官與意識深層的追求，冥想着心靈的開悟與超脫。喝茶的習慣也從上層社會流傳到民間，而陸羽

《茶經》訂定的茶儀，追求飲茶的精神境界提升，也與坐禪的儀式合流。飲茶的普遍流佈與禪悟的淨化過程，居然匯成了天衣無縫的結合，開始了禪茶一味的歷史進程。

《封氏聞見記》記載：「開元中，泰山靈岩寺有降魔師，大興禪教。學禪務於不寐，又不夕食，皆許其飲茶，人自懷挾，到處煮飲，從此轉相仿效，遂成風俗。」禪宗提倡飲茶，是滅佛也滅不掉的生活起居習慣，到了百丈懷海訂立《百丈清規》，更成為禪宗叢林生活的規矩，是與「一日不作，一日不食」同樣重要的教規。《清規》對飲茶的各種儀式場合，都做了明確的界定，有「打茶」（每坐禪一炷香後，寺院監值都要供僧眾飲茶）、「奠茶」（供諸佛菩薩及歷代祖師之茶）、「普茶」（住持或施主請全寺僧眾飲茶）、「茶鼓」（召集大眾飲茶說法而敲的鼓）諸多規定，還有「茶頭」、「茶堂」、「施茶僧」等執行茶儀的職位。

這就是趙州和尚喫茶去的歷史文化背景，是所有僧人熟悉的環境。至於喫茶去之後，能否悟道，那就得看個人的修為，如人飲水，冷暖自知了。

天下第一水的爭端

（一）陸羽品水之謎

唐代中葉之後，飲茶風氣大盛，由原本是南方的生活習俗，成了流行全國的飲食習慣。陸羽寫了《茶經》一書，更是推波助瀾，使得人們告別喝茶只是解渴的歷史階段，開始講究喝茶的程序，通過茶具與茶儀的精心安排，把飲茶當作提升品味審美與生命修養的精神寄託。他在《茶經》中，特別說到飲茶用水的重要，並且提綱挈領，分析了如何選取適合煎茶的水：「其水，用山水上，江水中，井水下。其山水，揀乳泉石池慢流者上；其瀑湧湍漱，勿食之，久食令人有頸疾。」據說他還寫過《水品》一書，羅列天下名水，可惜這本書早已佚失，後人已經無法確知他如何品評當時的名泉，就惹出了後世糾纏不清的品泉議題：究竟陸羽是如何品評天下的名泉好水？在陸羽心目中，天下第一泉究竟在哪裏？

陸羽寫《茶經》，成了中國茶飲文化史的最大功臣，流芳千古。他足跡遍及大半個中國，列舉了各地的茶產，做了品第評鑒，應該也遍嘗散佈名山大川的泉水，會不會對煎泡茶葉的水質也作出專家式的審定呢？比陸羽晚了一代的張又新《煎茶水記》說，陸羽曾品味過各處名泉，錄出二十種名水，評定高下。張又新沒說陸羽有沒有寫過《水品》，也沒說陸羽所列的二十種水是否出自《水品》一書，他只是引述自己的經歷，說見過一本名為《煮茶記》的書，其中提到湖州刺史李季卿見到陸羽，問起天下名水出自何處，陸羽就列出了二十種水，一一次第：

> 廬山康王谷水簾水第一；無錫縣惠山寺石泉水第二；蘄州蘭溪石下水第三；峽州扇子山下有石突然，洩水獨清冷，狀如龜形，俗云蝦蟆口水，第四；蘇州虎丘寺石泉水第五；廬山招賢寺下方橋潭水第六；揚子江南零水第七；洪州西山西東瀑布水第八；唐州柏巖縣淮水源第九（淮水亦佳）；廬州龍池山嶺水第十；丹陽縣觀音寺水第十一；揚州大明寺水第十二；漢江金州上游中零水第十三（水苦）；歸州玉虛洞下香溪水第十四；商州武關西洛水第十五（未嘗泥）；吳松江水第十六；天台山西南峰千丈瀑布水第十七；郴州圓泉水第十八；桐廬嚴陵灘水第十九；雪水第二十（用雪不可太冷）。

問題是，張又新的記述是否可靠：這二十種水，究竟真是陸羽的評定，還是張又新道聽塗說，甚或是自己瞎編來唬人的呢？再者，假如陸羽明確評定過二十種水，為甚麼張又新只提到不知來歷的《煮茶記》，提都不提《水品》一書？是張又新不知道陸羽寫過《水品》嗎？

同治《湖州府志》卷五十六〈藝文略〉在「陸羽」項下列了許多著作，但在每部書後都說「佚」，也就是散佚不可得見了。所列的書名有：「《君臣契》三卷，佚；《源解》三十卷，佚；《江西四姓譜》十卷，佚；《南北人物志》十卷，佚；《吳興歷官記》三卷，佚；《湖州刺史記》一卷，佚；《占夢》三卷，佚；《吳興圖記》，佚；《顧渚山記》一卷，佚；《茶經》三卷，佚；《水品》，佚。」看來《湖州府志》的編輯先生雖然欽佩這位流寓此地的茶聖，卻無緣讀到他的著作。奇怪的是，連《茶經》都沒見過，還說是佚書。令我懷疑，編者是否四處抄錄陸羽著作書名，一路抄下來都是「佚」，煞車不住，連《茶經》也就一併「佚」了。這也令我想到，《湖州府志》所列的最後一項佚書《水品》，其目猶存，大概是真有其書的。至於陸羽《水品》的內容是甚麼，是否其中列了張又新記的二十種水，我們就無法知道了。

《湖州府志》列了《水品》，沒說幾卷，也頗啟人疑竇。是不是此書不分卷，只列水名，品第高下呢？那麼，就有可能只是一張品水的次第，別無材料。不過，《湖州府志》在此提供了一個註，引了《雲麓漫鈔》卷十：「陸羽別天下水味，各立名品，有石刻行於世。」，是稱讚陸羽有知味之能，可以辨別天下水味。但是，說「有石刻行於世」，言之鑿鑿，並不能解決我們的疑竇，因為我們沒有陸羽品水石刻的拓本傳世，不像蔡襄《茶錄》有石刻拓本，因此，並不能證實陸羽有《水品》一書石刻傳世。我甚至懷疑，南宋的趙彥衛是否張冠李戴，把蔡襄《茶錄》石刻，想到陸羽《水品》上去了。

倒是《湖州府志》卷十九〈輿地略．山（上）〉提供了一條材料，可以證實確曾存在過陸羽《水品》一書。這段文字是形容金蓋山的，同時引了一條農諺:「金蓋戴帽，要雨就到。」為了支持農諺的說法，還引了陸羽《水品》的一句話：「金蓋故多雲氣。」雖然只是一句話，卻很重要，因為這一句話不見於張又新的《煎茶水記》，不屬於陸羽「口述」二十種水的材料範圍。因此，陸羽寫《水品》，內容不僅是品第名水，還有許多探討山川環境的論述。陸羽寫過《水品》，應該沒有問題。問題是，《水品》後來佚失了，我們沒法證實了。書籍散佚，在古代是很平常的事，不能說我們今天看不到《水品》這部書，陸羽就沒寫過。那麼，陸羽寫的《水品》是否流傳到後世呢？與趙彥衛同一個時代的陸游，在《戲書燕几》一詩中就說「《水品》、《茶經》常在手，前生疑是竟陵翁」，可見陸游是看過這本書的，而且以《水品》與《茶經》並列，說自己宛然就是陸羽再世，顯然明指兩書都是陸羽的著作。

不過，即使陸羽真寫過一本《水品》，我們今天所能得到的資料也只有「金蓋故多雲氣」這一句，並無更多討論煎茶水質好壞的見解。要想知道唐代如何品第名泉好水，還是得回到張又新的《煎茶水記》所列舉的資料，因為從文獻研究的角度來看，不管張又新所記的材料，是否真是陸羽的說法，至少這些材料反映了晚唐時期一些人的品水看法。

（二）北宋品水的爭論

到了北宋，飲茶品味的層次更加提高，對名茶名水的講究比唐代更甚，意見也就更多。比歐陽修稍早的蘇州人葉清臣（1000-1049）寫過《述煮茶泉品》，說讀到溫庭筠的《採茶錄》，其中記載了二十種水與七種水，發了一通議論，雖然說得不清不楚，卻顯示自己對天下名水的興趣，到處走訪親嘗：

> 予少得溫（庭筠）氏所著《茶説》，嘗識其水泉之目，有二十焉。會西走巴峽，經蝦蟆窟，北憩蕪城，汲蜀崗井，東遊故都，絕揚子江，留丹陽酌觀音泉，過無錫惠山水，粉槍末旗，蘇蘭薪桂，且鼎且缶，以飲以歠，莫不瀹氣滌慮，蠲病析酲……一命受職，再期服勞，而虎丘之觱沸，淞江之清泚，復在封畛。居然挹注是嘗，所得於鴻漸之目，二十而七也。

看來他是欣然接受晚唐以來的二十種名水與七種名水的，並且一有機會還會親自品嘗。上面這段話就說到峽州扇子山蝦蟆口水、揚州大明寺水、丹陽縣觀音寺水、無錫惠山寺石泉水、虎丘寺石泉水、吳淞江水，看來都能讓他心滿意足，覺得自己可以共享陸羽品水的樂趣。

歐陽修、梅堯臣、蔡襄等宋代名士也都強調飲茶要用好水，雖然並未次第名泉的先後，卻肯定好水是烹茶的要訣，十分關注天下名水，有機會總是不吝品賞的。至於天下第一水的名目誰屬，就成了一些宋代品茶之士爭論的焦點，主要集中在七種水與二十種水兩份名錄的「天下第一」不同，引發味覺審美品鑒的意見分歧，是顯示出有口不同嗜的有趣例證。

揚子江心南零水（七種水第一名）與廬山康王谷水簾水（二十種水第一名），究竟何者更為優勝，可以名為天下第一，在北宋引起不少爭議。廬山康王谷水簾水，就是宋代詩人豔稱的谷簾泉，比葉清臣更早一代的王禹偁（954-1001）心嚮往之，請人汲取之後，經過了一個月的運送，才得以品嘗，為之大為傾倒，讚賞有加，寫了《谷簾泉序》，說到用此泉水煎茶，是井水絕對不堪比擬的：「水之來，計程一月矣，而其味不敗。取茶煮之，浮雲散雪之狀，與井泉絕殊」。還寫了《谷簾泉》一詩：「瀉從千仞石，寄逐九江船。迢遞康王谷，塵埃陸羽仙。何當結茅屋，長在水簾前。」把自己想像成品水煮茶的陸羽，在康王谷的水簾瀑布前搭間茅屋，融入自然美景，啜飲天地精華，飄飄似仙，顯然是依從所謂的陸羽二十種水品第，以谷簾水為天下第一的看法。

康熙年間欽定的《全唐詩》，引《大明一統志》，說王禹偁這首詩的開頭兩句「瀉從千仞石，寄逐九江船」，是陸羽《題康王谷泉》原來的詩句。這其實是編纂《全唐詩》的疏漏，引起一些當代學者的誤會，以為既然《全唐詩》引用了陸羽的斷句，當然顯示了陸羽對康王谷水簾水的喜好，而王禹偁因為崇拜陸羽，所以特別引陸羽原句入詩，成為自己撰寫詩篇的靈感。其實《大明一統志》記載「谷簾泉」的文字，是這樣的：「在府（南康府）西一十里，其水如簾布而下者，三十餘派。唐陸羽《茶經》，品其水為天下第一。宋王禹偁詩：瀉從千仞石，寄逐九江船……」原來《大明一統志》根本沒說這兩句詩是陸羽的斷句，《全唐詩》的編者一時馬虎，讀書不仔細，拿王禹偁的詩句充數了。何況，《大明一統志》說陸羽《茶經》品評谷簾泉為天下第一，也是無中生有的事，把張又新散佈的二十種水傳聞，當成陸羽《茶經》的論述，完全是張冠李戴。看來欽定的東西，雖有皇帝老子作為學術權威的後盾，讓人不敢輕易辯駁，卻不見得那麼可靠，這也是當今學術界校訂《全唐詩》的結論。

說陸羽評定谷簾泉是天下第一，當然是頗有問題的。谷簾泉雖是水簾瀑布的水，違背了陸羽品水的基本原則，但是水質似乎還不錯，得到不少宋代詩人的讚譽。我們發現，宋朝的名人雅士，如王禹偁、蘇軾、陸游、朱熹等人，與陸羽批評瀑布水的意見相左，都十分欣賞谷簾泉。然而，涉及天下第一水誰屬這個問題，宋代的品茶大家，如歐陽修、蔡襄、蘇軾、黃庭堅、宋徽宗，雖然知道爭端存在，或許也有個人的傾向，卻都抱持審慎的態度，相對寬容開放，不曾明確站邊，非要指出品第次序不可。大多數宋代茶人的態度，經常游離在中泠水、惠山泉、谷簾泉之間，說些模棱兩可的讚譽，大概的意思是，好水就是好水，烹茶俱佳。

歐陽修的看法，前面已經說了，關鍵就是陸羽的品水標準，「山水上，江水中，井水下，其山水，揀乳泉、石池慢流者上」。天下好水很多，如浮槎山水，就符合「羽所謂乳泉慢流者也，飲之而甘」，卻完全不在張又新的兩份名單之中。所以，名單很不全面，一定闕漏甚多，難說哪一種水是天下第一。他十分欣賞惠山泉水，而且愛屋及烏，把惠泉水當作潤筆禮品，致送給宋代首屈一指的品茶大家蔡襄。歐陽修《歸田錄》卷二載：「蔡君謨既為余書《集古錄目序》刻石，其字尤精勁，為世所珍。余以鼠鬚栗尾筆、銅綠筆格、大小龍茶、惠山泉等物為潤筆，君謨大笑，以為太清而不俗。」另《歐陽修全集》卷一五五，「補佚卷二．序跋」列有「與蔡君謨帖」：「以宣肇八十，銅綠筆格、花石盆各一，龍茶三餅，惠山泉三缶為餉。」

可見，在他的心目中，最上等的茶是建州龍團茶，可以匹配的水是惠泉水。

蔡襄有一首《和梅聖俞嘗惠山泉》：

> 梁鴻溪上山，緜亙難縷數。惠山恃然高，泉味如甘露。一水不盈勺，其名何太著。色比中泠同，味與廬谷附。螭湫滾滾來，龍口涓涓注。天設不偶然，豈特清齋助。久涸不停流，霪連只常澍。烹煎陽羨茶，斛汲中泠處。六碗覺通靈，玉川陡生趣。

詩寫得不怎麼高明，但是其中兩句「色比中泠同，味與廬谷附」，說的是惠山泉水的色與味，可以媲美中泠水與谷簾水，難分軒輊。梅堯臣的原詩《嘗惠山泉》，指出惠山泉水在南方是難得的好水，陸羽曾經著錄過，過去列在廬山谷簾水之後，不過其甘美，卻是毋庸諱言的：

> 吳楚千萬山，山泉莫知數。其以甘味傳，幾何若飴露。大禹書不載，陸生品嘗著。昔唯廬谷亞，久與茶經附。相襲好事人，砂缾和日注。持參萬錢鼎，豈足調羹助，彼哉一勺微，唐突為霖澍。疏濃既不同，物用誠有處。空林朡面僧，安比侯王趣。

這首詩有趣的是，意在讚譽惠山泉水之美，心想說是吳楚一帶最為甘美，卻又記得晚唐以來的中泠水與谷簾水，只好彎彎扭扭的說，可以媲美這兩種「天下第一」。由梅堯臣與蔡襄這兩首詩可以看出，七種水與二十種水這兩份名單流傳之廣，影響極大，使得後世品水心目中都存着品第的念頭，動輒要比對中泠水與谷簾水，但是又覺得惠山泉水甘美無比，心嚮往之，讓人寫詩讚歎。

（三）蘇軾品水之後

蘇軾在熙寧四年（1071）從潤州（今鎮江）到杭州擔任杭州通判，經過金山寺，寫了一首《遊金山寺》，其中有句：「我家江水初發源，宦遊直送江入海。聞道潮頭一丈高，大寒尚有沙痕在。中泠南畔石磐陀，古來出沒隨濤波。試登絕頂望鄉國，江南江北青山多。」這裏提到的「中泠南畔石磐陀」就是揚子江心南零水，宋代王十朋集註《百家註分類東坡先生詩》引程縯註：「揚子江有中泠水，為天下點茶第一。」我們不知道蘇軾遊金山寺，午後是否有暇飲茶，只知道他看天色已晚，「羈愁畏晚尋歸楫，山僧苦留看落日」，結果留宿在金山寺，不但看了江上的落日，而且看了初月的夜色，第二天還到焦山去遊覽。想來他在金焦之間羈留了兩日一夜，與山僧相對莫逆，總是有茶喝的，而在此地飲茶，當然喝的是揚子江心中泠水，可惜蘇軾詩中不曾明白記錄，給我們留下了很大的懸念，不知道他初嘗中泠水的評價。不過，他在詩中特意提到中泠水，當然是對號稱天下第一的揚子江心中泠水（南零水）有深刻的印象。

蘇軾在金山寺寫詩，看到眼前滔滔的江水，聯想長江發源於他的家鄉四川。類似的感覺，他在元豐七年（1084）結束了貶謫黃州的日子，再遊金山寺，已是十三年後的秋天，又再度浮上心頭。他寫了《送金山鄉僧歸蜀開堂》一詩，致送給歸返四川的金山寺僧圓寶：「撞鐘浮玉山，迎我三千指。眾中聞謦欬，未語知鄉里。我非個中人，何以默識子。振衣忽歸去，隻影千山裏。涪江與中泠，共此一味水。冰盤薦琥珀，何似糖霜美。」他這次來訪金山寺，是為了去見好友了元佛印和尚，卻遇到了來自四川遂寧的圓寶。遂寧以出產糖霜著稱，所以詩句最後說圓寶回鄉，可以嘗到家鄉最美的糖霜。詩中說他本來並不認識圓寶，卻在金山寺眾僧之中，聽到了鄉音。知道圓寶要歸鄉開堂，讓他聯想起流經遂寧的涪江，注入嘉陵江後，匯入長江，一路東流而下，就來到金山寺下，與揚子江心中泠水會合了。可以想見，這次蘇軾到訪，與了元佛印相聚飲茶，喝的應當還是中泠水。

蘇軾在杭州期間，經常稱讚惠山泉水，而且也寫過許多詩篇，讚頌惠泉水最適合烹煮上貢的龍團茶。他剛到杭州的第二年（熙寧五年，1072）秋天，就寫過《求焦千之惠山泉詩》，要求擔任無錫知州的焦千之寄送惠泉水，說

「精品厭凡泉，願子致一斛」。又在《試院煎茶》詩中細述烹茶的過程，特別提到要用惠泉水:「蟹眼已過魚眼生，颼颼欲作松風鳴。蒙茸出磨細珠落，眩轉繞甌飛雪輕。銀瓶瀉湯誇第二，未識古人煎水意。」還自己加了註:「古語云，煎水不煎茶。」説明了點茶拉花的秘訣，需要格外體會之處，在於要用天下第二的惠泉水，因為關鍵是「煎水不煎茶」，好水才能點好茶。他有個朋友錢顗（安道），是無錫人，弟弟錢道人是惠山寺長老。錢顗送建州龍團茶給他，他寫了《和錢安道寄惠建茶》一詩説，「我官於南今幾時，嘗盡溪茶與山茗。」蘇軾還特別抽空跑到無錫，去探望錢道人，並且寫了《惠山謁錢道人，烹小龍團，登絕頂，望太湖》有句:「踏遍江南南岸山，逢山未免更留連。獨攜天上小團月，來試人間第二泉。」不知道他帶到惠山與錢道人一起品茗的小龍團，是不是錢顗致送的珍品，可以確定的是，烹煎龍團的泉水一定是惠山泉水。

蘇軾於熙寧七年（1074）離開杭州，轉徙於密州、徐州為官，五年後調湖州知州，赴任時有秦觀、參寥一路陪同，經過無錫，寫了《遊惠山》三首詩，有序:「余昔為錢塘倅，往來無錫未嘗不至惠山。即去五年，復為湖州，與高郵秦太虛、杭僧參寥同至，覽唐處士王武陵、竇群、朱宿所賦詩，愛其語清簡，蕭然有出塵之姿，追用其韻，各賦三首。」説明他心中念念不忘惠山泉，有機會經過無錫，總要去造訪品嘗。這次有秦觀與參寥和尚陪同經過，當然要一同去觀山景、品山泉。其中第二首：「敲火發山泉，烹茶避林樾。明窗傾紫盞，色味兩奇絕。吾生眠食耳，一飽萬想滅。頗笑玉川子，飢弄三百月。豈如山中人，睡起山花發。一甌誰與共，門外無來轍。」於此可見，蘇軾雖然順應當時習俗，稱呼惠山泉為第二泉，卻在品茗之際特別欣賞惠山泉水，不但請人寄送，只要有機會還會專程登臨惠山，品嘗清泉瀹茶的奇絕風味。

蘇軾上任湖州知州不久，就被人誣陷，遭到烏台詩獄的災禍，關押之後貶謫黃州。五年之後朝廷召還，獲准在常州買地歸老，曾與胡宗愈（完夫）約為鄰里，再來就回到汴京任官，先任禮部郎中，後任起居舍人。此時胡宗愈為中書舍人，聽說蘇軾擔任起居舍人，仍然有歸隱定居常州之想，寫了一首短詩致賀：「蘇公五十鬢髯斑，雲衲青袍入漢關。賈誼謫歸猶太傅，謝安投老負東山。黃崗泉石紅塵外，陽羨牛羊返照間。知有竹林高興在，欲閒誰肯放君閒。」意思是說，雖然你還想歸隱陽羨，但是朝廷不會讓你退隱清閒的。蘇軾即時和了一首《次韻胡完夫》：「青衫別淚尚斕斑，十載江湖困抱關。老去上書還北闕，朝來拄笏看西山。相從杯酒形骸外，笑說平生醉夢間。萬事會須咨伯始，白頭容我占清閒。」之後又寫了《次韻完夫再贈之什某已卜居毘陵與完夫有廬里之約云》，還是嚮往鄉居清閒的日子：「柳絮飛時筍籜斑，風流二老對開關。雪芽我為求陽羨，乳水君應餉惠山。竹簟水風眠晝永，玉堂制草落人間。應容緩急煩閭里，桑柘聊同十畝閒。」詩句反映了想像中退隱的美好歲月，有陽羨雪芽作為茶飲，烹茶的泉水就應該是惠山泉水。

蘇軾在杭州時，於熙寧六年（1073）寫過一首《元翰少卿寵惠谷簾水一器、龍團二枚，仍以新詩為貺，嘆味不已，次韻奉和》:「巖垂匹練千絲落，雷起雙龍萬物春。此水此茶俱第一，共成三絕鑑中人。」這個元翰少卿，名魯有開，是蘇軾任杭州通判的前任，兩人交情不錯，詩歌唱和，並餽贈禮物。這次魯元翰致送一罐谷簾水、兩枚龍團茶餅，引得蘇軾作詩，形容谷簾水是匹練般的瀑布水，從岩壁上飛垂而下，水花四濺如千縷絲線，而建州龍團茶是驚蟄雷聲之後採製，正是春天來臨之時。谷簾水、龍團茶、贈詩一首，都是天下第一，並稱三絕。魯元翰的詩是否天下第一，我們沒讀到，無法評價，但是蘇軾在這一首詩中的確點出，谷簾水可配上貢的龍團茶，是天下第一。或許蘇軾為了唱和次韻，說的是揄揚元翰少卿的客氣話，順便也一道讚譽朋友的餽贈，並非審慎的品評，那就無從細究了。

蘇軾遭遇烏台詩獄之後，倖免於難，被貶到黃州，在朋友幫助下得到東坡廢地，躬耕自養，從此自號東坡居士。他生活於困蹇的環境，幸好不斷接到親友的餽贈，依然得以品嘗好茶好水。元豐五年（1082）他寫過一闕《西江月》，送好茶好水給徐君猷的侍妾勝之，有序：「送建溪雙井茶、谷簾泉與勝之。勝之，徐君猷家後房，甚麗，自敘本貴種也。」這首詞如下：「龍焙今年絕品，谷簾自古珍泉。雪芽雙井散神仙，苗裔來從北苑。湯發雲腴釅白，盞浮花乳輕圓。人間誰敢更爭妍，鬥取紅窗粉面。」這個徐君猷是黃州太守，對蘇軾十分照顧，經常邀請他聚會，詩酒風流。徐君猷的侍妾很多，東坡居士特別喜歡勝之，為她寫過好幾首詩詞，讚揚她嬌媚可愛。蘇軾致送的好茶好水，是北苑龍焙雙井茶與谷簾泉，都是當時備受讚譽的珍品。雙井茶是黃庭堅與他父親大力推介的家鄉茶，得到歐陽修與蘇軾的認可，不過歐陽修認為稍遜上貢的建州北苑的龍焙團茶，蘇軾或許因為雙井茶是黃庭堅的家鄉茶，對此不置可否，所以，蘇軾在詩中特別提到雙井茶是北苑龍團御茶的支裔，是今年龍焙絕品的一脈。致送北苑龍焙雙井茶與谷簾泉水，稱得上最高級的禮品，算是蘇軾對谷簾水的肯定。

蘇東坡貶謫在黃州生活，見不到召還朝廷的跡象，也斷絕了世事紛擾，於元豐六年（1083）寫了一首探討茶飲的長詩《寄周安孺茶》，既追溯飲茶的歷史變化，也敘述自己品茶的經驗，説到年輕時就有機會品嘗天下名茶，後來又對品茶之道進行細緻的鑽研，精益求精，很有味覺審美的心得。其中有幾句非常有意思，提到他對天下名泉與飲茶的樂趣，也暗喻自己宦途起伏，到了萬事不關心的景況：「好是一杯深，午窗春睡足。清風擊兩腋，去欲淩鴻鵠。嗟我樂何深，水經亦屢讀。陸子咤中泠，次乃康王谷。蟖培頃曾嘗，瓶罌走僮僕。如今老且嬾，細事百不欲。美惡兩俱忘，誰能強追逐。」他在詩中舉了三種天下名水：中泠水、康王谷水、蟖培水（即蝦蟆背水），顯然受到七種水與二十種水傳說的影響，不過，他卻先舉出中泠水，其次才是谷簾水，似乎暗示谷簾水並不能超越中泠水。

有趣的是，他還特別拈出，「蟖培頃曾嘗」，對蝦蟆背水印象深刻，與天下第一水並列。這個蝦蟆背水在二十種水名單中，名列第四，而且敘述的相當仔細：「峽州扇子山下有石突然，洩水獨清冷，狀如龜形，俗云蝦蟆口水，第四……」在唐宋時期倒是遠近聞名的。

而黃庭堅雖然對蝦蟆背水評價甚高，卻在詩文中表示谷簾泉水最為上品。與蘇軾及黃庭堅相熟的趙令時，在《侯鯖錄》裏記載，黃庭堅曾列舉天下美食美飲，並說到人生最美好的時光是：

> 黃魯直云：爛蒸同州羊羔，沃以杏酪，食之以匕不以筯。抹南京麵，作槐葉冷淘，糝以襄邑熟豬肉。炊共城香稻，用吳人鱠松江之鱸。既飽，以康王谷簾泉烹曾坑鬥品。少焉，臥北窗下，使人誦東坡赤壁前後賦，亦足少快。

吃飽了美食，飯後香茗需要用谷簾水烹煎「曾坑鬥品」。曾坑是建州北苑一帶的茶場，據宋子安《東溪試茶錄》所記，慶曆年間納入北苑，每年上貢上品一斤，鬥品即是最上品。黃庭堅特別舉出康王谷簾泉，以之匹配曾坑鬥品，還要像陶淵明那樣，躺在北窗之下，舒舒服服聽人吟誦東坡的《前後赤壁賦》，真是快活如神仙。

也不知道黃庭堅是否品嘗過中泠水，在詩集中不見他提及。倒是多次說到谷簾水可以匹配北苑御茶，如《和答外舅孫莘老》，有句：「北焙碾玄璧，谷簾煮甘露。」再如《省中烹茶懷子瞻用前韻》：「閤門井不落第二，竟陵谷簾定誤書。思公煮茗共湯鼎，蚯蚓竅生魚眼珠。」《山谷詩集注》指出，據黃庭堅詩的宋代舊本，此詩前二句為「閤門井似谷簾水，可憐不載竟陵書。」這裏說的閤門井，據《東京記》所說是汴京宮殿旁的一口井，水質極佳：「文德殿兩掖有東西上閤門。予嘗聞故老云，東上閤門之東有景絕佳。」這幾句詩的意思是，閤門井水極佳，可以媲美谷簾水，可惜在竟陵子陸羽的書中居然沒有提到。他很思念與蘇軾一同烹茶的情景，看着湯鼎中水紋翻動，呈現魚眼的水珠，就得趕緊烹煎末茶了。

黃庭堅對惠山泉的評價也很高，他有《謝黃從善司業寄惠山泉》一詩：「錫谷寒泉橢石俱，並得新詩蠆尾書。急呼烹鼎供茗事，晴江急雨看跳珠。是功與世滌羶腴，令我屢空常晏如。安得左轓清潁尾，風爐煮茗臥西湖。」宋代的《山谷詩集注》說，「櫧石所以澄水也。山谷有《從人乞楊華店井水》帖云：取井傍十數石置瓶中，令水不濁。」這是當時「養水」的一種方式，特別是對大老遠運來的名泉，經過遠途顛簸，需要澄清淨濾，保持天然新鮮的狀態。這首詩顯示了黃庭堅對惠山寒泉的欣賞，得到惠泉水之後，就急急忙忙煮水烹茶，感到可以排除世事的紛擾糾纏，讓自己超脫物外，心境安寧。

宋徽宗趙佶《大觀茶論》有專門一節論水，沒提谷簾水，倒是特別提到中泠水與惠山泉水。不過，宋徽宗雖然是飲茶大家，品味要求極高，天下珍品所見無數，品水的意見卻十分通達，回到了陸羽品水的基本原則，並不專門要求特定的名泉。他只強調「清輕甘潔為美」，不取江河之水，卻認可經常汲取的井水，或許他心中也想到宮廷裏的閣門井水：

> 水以清輕甘潔為美，輕甘乃水之自然，獨為難得。古人第水雖曰中泠、惠山為上，然人相去之遠近，似不常得。但當取山泉之清潔者，其次，則井水之常汲者為可用。若江河之水，則魚鱉之腥，泥濘之汙，雖輕甘無取。

對於中泠水與谷簾水孰優孰劣，何者是天下第一，兩宋茶人名士爭論不休，似乎沒法取得共識。對於谷簾水，除了蘇軾、黃庭堅在詩詞中稱讚之外，南宋的陸游與朱熹都多有頌揚，特別是一生好茶的陸游。在入川途中，他經過廬山，特別登山遊歷了一番，對谷簾泉稱頌不已，在《入蜀記》卷四說到：「史志道餉谷簾水數器，真絕品也，甘腴清冷，具備眾美。前輩或斥《水品》以為不可信；《水品》固不必盡當，然谷簾卓然，非惠山所及，則亦不可誣也。水在廬山景德觀。晚別諸人。連夕在山中，極寒，可擁爐。比還舟，秋暑殊未艾，終日揮扇。」陸游品嘗谷簾水，讚賞水質「甘腴清冷，具備眾美」，譽為絕品，覺得天下第二的惠山泉水難以與之媲美。至於陸羽如何品評中泠水與谷簾水的高下，那就不清楚了。後來他還寫了詩，回憶品試谷簾水，十分留戀清冷甘腴的美味，讓他懷念起故鄉紹興的日鑄茶：「蒼爪初驚鷹脱韝，得湯已見玉花浮。睡魔何止避三舍，歡伯直知輸一籌。日鑄焙香懷舊隱，谷簾試水憶西遊。銀缾銅碾俱官樣，恨欠纖纖為捧甌。」（陸游《試茶》）朱熹也有一首《康王谷簾水》，形容康王谷水簾水是瀑布飛泉，在陽光照射之下，璀璨無比，以之烹茶瀹茗，是世間絕品，令人流連，還想以後重遊：「飛泉天上來，一落散不收。披岩日璀璨，噴壑風颼飀。採薪爨絕品，瀹茗澆窮愁。敬謝古陸子，何年復來游？」

（四）小結

自從陸羽《茶經》談飲茶品水的要訣，是以水質為優先，而水質好壞的基本原則是「山水上，江水中，井水下」之後，歷代品水的討論，都環繞着這段論述，各申己見。晚唐以來，自命風雅的張又新，打着陸羽的名號，列出天下名泉的名錄，說谷簾泉天下第一，惠山泉天下第二，一直列出二十種天下名水，引出許多爭論。陸羽除了列出品水的基本原則，還說了一些界定水質好壞的細節，如瀑布水不適合品茗使用，而二十種水的天下第一泉偏偏就是廬山康王谷瀑布的水簾水。宋朝茶人環繞着這個問題，爭論不休，當然也不可能有甚麼共識。其實，原因很簡單，品評水質的優劣排名，當時並沒有精確的標準，而陸羽訂定的原則又過於寬泛，作為權威定論來評判天下各地的水質，自然會引出不同的意見。歐陽修批評張又新，把康王谷瀑布水簾水列為天下第一，居然還說是陸羽評定的，是「妄狂險譎之士，其言難信」。不符陸羽的基本原則，瞎編一通，批評得沒錯。但是，谷簾水究竟是否適合烹茶呢？是否水質甘美呢？則是另一個層次的水質鑒定問題。宋朝茶人爭論不休，其實是邏輯不夠細密，論辯的層次不清，死纏着茶神陸羽的權威性，公說公有理，婆說婆有理，最後只說出個人的品味經驗。以現代學術研究喜歡使用的術語來說，「天下第一水」的爭端，似乎是個偽命題，因為個人的品味喜好不同，不可能得到一致的共識。

引出爭端的關鍵是「瀑布水」，各方意見卻不曾界定甚麼是瀑布水，沒有說明為甚麼瀑布水不適合烹茶。飛濺水花的瀑布水，當然是瀑布水；瀑布上游源自山泉的水，算不算瀑布水呢？瀑布下游，經過澄潭淨濾，再穿過山石潺潺流出的水，是否還是瀑布水呢？其實，陸羽雖然反對瀑布水，說法卻很融通，而且也有比較清楚的說明，反對的是瀑布湧濺與急流險湍的水，因為挾泥沙以下，並非澄淨的山水：「其山水，揀乳泉石池慢流者上；其瀑湧湍漱，勿食之，久食令人有頸疾。又多別流於山谷者，澄浸不洩，自火天至霜降以前，或潛龍蓄毒於其間，飲者可決之，以流其惡，使新泉涓涓然，酌之。」山泉水好，是因為經過乳泉石池，潺潺流出的澄淨泉水。

到了明代嘉靖年間，多才多藝的田藝蘅，對這個長期以來的爭論，有了比較精審持平的討論。他於嘉靖三十三年（1554）撰寫了《煮泉小品》一書，對於水源、水質、是否適合品茗，做了比較詳細的探討，釐清了不少唐宋以來品水的問題。他朋友寫的序裏，特別提到，田藝蘅「固嘗飲泉覺爽，啜茶忘喧，謂非膏粱紈綺可語。爰著《煮泉小品》，與漱流枕石者商焉。」指出田藝蘅本人是品茶專家，而且親身體驗品茗所用的水質，「考據該恰，評品允當，寔泉茗之信史也」，絕非附庸風雅之輩的泛泛而談。

田藝蘅首先討論了「源泉」的問題：「山下出泉曰蒙。蒙，稺也。物稺則天全；水稺則味全。故鴻漸曰：『山水上。』其曰『乳泉石池漫流者』，蒙之謂也，其曰『瀑湧湍激』者，則非蒙矣，故戒人勿食。」他拈出「蒙穉」這個觀念，用來解釋山中泉水的品質，最重要的是天然，所以味道自然完全。「穉」字的現代寫法是「稚」，「蒙穉」的意思就是開初天然的階段，蘊含着大自然的原初性質，這樣的山水最好，因為是原生態的。他還指出，陸羽強調了「乳泉石池漫流者」為上，就是因為「蒙」;「瀑湧湍激」者，成了瀑布或激流險灘，破壞了原始的「蒙穉」狀態，就不好了，所以「戒人勿食」。

田藝蘅接着討論「石流」，指出瀑布水不適合烹茶，所以排名為天下名水的一些名泉，其實違背了陸羽《茶經》的基本原則：「泉懸出曰沃，暴溜曰瀑，皆不可食。而廬山水簾，洪州天台瀑布，皆入水品，與陸經背矣。」他還指出，「然瀑布實山居之珠箔錦幕也，以供耳目，誰曰不宜。」瀑布雖然不可烹茶，卻可以觀賞，以供視聽之娛。

田藝蘅發揮以本地山泉烹茶為妙的道理，在「宜茶」一節中，引了張又新（誤為陸羽）的說法：「烹茶於所產處無不佳，蓋水土之宜也」，認為最是妙論。還指出毛文錫《茶譜》說：「蒙之中頂茶，若獲一兩，以本處水煎服，即能祛宿疾」，作為佐證。更舉出他熟悉的杭州龍泓（龍井）為例，說龍井水烹龍井茶最好，「今武林諸泉，惟龍泓入品，而茶亦惟龍泓山為最。蓋茲山深厚高大，佳麗秀越，為兩山之主，故其泉清寒甘香，雅宜煮茶。」最好的是老龍泓，因為「寒碧倍之，其地產茶，為南北山絕品。余嘗一一試之，求其茶泉雙絕，兩浙罕伍云。」

陸羽品水所引出的瀑布水爭論，到了田藝蘅，總算有了比較清楚的說明。

詩詠天下第四水

(一)

晚唐時期因陸羽《茶經》的影響，飲茶品水蔚為一時風尚，張又新著有《煎茶水記》，羅列天下名水，開啟了品第天下泉水的爭端。張又新列出了兩份名單，一是劉伯芻的七種水：

> 揚子江南零水第一；無錫惠山寺石水第二；蘇州虎丘寺石水第三；丹陽縣觀音寺水第四；揚州大明寺水第五；吳松江水第六；淮水最下，第七。

這份名單所列，基本上是長江下游環太湖一帶，位於揚子江心的南零水（又稱中泠水）譽為天下第一。還有一份據說是陸羽列舉的二十種水，地域包羅得很廣，從巴蜀一直到湖南浙江，前七名是：

> 廬山康王谷水簾水第一；無錫縣惠山寺石泉水第二；蘄州蘭溪石下水第三；峽州扇子山下有石突然，洩水獨清冷，狀如龜形，俗云蝦蟆口水，

第四；蘇州虎丘寺石泉水第五；廬山招賢寺下方橋潭水第六；揚子江南零水第七。

列廬山康王谷水簾水為天下第一，揚子江心南零水成了天下第七，長江三峽西陵峽東端的扇子峽有蝦蟆口水，則是天下第四。在歷代詩文中，這個蝦蟆口水有不同的稱呼，或稱蝦蟆碚，或作蝦蟆背，甚至簡稱蟆培，其指涉都是扇子峽中突出江中的蛤蟆石。

歐陽修寫了《大明水記》（作於慶曆八年，1048）與《浮槎山水記》（作於嘉祐三年，1058）兩篇文章，痛斥張又新，說他假借陸羽之名，編造了所謂陸羽二十種水，與陸羽品鑒名泉好水的標準完全不符。《大明水記》一開頭就說：

世傳陸羽《茶經》，其論水云：「山水上，江水次，井水下。」又云：「山水，乳泉、石池漫流者上，瀑湧湍漱勿食，食久，令人有頸疾。江水取去人遠者，井取汲多者。」其說止於此，而未嘗品第天下之水味也。

他認為張又新提出的兩份名單，不符合陸羽的論點，特別是所謂陸羽二十種水，許多是江河之水或井水，還有瀑布水，「如蝦蟆口水、西山瀑布、天台千丈瀑布，皆羽戒人勿食，食而生疾。」歐陽修不但詰問張又新的論述，而且直斥其妄，又在《浮槎山水記》中，批評張又新是「妄狂險譎之士」，所説的陸羽二十種水，非常可疑，難以令人置信。

歐陽修以為，所謂天下第四的蝦蟆口水雖然著名，卻是瀑布水，並非山泉水，是陸羽認為不適合飲用的。這個論點似乎有悖實況，好像他沒去實地考察過蝦蟆口水的真實地貌。但是，歐陽修在景祐四年（1037），不但經過此處，還寫了《蝦蟆碚》一詩：「石溜吐陰崖，泉聲滿空谷。能邀弄泉客，繫舸留岩腹。陰精分月窟，水味標《茶錄》。共約試春芽，槍旗幾時綠。」明確記載，他遭貶夷陵（今宜昌）的時候，溯長江三峽而上，曾經繫舟岩石水畔，看「石溜吐陰崖，泉聲滿空谷」，對馳名天下的蝦蟆口水感到莫大興趣，而且觀察了蝦蟆碚水流入江中的情況。

我們無法確知，歐陽修是否繫舟之後，曾經爬上蝦蟆碚（當地人稱蝦蟆背），深入山洞去汲水，還是只在江邊觀賞蝦蟆碚水噴濺入江的瀑布水簾，使他得出蝦蟆口水是瀑布水的印象。不過，他的詩句説到「石溜吐陰崖」，是看到岩壁上有石縫，泉水從中濺出，滴答有聲的。他繫舟岩岸，期待以後能夠邀到好茶的朋友，一道品嘗春天的新芽，似乎是繫舟泊岸，在江邊欣賞瀑布水簾的風光，未曾攀登蝦蟆碚，沒有進入泉源的山洞去考察。歐陽修在慶曆元年（1041）回到汴京，寫了《憶山示聖俞》一詩給梅堯臣，其中說：「吾思夷陵山，山亂不可究……其西乃三峽，險怪愈奇富……蝦蟆噴水簾，甘液勝飲酎。亦嘗到黃牛，泊舟聽猿狖……」歐陽修與梅堯臣是品茶摯交，經常唱和品茶心得，這裏特別指出「蝦蟆噴水簾」，或許就是歐陽修銘刻在心版的印象，以為蝦蟆碚水和廬山康王谷水簾水一樣，是瀑布水。

十八年後，嘉祐四年（1059），蘇軾與父親蘇洵、弟弟蘇轍一道離開四川，順江而下，經過西陵峽黃牛灘，到達扇子峽的蝦蟆碚。蘇軾與蘇轍同登上蝦蟆碚，深入水源洞穴去考察，遊歷之後，寫了《蝦蟆背》一詩：「蟆背似覆盂，蟆頤如偃月。謂是月中蟆，開口吐月液。根源來甚遠，百尺蒼崖裂。當時龍破山，此水隨龍出。入江江水濁，猶作深碧色。稟受苦潔清，獨與凡水隔。豈惟煮茶好，釀酒應無敵。」詩中具體描摹蝦蟆背（蝦蟆碚）奇特地形的細節，蝦蟆石背像倒覆的盂盆，蝦蟆石的下顎呈現橫臥的半月形。人們都說是月中的蝦蟆，蝦蟆口流淌的泉水則是月亮的瓊漿。泉水來自百尺蒼崖的裂縫，是當年龍飛破山，泉水隨龍而出的清泉。泉水潔淨清澈，流入渾濁的江水，依然呈現深碧之色，與凡水不同，煮茶釀酒，都是無可匹敵的，不愧天下名泉。

又過了三年，嘉祐七年壬寅（1062）二月，蘇軾任職鳳翔府判官之時，派往屬下的寶雞、虢、郿、盩厔四縣調查，事後四處遊歷，寫了《壬寅二月有詔：令郡吏……》長詩，說到他遊歷玉女洞，洞中有甘甜的飛泉，詩中有句：「忽憶尋蟆培（碚），方冬脱鹿裘。山川良甚似，水石亦堪儔。惟有泉旁飲，無人自獻酬。」還自己加了註：「昔與子由遊蝦蟆培，方冬，洞中溫溫如二三月。」可見蘇軾對蝦蟆背水的記憶猶新，難以忘情。

蘇軾自元豐四年（1081）初遭貶黃州，三年不見召還朝廷的跡象，斷絕了世事紛擾，於元豐六年（1083）寫了一首探討茶飲的長詩《寄周安孺茶》，既追溯飲茶的歷史變化，也敘述自己品茶的經驗。詩中提到天下名泉及飲茶的樂趣，同時暗喻自己宦途起伏，到了萬事不關心的景況：「好是一杯深，午窗春睡足。清風擊兩腋，去欲淩鴻鵠。嗟我樂何深，水經亦屢讀。陸了詫中泠，次乃康王谷。蟆培頃曾嘗，瓶罌走僮僕。如今老且嬾，細事百不欲。美惡兩俱忘，誰能強追逐。」詩中舉了三種親身品嘗過的天下名水：中泠水、康王谷水、蟆培水（即蝦蟆背水），前兩種都號稱天下第一水，他在詩中先舉出中泠水，其次才是谷簾水，似乎暗示谷簾水並不能超越中泠水。有趣的是，他還特別拈出，「蟆培頃曾嘗」，對蝦蟆背水印象深刻，貶到黃州遭難，依然念念不忘，與天下第一水並列。

查慎行註東坡詩，引南朝劉宋盛弘之的《荊州記》說，「蝦蟆碚在夷陵石鼻山下。」並且引述黃庭堅的描述：

「從舟中望之，頤項口吻，甚類蝦蟆。尋泉入洞中，石氣清寒，泉出石骨，若虬龍吼。水流循蝦蟆背，垂鼻口間，乃入江。」

蘇軾念念不忘蝦蟆背水，或許是因為個人的經歷，緬懷青年時期與弟弟壯遊的快樂時光。黃庭堅倒是認為，蝦蟆背水是烹茶的上等好水，而且說他曾品嘗荊州松滋縣竹林寺的甘泉，讓他聯想到蝦蟆背水的滋味。他寫過《鄒松滋寄苦竹泉橙麴蓮子湯三首》，其一：「松滋縣西竹林寺，苦竹林中甘井泉。巴人漫說蝦蟆培，試裹春芽來就煎。」記錄了巴人豔稱蝦蟆背水，松滋的鄒姓朋友寄來的竹林寺甘井泉水，給他帶來了愉快的回憶。這段令他欣慰的經歷，到了南宋王象之（1163-1230）的《輿地紀勝》，就變成了神話傳說：「竹泉在荊州松滋縣南。宋至和初，苦竹寺僧浚井得筆。後，黃庭堅謫黔過之，視筆曰，『此吾蝦蟆碚所墜。』因知此泉與之相通。」編造墜筆重得的神話，說黃庭堅在蝦蟆碚泉丟了一支筆，松滋竹林寺和尚在井中撈得，目的是為了自我吹噓，突出竹林寺的甘泉與蝦蟆碚水相通。不過，突顯黃庭堅是大書家，懂得品茶品水，又欣賞蝦蟆碚水，雖然是姑妄言之，倒並未違背特定的歷史情景。

總之，蝦蟆碚水到了兩宋期間，依然是聞名遐邇的上好泉水，讓人念念不忘這是天下第四水，入川出川的文人都會記上一筆，如陸游（1125-1210）就寫過《蝦蟆碚》

一詩：

> 不肯爬沙桂樹邊，朵頤千古向岩前。巴東峽裏最初峽，天下泉中第四泉。齧雪飲冰疑換骨，掬珠弄玉可忘年。清遊自笑何曾足，疊鼓冬冬又解船。

這首詩很形象地描繪了蝦蟆碚的外貌，指出這是巴東三峽的「最初峽」，同時也是天下第四泉。值得一提的是，《大明一統志》卷六十二提到蝦蟆碚（寫作「蝦蟆培」），引陸游的詩，居然是「巴東峽裏最初峽，天下泉中第一泉」，不知道是有意改動，還是當時真的有人以為如此。陸游入川，同時寫有《入蜀記》，記乾道六年（1170）十月九日，他沿着長江上溯三峽，描述經扇子峽到蝦蟆碚，完全印證了蘇軾的觀察與體會：「登蝦蟆碚，《水品》所載第四泉是也。蝦蟆在山麓，臨江，頭鼻吻頷絕類，而背脊皰處尤逼真。造物之巧，有如此者。自背上深入，得一洞穴，石色綠潤，泉泠泠有聲，自洞出，垂蝦蟆口鼻間，成水簾入江。是日極寒，巖嶺有積雪，而洞中溫然如春。」蝦蟆碚的岩嶺背脊，積雪寒冷，然而洞內流着潺潺泉水，卻如同蘇軾在一百一十一年前的經歷，依舊溫暖如春。

南宋范成大（1126-1193）在《吳船錄》中，也有記載：

「蝦蟆碚在南壁半山，有石挺出，如大蟆，呿吻向江。泉出蟆背山竇中，漫流背上散下。蟆吻垂頤頷間如水簾，以下於江。時水方漲，蟆去江面才丈餘，聞水落時，下更有小磯承之。張又新《水品》亦錄此泉。蜀士赴廷對，或挹取以為硯水。」由蘇軾、黃庭堅、陸游及范成大的描述可知，蝦蟆背水其實是源自洞中的山泉水，是從蝦蟆背後面岩洞流淌而出，在蝦蟆石的口鼻之間垂流入江，形成水簾之狀，並非歐陽修所質疑的，以為這是陸羽認為不適合飲用的瀑布水。

范成大寫有《扇子峽》一詩，題下自註：「兩岸山尤奇，殆過巫峽，蝦蟆碚在南岸」。詩中描述了扇子峽的奇觀，已經接近三峽的東端出口了：

> 玆行看山真飽諳，今晨出峽仍窮探。南磯北磯白鐵壁，千峰萬峰蒼玉篸。橫前直疑江已斷，崛起競與天相攙。蜀山欲窮此盤礴，禹力已盡猶鐫劖。

特別提到蝦蟆碚突出江邊的形狀，並且讓他想到蝦蟆碚水的名聲，適合煮茗煎茶：

> 望舒宮中金背蟾，泥塗脫盡餘老饞。下飲岷江不知去，流涎落吻如排髯。挈瓶檥棹斛清甘，

未暇煮茗和薑鹽。聊將滌硯濡我筆，恍惚詩律高巉岩。

詩中說「望舒宮中金背蟾」，可見范成大的創作神思，承襲了歐陽修的「陰精分月窟」，以及蘇軾的「謂是月中蟆，開口吐月液」，又如好友陸游描述的月宮蟾蜍「不肯爬沙桂樹邊」，由蝦蟆碚聯想到的月宮神話的金蟾。蝦蟆下到凡間，脱胎換骨不見了，只留下臨江的蝦蟆碚巨石，在江邊「流涎落吻如排髯」。「望舒」的典故來自楚神話，是為月亮駕車的女神。屈原《楚辭 · 離騷》說：「前望舒使先驅兮，後飛廉使奔屬」，王逸註：「望舒，月御也。」洪興祖補註：「《淮南子》曰：『月御曰望舒，亦曰纖阿。』」今本《淮南子》無此文句，但據《屈原集校註》（北京中華，1996），《初學記》卷一引《淮南子》，是有這一段的。

(二)

天下第四蝦蟆水的盛名，從晚唐到明清，一直縈懷在詩人心中，不論是入川還是出川，只要經過黃牛灘與扇子峽，一定會泊舟岸邊，冥想以清澈泉水瀹茶的樂趣。清初詩人王士禛（1634-1711）在康熙十一年（1672）奉命典試四川，回程順長江而下，經三峽，在西陵峽過黃牛灘之後，遊覽了蝦蟆碚，寫了《登蝦蟇碚》一詩：

黃牛打鼓朝發船，碧波白鳥爭清妍。回首名山大川閣，烏尾已掠西陵煙。三峽欲盡尚迤邐，云十二碚紛鉤連。頗聞中有第四泉，康王谷水差隨肩。峽窮碚轉詫奇事，忽見飛瀑流琤潺。爬沙終古此巖側，青冥無路誰夤緣。（昌黎詩：爬沙腳手鈍，誰使汝解緣青冥。）江風吹笠冷毛髮，峽雲挾雨鳴船舷。大索瓶盎貯飛雪，旋去屐齒窮危巔。橫斜拾級一徑上，藤梢橘刺相糾纏。皴皰槎牙澀苔蘚，清泉百道爭涓涓。陰洞終古閟白日，神瀵噴薄鐘乳堅。石壁粗惡艱鐫錯，題名豈辨唐宋年。永叔涪翁詩不滅，誰為好事重鎚鐫。名山蒙頂壓顧渚，（蒙山茶，出蜀名山縣。）春芽開裹勞烹煎。（山谷詩：巴人漫說蝦蟇碚，試裹春芽來就煎。）下巖轉舵未忍去，下牢關外斜陽懸。

王士禛在詩中下了三個註，說明自己對前人詩作有所承襲，同時也很清楚蝦蟆碚與飲茶品水的關係，特別提到歐陽修（永叔）與黃庭堅（涪翁）。惠棟註解此詩，更引了陸游《入蜀記》描述蝦蟆碚一段，標出「背脊皰處尤逼真」，以解釋「皴皰槎牙澀苔蘚」這一句詩。金榮在《漁洋山人精華錄箋注》中，引王士禛的《蜀道驛程記》，清楚展示王士禛景仰唐宋詩人，對他們的詩文記載了然於胸，特別是黃庭堅：

蝦蟇碚，泉從巖腹洞中流注蝦蟇口鼻間，成水簾，下入於江，濺珠噴玉，望之極可愛。蝦蟇形尤肖似，放翁謂其「頭鼻吻頷絕類，而背脊皰處尤逼真。」踏江中亂石泝瀑而上，從蝦蟇背至洞中。水自洞出，聲如風雨。中有巨石。泉匯其下為池，清冷沁骨。循碚左而下，衣履盡濕。大索舟中瓶盎，止得三四，盡汲貯之。此水水品列在第四，山谷記云：「泉味亦不極甘，冷熨人齒。」惜自蜀來，無佳茗試發之耳。

王士禛的詩寫遊歷蝦蟆碚的情景，十分傳神，不但描繪了西陵峽口的風光，也敘述了歷代相關的詩文典故。從黃牛灘打鼓發船東下，讓他回首剛剛離開的三峽中上游勝景，進入急湍稍緩的西陵峽，眼前的峽谷水程還有紛紛勾連的十二碚，其中就有蝦蟆碚。在他心目中，蝦蟆碚水差可與廬山康王谷水媲美，是傳聞中的天下第四泉。他描述自己抵達蝦蟆碚，先是找出大甕小瓶，裝滿了飛瀑流淌的清冷泉水，然後在雨霧瀰漫之中，循級登上岩岸，親探蝦蟆碚泉水源頭的洞穴。他發現岩洞深邃，日光照射不進，終年陰蔽，岩縫流出的泉水則「神瀵噴薄」。

王士禛說的「神瀵噴薄」，典出《列子·湯問篇》：

禹之治水也，迷而失塗，謬之一國。濱北海

之北，不知距齊州幾千萬里。其國名曰終北，不知際畔之所齊限。無風雨霜露，不生鳥獸、蟲魚、草木之類。四方悉平，周以喬陟。當國之中有山，山名壺領，狀若甔甀。頂有口，狀若員環，名曰滋穴，有水湧出，名曰神瀵，臭過蘭椒，味過醪醴。一源分為四埒，注於山下。

他以「神瀵噴薄」來形容蝦蟆泉水，引用《列子》的典故，意思非常清楚，以特定的神話傳說，代入了恍兮惚兮的神秘境地，同時又十分符合蝦蟆碚洞穴的山勢地形。這裏既無鳥獸，又不生草木，只有泉水淙淙湧出，香氣不亞於蘭芷與花椒的芬芳，味道超過甜美的旨酒。他還描述洞內有鐘乳石壁，山石堅硬粗糙，沒法刻鏤摩崖字跡，刻了也無法辨識究竟是唐人還是宋人的題識。他在《登蝦蟇碚記》也說：「巡覽壁間，都無前人題字，蓋石質粗疎，不任刻畫，尤易剥蝕故也。」這就讓他感慨歐陽修與黃庭堅都寫過關於蝦蟆碚的詩，一定是傳之千古的，哪裏需要好事之徒鐫刻在石壁之上？

我有點懷疑，王士禛在此提到歐、黃題署刻石，是因為記憶模糊，雖然知道歐陽修與黃庭堅為蝦蟆碚寫了詩，好事者可能會以之摩崖鐫刻，但卻因為他自己沒能去成臨近的三游洞，而混淆了蝦蟆碚與歐黃二人關於三游洞石壁的題字。三游洞在蝦蟆碚的東邊，西陵峽東端入口下牢溪旁，白居易兄弟、元稹、歐陽修、蘇氏父子、黃庭堅、陸游都曾遊歷，而且都有詩文傳世，可惜王士禛沒去成，還極感遺憾，寫了《欲訪三遊洞不果》一詩：

舟下十二碚，西陵遙在目。江雲峽口多，碚轉猶千曲。悵望三遊洞，靈異非一族。石鐘臥蒼蘚，唐碣迷深竹。緬懷長慶人，一往遂不復。斜日下牢溪，依依為誰綠？

他在《蜀道驛程記》裏說：

西陵峽，蜀江之險始此，即東來入峽之首也。峽口有三遊洞，昔白樂天自江州司馬遷忠州刺史，與弟知退偕行。元微之自通州司馬遷虢州長史，遇於夷陵，同遊此洞，各賦詩二十韻。白記其事，洞以名焉。山谷入黔，放翁入蜀，皆作記。二蘇公常侍老泉遊此，亦各有詩。

王士禛登蝦蟆碚之後寫詩，只提起歐陽修與黃庭堅的石刻，也是奇怪。他很知道唐宋幾個大詩人都曾遊歷過三遊洞，歐、蘇、黃、陸也遊歷過蝦蟆碚，為甚麼他探索了蝦蟆碚洞穴奇觀，心中只想着歐、黃題署的刻石呢？也許是他比較熟悉黃庭堅與陸游的記載，混淆了前人的遊蹤與題記。王士禛非常清楚陸游蜀行的詩篇與《入蜀記》，是絕對沒問題的，而陸游寫《繫舟下牢溪游三游洞二十八韻》，其中有句：「久聞三游洞，疾走忘病嬰，竇穴初漆黑，傴僂捫壁行，方虞觸螫蛇，俯見一點明。扶接困僮奴，恍然出瓶罌。穹穹廈屋寬，滴乳成微泓。題名歐與黃，雲蒸蒼蘚平。」特別提到了「題名歐與黃」的事，或許就深深印在王士禛的心版上。

陸游《入蜀記》更詳細敘述他在乾道六年（1170）十月八日，也就是遊歷蝦蟆碚的前一天，上溯西陵峽，進入三游洞的經歷，繪形繪影，好像探險家探秘一樣：

> 八日，五鼓盡，解船過下牢關。夾江千峰萬嶂，有競起者，有獨拔者，有崩欲壓者，有危欲墜者，有橫裂者，有直坼者，有凸者，有窪者，有罅者，奇怪不可盡狀。初冬草木皆青蒼不彫。西望重山如闕，江出其間，則所謂下牢谿也。歐陽文忠公有《下牢津》詩云：「入峽江漸曲，轉灘山更多。」即此也。繫船與諸子及證師登三遊洞，躡石蹬二里，其險處不可着腳。洞大如三間屋，有一穴通人過，然陰黑峻險尤可畏。繚山腹，傴僂自巖下至洞前，差可行，然下臨溪潭，石壁十餘丈，水聲恐人。

三游洞的構造十分曲折複雜，再進去，就看到許多鐘乳石柱，開始出現壁上的石刻：

> 又一穴，後有壁可居。鐘乳歲久垂地若柱，正當穴門，上有刻云：「黃大臨弟庭堅同辛紘子大方，紹聖二年三月辛亥來遊。」旁石壁上刻云：「景祐四年七月十日，夷陵歐陽永叔」……永叔但曰夷陵，不稱令。洞外溪上，又有一崩石偃仆，刻云：「黃庭堅弟叔向子相、侄檝，同道人唐履來游，觀辛亥舊題，如夢中事也。建中靖國元年三月庚寅。」

陸游對壁上石刻抱有懷疑的心態，所以指出，歐陽修又不是夷陵人，只是到夷陵去作縣令，為甚麼「不稱令」，一副他是夷陵本地人的樣子？而所謂的黃庭堅題署紹聖二年辛亥，錢仲聯校註《劍南詩稿》指出，則根本是錯的，因為那一年是乙亥。想來就如王士禛所說，是好事之徒的贗作，假充風雅。不過，王士禛在蝦蟆碚洞穴找不到歐、黃題署，則是他自己的問題，因為這些鐫刻的字跡原來都在三游洞裏。

蝦蟆碚以天下第四泉聞名遐邇，是飲茶品水的佳地，但是説到歷代詩人題詩刻石，則臨近的三游洞是個詩文吟詠傳誦的匯聚點。《大清一統志》「宜昌府」說到：

三遊洞在東湖縣西北二十里江北岸，唐白居易與弟知退及元微之三人遊此，各賦詩，居易為之序。宋歐陽修、蘇軾、蘇轍俱有《三遊洞》詩，州人以是為後三遊。

白居易寫的《三游洞序》清楚敘述了他從江州司馬調升忠州刺史之後，在元和十四年（819）春天，與弟弟白行簡（字知退）一道在夷陵與元稹相會，一同遊歷三遊洞，捨舟登岸，探索岩洞，歎為觀止。有趣的是，白居易這段描述與前述陸游在三百五十年後的描繪，如出一轍。假如不是陸游有襲取之嫌，就是岩洞的奇觀憾人心弦，喚起了詩人相同的想像脈絡：

酒酣，聞石間泉聲，因舍棹進，策步入缺岸。初見石，如疊如削，其怪者，如引臂，如垂幢。次見泉，如瀉如灑，其奇者如懸練，如不絕線。遂相與維舟岩下，率僕夫芟蕪刈翳，梯危縋滑，休而復上者凡四五焉。仰睇俯察，絕無人跡，但水石相薄，磷磷鑿鑿，跳珠濺玉，驚動耳目。自未訖戌，愛不能去。俄而峽山昏黑，雲破月出，光氣含吐，互相明滅，昌熒玲瓏，象生其中。雖有敏口，不能名狀。既而，通夕不寐，迨旦將去，憐奇惜別，且嘆且言。

白行簡慨歎，三遊洞如此勝景，可說是天下少有，居然沒有甚麼人知道，令人費解。白居易與元稹也都感到，三人能夠同遊，一同邂逅此境，也是人生難得的際遇。《三游洞序》記下元稹的建議，也說明了白居易序文的緣由：

請各賦古調詩二十韻，書於石壁。乃命余序而記之。又以吾三人始游，故目為三遊洞。洞在峽州上二十里北峰下兩崖相鑿間。欲將來好事者知，故備書其事。

這是三遊洞名稱的來歷，而且洞中有三人各二十韻的詩作題壁，可惜後來卻沒能保存下來，在三人的詩文集中闕如。倒是在《白氏長慶集》中有一首《十年三月三十日，別微之與灃上，十四年三月十一日夜遇微之與峽中，停舟夷陵三宿而別。言不盡者，以詩終之，因賦七言十七韻以贈，且欲記所遇之地與相見之時，為他年會話張本也》，是同遊三遊洞，分手之際所寫，充滿了離情的感傷：「生涯共寄滄江上，鄉國俱拋白日邊。往事渺茫都似夢，舊游零落半歸泉。」

黃庭堅在《山谷題跋．自書樂天三遊洞序》中，說到白居易經歷的波折，心有戚戚:「觀其言行，藹然君子也。余往來三遊洞下，未嘗不想見其人。門人唐履因請書樂天序，刻之夷陵，向賓聞之，欣然買石具其費，遂與之。」由此可見，黃庭堅是曾經書寫白居易《三游洞序》，並且刻石留在夷陵。是否在洞中也留有石刻，就無從稽考了。

歐陽修在景祐四年（1037），因為涉及朝廷黨爭，降職到峽州任夷陵縣令，因此飽覽西陵峽口的勝景，寫了《夷陵九詠》：《三遊洞》、《下牢溪》、《蝦蟆碚》、《勞停驛》、《龍溪》、《黃溪夜泊》、《黃牛峽祠》、《松門》、《下牢津》等九首詩。陸游與王士禛特別稱引的《三遊洞》一詩如下：

漾楫溯清川，捨舟緣翠嶺。探奇冒層崄，因以窮人境。弄舟終日愛雲山，徒見青蒼杳靄間。誰知一室煙霞裏，乳竇雲腴凝石髓。蒼崖一徑橫查渡，翠壁千尋當户起。昔人心賞為誰留，人去山阿跡更幽。青蘿綠桂何岑寂，山鳥嘐嘐不驚客。松鳴澗底自生風，月出林間來照席。仙境難尋復易迷，山回路轉幾人知？惟應洞口春花落，流出巖前百丈溪。

歐陽修遊歷三遊洞，顯然也是帶着冒險探奇的心情，在雲靄杳渺之中，循着前人的足跡，發思古之幽情。詩中說「昔人心賞為誰留，人去山阿跡更幽」，當然就是講白居易、白行簡、元稹遊三遊洞的事跡，讓他直接感受前人探幽的樂趣，也從而實現了白居易《三遊洞序》中「欲將來好事者知，故備書其事」的預言。

民間一般稱白居易兄弟與元稹遊三遊洞為「前三遊」，歐陽修、蘇軾、蘇轍之遊為「後三遊」。這個「後三遊」的說法，是民間傳聞，不知起於何時。其實，始創「後三遊」之說的是蘇轍，說的是他們蘇家父子三人一起遊洞，而三人遊洞的詩作都留存了下來，可以為證。

蘇軾、蘇轍陪侍父親先遊歷了蝦蟆碚，之後又一起探訪了三遊洞，蘇洵寫了《題三遊洞石壁》一詩：「洞門蒼石流成乳，山下長溪冷欲冰。天寒二子苦求去，吾欲居之亦不能。」詩寫得不怎麼樣，倒是記實的好材料，刻畫了冬天遊洞，天寒水冰，蘇軾兄弟怕父親受凍，乞求父親歸去的懇切。蘇軾寫的《遊三遊洞》，也講到天寒地凍，雨雪霏霏：「凍雨霏霏半成雪，遊人屨凍蒼苔滑。不辭攜被巖底眠，洞口雲深夜無月。」據《王十朋百家註分類東坡先生詩》，蘇轍也寫了一首絕句：「昔年有遷客，攜手過嵌巖。去我歲三百，遊人忽復三。」這首詩點出了唐代三人遊的典故，又說到蘇家三人遊，可說是「前三遊」與「後三遊」的張本，不過此詩不見於蘇轍的《欒城集》。《欒城集》收有蘇轍游三遊洞的一首長詩《三遊洞》，應該是回去之後所作：

洞前危逕不容足，洞中明曠坐百人。蒼崖硉

兀起成柱，亂石散列如驚麇。清溪百丈下無路，水滿沙土如魚鱗。夜深明月出山頂，下照洞口纔及唇。沉沉深黑若大屋，野老構火青如燐。平明欲出迷上下，洞氣飄亂為橫雲。深山大澤亦有是，野鳥鳴噪孤熊蹲。三人一去無復見，至今冠蓋長滿門。

蘇氏父子在三遊洞內作詩題壁，而且都是絕句，想來是容易即興題寫。王文誥《蘇詩總案》卷一說到蘇軾洞內題詩：「侍宮師遊三遊洞，題三詩石壁上。」蘇軾還寫過一首詩，題目很長：《遊洞之日，有亭吏乞詩，既為留三絕句於洞之石壁，明日至峽州，吏又至，意若未足，乃復以此詩授之》，可以從題目確證，蘇家父子三人在洞內有三絕句題壁。《王十朋百家註分類東坡先生詩》引林敏功子仁註，說明是各寫了一首：「三絕句，老泉及東坡、子由各一也。」

由以上的分析可知，蝦蟆碚的洞穴，因為石壁崚嶒粗糙，不適合題詩刻石，因此沒有留下歌詠天下第四水的摩崖石刻。臨近的三遊洞則從白居易、元稹以來，就不斷有名人題壁。有的題字之後沒有刻石，有的或許不是真跡的鐫刻，而是好事之徒的贗作，都不可細考了。

可惜二十世紀整治長江三峽航道，蝦蟆碚的那隻蝦蟆石，因為突出江心，有礙現代航運的便利通行，已被炸毀，不復存在。三遊洞還在，不過，墨書題寫與摩崖刻石，或許因為年代久遠，可靠的真跡也早已湮沒了。名勝尚存，古跡不再，我們只能浸潤在古人的詩文之中，尋覓思古的幽情。

品水神話的演變

唐代的封演生活在天寶到大曆年間，是陸羽同時代的人，所著的《封氏聞見記》（約八世紀末）卷六，有「飲茶」一項，講的是唐代中葉飲茶風尚由南至北，在中原地區開始普遍的情況。其中特別提到陸羽撰著《茶經》的貢獻:「楚人陸鴻漸為茶論，說茶之功效，並煎茶炙茶之法。造茶具二十四事，以都統籠（應作『都籠統』）貯之。遠近傾慕，好事者家藏一副。有常伯熊者，又因鴻漸之論廣潤色之。於是茶道大行，王公朝士無不飲者。」

材料突出了陸羽撰著《茶經》的貢獻，簡略列出三點。第一，是他詳細分析了茶的「功效」，也就是對茶的本質做了物理性的探討，屬於傳統本草學的研究課題，在本草分類方面對茶的本源做了界定，同時又闡述了茶的醫療藥用功能。第二，他提供了茶葉製作的具體流程，從採茶、製茶，到如何烹煎，在茶飲工藝方面做出了細密的調查研究，為飲茶者提供最佳的茶葉產品。第三，他規定了煎茶的方法，制定飲用的茶器與茶儀，在茶飲開始普遍的情況下，人人追隨陸羽，使得飲茶方式發生巨大變化，成為廣為效法的茶飲風尚，開啟了茶道。

《封氏聞見記》還提到陸羽創製茶道之後，帶來了嶄新的茶飲方式，影響了許多茶人，遵循陸羽規劃的品茶儀式。受他影響的常伯熊，是其中的佼佼者，在展示茶道之時，不但特別講究裝束打扮，穿着特製的黃色茶衫，戴着烏紗帽，還像當今表演茶藝的美女一樣，手裏擺弄茶器，口中念念有詞，詳細說明每一種茶葉的名目與性質。有一段記載李季卿宣慰江南的故事，反映了陸羽茶道流行的儀式，也反映了上層階級對待茶人的居高臨下態度：

> 御史大夫李季卿宣慰江南，至臨淮縣館，或言伯熊善茶者，李公請為之。伯熊著黃被衫、烏紗帽，手執茶器，口通茶名，區分指點，左右刮目。茶熟，李公為歠兩杯而止。既到江外，又言鴻漸能茶者，李公復請為之。鴻漸身衣野服，隨茶具而入。既坐，教攤如伯熊故事。李公心鄙之，茶畢，命奴子取錢三十（「十」一作「七」。）文酬煎茶博士。鴻漸遊江介，通狎勝流，及此羞愧，復著《毀茶論》。伯熊飲茶過度，遂患風氣，晚節亦不勸人多飲也。

李季卿官高權重，對茶飲有着濃厚的興趣，但對茶人的態度卻很不恭敬，視若奴僕，呼之即來，揮之即去。聽說陸羽懂茶，卻看不起陸羽山野名士的穿着，對茶人事茶的敬重規矩視之若敝屣，最後打發幾十文錢，算是上等人給下等人的賞賜，顯示了當權者的倨傲心態，完全不尊重茶道審美的品位與文化境界。對畢生投入茶道開創的陸羽而言，顯示有些權勢中人，雖然喜愛茶飲，卻缺少欣賞茶道人文精神的提升，不懂得以平常心與平等心待人，道德修養欠奉。陸羽對此十分憤懣，覺得受到莫大侮辱，甚至氣得寫了《毀茶論》。類似的情況，在近千年後日本發展茶道之時，千利休也遭遇文化修養欠缺的豐臣秀吉之辱，最後被迫切腹自殺。

陸羽受辱的遭遇，《新唐書》卷一九六《陸羽傳》有所記載，說李季卿宣慰江南，召陸羽前來，態度不敬:「至江南，又有薦羽者，召之，羽衣野服，挈具而入，季卿不為禮，羽愧之，更著《毀茶論》。」《唐才子傳》卷三《陸羽》也有類似的記載：「初，御史大夫李季卿宣慰江南，喜茶，知羽，召之。羽野服挈具而入。李曰:『陸君善茶，天下所知。揚子中泠，水又殊絕。今二妙千載一遇，山人不可輕失也。』茶畢，命奴子與錢。羽愧之，更著《毀茶論》。」這段遭遇，在張又新《煎茶水記》(公元 825 前後)中卻顛倒事實，加油加醋，好像戲劇舞台的特寫表演，變成一個陸羽飲茶辨水的神話故事：

> 代宗朝李季卿刺湖州，至維揚，逢陸處士鴻漸。李素熟陸名，有傾蓋之歡，因之赴郡。抵揚子驛，將食，李曰：「陸君善於茶，蓋天下聞名

矣。況揚子南零水又殊絕。今日二妙千載一遇，何曠之乎！」命軍士謹信者，挈瓶操舟，深詣南零，陸利器以俟之。俄水至，陸以勺揚其水曰：「江則江矣。非南零者，似臨岸之水。」使曰：「某櫂舟深入，見者累百，敢虛紿乎？」陸不言，既而傾諸盆，至半，陸遽止之，又以勺揚之曰：「自此南零者矣。」使蹶然大駭，馳下曰：「某自南零齎至岸，舟蕩覆半，懼其鮮，挹岸水增之。處士之鑒，神鑒也，其敢隱焉！」李與賓從數十人皆大駭愕。李因問陸：「既如是，所經歷處之水，優劣精可判矣。」陸曰：「楚水第一，晉水最下。」李因命筆，口授而次第之。

故事從李季卿對待陸羽無禮，轉為李季卿仰慕陸羽，在擔任湖州刺史時，道經揚州，遇到了陸羽，高興萬分。不禁向陸羽說，你精於茶道，天下聞名，現在又剛好在揚州，鄰近天下名泉揚子江心南零水（即中泠泉水），真是千載難逢的好機會。便派了一個可靠的軍士，駕舟執瓶，到揚子江心去取南零水。陸羽則安排好茶具，準備烹茶。取來水後，陸羽用杓揚起水來，說：「是揚子江水沒錯，卻非南零水，好像是靠近岸邊的水。」派去的軍士說：「我駕舟深入江心，看到我取水的人至少上百，怎麼會騙你呢？」陸羽便不再言語。既而把水倒進盆裏，倒了一半，突然停了下來，又取杓揚水，然後説：「從這裏開始是南零水了。」軍士大駭。伏地請罪，説：「我取了南零水之後，在靠岸之時，船身搖蕩，灑掉了一半，因怕不夠，就在岸邊取水補足。您能鑑別入微，簡直就是神仙，我不敢再騙你了。」李季卿及在場的賓客隨從數十人，都大駭歎服。

陸羽懂得飲茶辨水，是眾所周知的，但是《煎茶水記》寫成辨水如神，卻有揑造瞎編之嫌。陸羽《茶經》問世，飲茶之道有了規範與傳承，就有人尊陸羽為「茶神」、「茶聖」、「茶仙」。唐末趙璘《因話錄》記陸羽「性嗜茶，始創煎茶法，至今鬻茶之家，陶為其像，置於煬器之間，云宜茶足利。」趙璘特別提到，他外祖父柳澹是陸羽的好友，多有來往，家中還藏有陸羽寫的書札。隨着陸羽茶道在晚唐的流行，茶肆都供奉陸羽的陶瓷人像，意在生意興隆，招財進寶。李肇《唐國史補》也有記載：「鞏縣陶者多瓷偶人，號陸鴻漸，買數十茶器得一鴻漸，市人沽茗不利，輒灌注之。」近時考古文物的發現，證實唐代鞏縣窰大量製作了陸羽瓷俑，配合當時的記載可知，陸羽在晚唐時期已是茶葉生意與茶肆的行業神，成為民間信仰的對象了。這個當時風行的現象，到了南宋費袞的《梁谿漫志》（成書於 1192），還記載説：「鞏縣有瓷偶人，號陸鴻漸。買十茶器，得一鴻漸。市人沽茗不利，輒灌注之。」可見陸羽瓷偶流行之廣，不但供奉在茶肆，還成為購買茶器的額外贈品，與茶飲界造神的風氣相為表裏，相輔相成，為編造陸羽辨水如神傳說提供了背景。

張又新編造故事的用心何在，我們無法確知，但是他顛倒的故事倒是另有來源。晚唐的李德裕（787-849）比陸羽晚了半個世紀，與張又新同一個時代，官居宰相高位，以品味奢華著稱，品茶飲水都要天下之最。《中朝故事》就記載了李德裕託人帶揚子江心中泠水（南零水），結果一嘗，就發現不對的故事。《中朝故事》有上下兩卷，作者尉遲偓是南唐的史官，「上卷多君臣事跡及朝廷制度」（見《欽定四庫全書總目》卷一四零），其中記李德裕有辨水之能，說的故事就類似陸羽辨別揚子江心中泠水：

> 贊皇公李德裕，博達之士也。居廟廊日，有親知奉使於京口，李曰：「還日金山下揚子江中泠水，與取一壺來。」其人舉棹日，醉而忘之，泛舟上石城下方憶及，汲一瓶於江中，歸京獻之。李公飲後，驚訝非常，曰：「江表水味有異於頃歲矣！此水頗似建業石城下水。」其人謝過，不敢隱也。

尉遲偓所記，是唐末流行的傳說，重點說的是品水已成風氣，李德裕的舌尖就有超乎常人的本領，可以分辨金山附近的中泠水與金陵的石城水。李德裕鑒別揚子江心中泠水，與張又新記陸羽辨水，是同樣的故事脈絡，只是換了故事主角而已。

這個品水如神的橋段，從晚唐到明清時期，在民間一直有所流傳。在小說戲曲傳統中，居然改頭換面，變成宋朝王安石與蘇東坡的一段過節。晚明馮夢龍編寫《警世通言》，第三卷是「王安石三難蘇學士」，其中說王安石晚年退居金陵，患有痰火之症，惟有用瞿塘峽的中峽水烹煮陽羨茶，才能治療。他拜託蘇東坡經過三峽時在瞿塘中峽取水，誰知蘇東坡在船上觀望景色，把此事忘了，到了下峽才想起，急忙取了一甕下峽水，以為同是三峽水，沒有甚麼差別。王安石得了遠方來水之後，煮茶品味，馬上就告訴東坡，這不是瞿塘中峽水，東坡大驚失色，忙問是如何辨別的。王安石便說，瞿塘上峽水流急，下峽水流緩，唯有中峽緩急各半。以瞿塘水烹陽羨茶，上峽水太濃，下峽水味淡，中峽水則在濃淡之間，可以治痰火之疾。

王安石與蘇東坡這段品水過節，在乾隆年間黃文暘的《曲海總目提要》卷三十二中，考據《眉山秀》一劇，指出是瞎編的故事：「東坡送親還，往辭介甫，呂惠卿在坐。介甫說如意君事，坡不能答。又面屬帶中峽水以治肺疾。（按：如意君、中峽水之說，亦本小說。中峽水事，蓋因李德裕屬人取中泠泉。其人誤取其相近者，為德裕指出。故移於東坡，以作話柄也。）及後回京，失誤取下峽之水，為介甫所嗤，遂因事貶黃州團練使。」戲曲的本事愈編愈荒唐，把蘇軾貶謫黃州一事，歸罪到取水失誤的傳說，亦可見民間傳說胡亂攀援的本事，使得口頭傳說影響群眾認知，混淆了真假。

不論是陸羽可以分辨水瓶上半的水與下半的水有所不同，判斷上半是揚子江的岸邊水，下半則是江心南零水，還是王安石可以鑒別瞿塘峽的中峽水與下峽水，聽來都違背基本的物理常識，顯然是杜撰的傳說，只是為了顯示陸羽與王安石出神入化的辨水本領。然而，傳說的本領就在於一般人喜歡聽離奇的故事，品水故事成了神話，聽起來精彩就好，就會不斷衍生，不斷增強傳說的故事性，從而掩蓋了原本的史實。

古人飲茶要拉花

最初接觸到卡普奇諾咖啡，是在 1970 年代初，我在耶魯大學讀書的時候。那時城裏咖啡館不少，都是希臘人開的，所謂 coffee house，很像香港的茶餐廳，是一般人吃早餐、吃漢堡包，甚至喝咖啡聊天的地方。那咖啡實在不怎麼樣，淡而無味，卻又苦澀難喝，真不知是用甚麼希臘秘方泡製出來的。我有一個同學，是新英格蘭世家出身，從小就經常跟父母到意大利度假，頗有點亨利詹姆士筆下的洋派風範。有一天跟我說，城裏的咖啡太難喝，我們到城東伍斯特廣場去，那裏是意大利人的居住區，有意大利餐廳、咖啡館，可以喝到意大利的特濃咖啡，還有卡普奇諾。我問，甚麼是卡普奇諾？他說，你喝了就知道，不但比希臘人的酸苦咖啡好喝，而且優雅多了。於是，就跟他去了，喝到了香氣濃郁的咖啡，上面還浮泛了一層厚厚的牛乳打成的泡沫，輕輕點染着肉桂粉，真是芳香無比。

過了二十年，市面上出現了星巴克連鎖咖啡店，滿街都賣起卡普奇諾。有時不想多花錢，只想老老實實喝一杯普通咖啡，反而遭了難。跟年輕的店員說，不要卡普奇諾，只要普通咖啡，他就死死瞪着你，好像你是乞丐進了米其林三星飯店，而他則是羅馬元老院貴族後裔的意大利人，帶着不屑的口氣問，Americano？那些店員最多不過二十歲，想來絕對不知道他們出生之前，他們的父母喝的是甚麼樣的咖啡。那個時候，有甚麼 Americano？他們知不知道，自己的父母一代上街喝咖啡，只有 Greco！

十幾年前來到香港，發現香港年輕人都喝卡普奇諾，而且神氣的很，還要喝拉花的，説某處拉花拉得好，可以拉出一團浮泛着愛心的泡沫。我才注意到，二十一世紀流行的卡普奇諾，特別講究拉花。過去的卡普奇諾是以高溫充氣法，將牛乳打成泡沫，浮在咖啡上，給人帶來溫馨飽滿的感覺。現在不夠了，要拉成各種花樣，有心形、玫瑰花形，拉兩顆相連的愛心，拉出梅花的五片花瓣，千姿百態，不一而足。有一次跟學生一道喝咖啡，學生盛讚這家咖啡屋的拉花技術高超，可以拉一朵花，上面再灑上肉桂末，看起來像花蕊一樣，十分逼真。我説，這有甚麼稀奇呢，唐宋人飲茶，在一千多年以前，已經玩拉花遊戲了，而且技術遠超過這些現代咖啡館裏的拉花達人。同學聽了，瞪大眼睛，問我是否開玩笑，這麼潮的卡普奇諾特技，唐宋的中國人已經玩過了？老師是否教中國文化教得走火入魔，墜入清末民初「西學源出中國」的故轍，以為量子力學源出《易經》，卡普奇諾拉花也源出中國茶道？

我説，老師沒發昏，唐宋茶道的確玩過拉花遊戲，而且是當作高尚遊戲來玩的，從庶民大眾一直到皇室，人人玩得如癡如醉。歷史證據確鑿，文獻可徵。你且平心靜氣，聽我慢慢道來。唐宋時代喝茶，主流方式是研末煎點。唐朝先把茶葉製成茶團，烹煮以前研成末，然後傾入湯鍋中烹煎，讓茶末形成泡沫；宋朝有點改變，把研末的茶粉調成膏狀，然後注入湯水，用筅擊拂，打出泡沫。關鍵是，飲茶的方式與現代不同，是要打出泡沫，而且啜飲白乎乎的泡沫。

陸羽《茶經》的「五之煮」，細述烹煮研末之後的茶葉，盛到茶碗裏，產生視覺美感，有很清楚的説明：「凡酌，置諸碗，令沫餑均。沫餑，湯之華也。華之薄者曰沫，厚者曰餑。細輕者曰花，如棗花漂漂然於環池之上；又如迴潭曲渚青萍之始生；又如晴天爽朗有浮雲鱗然。其沫者，若綠錢浮於水湄，又如菊英墮於鐏俎之中。餑者，以滓煮之，及沸，則重華累沫，皤皤然若積雪耳，《荈賦》所謂『煥如積雪，燁若春藪』有之。」這段話，我在《茶道的開始》一書中，翻譯成白話如下：

> 飲酌之時，茶湯倒進碗裏，要讓沫餑均勻。沫餑，就是茶湯的精華。精華薄的，稱之為沫；精華厚的，稱之為餑。輕輕的稱之為花，就像棗花漂浮在圓形的池塘上；又像曲折迴環的潭水新生了青青的浮萍；又像爽朗的晴天點綴着鱗狀的浮雲。茶湯的沫，有如水邊浮着綠色的萍錢，又

沫餑湯之華也華之薄者曰沫厚者曰餑細輕者
曰花如棗花漂漂然於環池之上又如迴潭曲渚青
萍之始生又如青天爽朗有浮雲鱗然其沫者若綠
錢浮於水湄又如菊英墮於尊俎之中
右陸羽茶經五之煮
壬寅霜降隱堂書於烏溪沙

陸羽《茶經・五之煮》（書法：鄭培凱）

> 如菊花落在杯中。茶湯的餑，是以茶滓煮的，煮沸之後，累積層層白沫，皤皤如白雪。《荈賦》所謂「明亮似積雪，豔麗如春花」，是有的。

唐代詩僧皎然是陸羽的好友，寫過許多與茶有關的詩篇，其中談到烹茶過程，描述烹點末茶會出現如花的泡沫。如《飲茶歌送鄭容》一詩，有句「霜天半夜芳草折，爛漫緗花啜又生」，芳草指的是茶葉，經過折碎碾磨成為茶粉，烹煎之際就會出現淺黃色如花的泡沫。另一首詩《對陸迅飲天目山茶，因寄元居士晟》，有句「投鐺湧作沫，著碗聚生花」，講的是把研磨好的茶粉傾入茶鐺之中，就在沸水中滾出泡沫，倒進碗裏則凝聚成花。再如他寫的《飲茶歌誚崔石使君》，寫他得到浙東人士送他的剡溪茶，高興得很，趕緊取來烹煮，盛到茶碗裏，就看到「素瓷雪色飄沫香，何似諸仙瓊蕊漿」。盧仝的名詩《走筆謝孟諫議寄新茶》，也就是寫喝了七碗茶，飄飄似神仙那首詩，前面講到戴上蒙頭紗帽，關起門來煎茶，自得其樂。茶煎好了，盛到碗裏：「碧雲引風吹不斷，白花浮光凝碗面」。白花花的泡沫浮在碗面，是飲茶過程中視覺美感的一大享受。

唐代晚期的宰相李德裕是很會享受人生的大官，連喝水都要喝天下第二泉的惠山泉水，老遠給他從太湖北岸的無錫運到長安，滋潤他的尊唇。他喜歡喝茶，寫過《故人寄茶》」，有句：「半夜邀僧至，孤吟對竹烹。碧流霞腳碎，香泛乳花輕。」半夜裏邀了山僧來喝茶，在幽篁之中煮茶吟詩，雅興真是不淺。碧綠的茶末像雲霞一般有聚有散，在烹煎的過程中，茶香氤氳，泛起乳白色的茶湯泡沫，引人入勝。他還寫過《憶茗芽》，其中講到「松花飄鼎泛，蘭氣入甌輕」，也是描述飲茶場合的感官快意。視覺方面，茶湯的泡沫浮在茶器上面，像松花一般飄逸；在嗅覺與味覺方面，則聞起來與入口品嘗都有蘭花香氣，真是集不同感官之娛。

到了五代北宋，陶穀（903-970）《清異錄》有〈茗荈〉一章，記載當時的茶事。雖然有人說此書可能是他人假託陶穀所做，但書成於宋朝是沒問題的，記載的事情是五代到宋初也是可靠的。書中有〈生成盞〉一則．「饌茶而幻出物象於湯面者，茶匠通神之藝也。沙門福全生於金鄉，長於茶海，能注湯幻茶，成一句詩。並點四甌，共一絕句，泛乎湯表。小小物類，唾手辦耳。檀越日造門求觀湯戲，全自詠曰：『生成盞裏水丹青，巧畫工夫學不成。卻笑當時陸鴻漸，煎茶贏得好名聲。』」講的是當時有個福全和尚，沖泡茶湯的技藝十分高超，能夠在注入湯水的時候，在茶碗裏拉花，而且拉出一句詩來。最高明的本領是，能夠並擺四個茶碗，拉出一首絕句來。

我問同學說，你說現在的卡普奇諾拉花新潮，拉花達人本領高超，請問，現在有哪一個達人有本事，拉出一首詩來？不必限於中文詩，英詩也可以。同學聽了瞠目結舌，無言以對。我說，中國古人玩拉花，還不止於此呢。《清異錄》還說，「茶至唐始盛。近世有下湯運匕，別施妙訣，使湯紋水脈成物象者，禽獸蟲魚花草之屬，纖巧如畫。但須臾即就散滅。此茶之變也，時人謂之『茶百戲』」。另外還記載了「漏影春法」：「用鏤紙貼盞，糝茶而去紙，偽為花身；別以荔肉為葉，松實、鴨腳之類珍物為蕊，沸湯點攪。」同學問，怎麼點茶拉花，還放鴨腳呢？放不放鴨脖子？放雞翅膀？我說，你們年輕人貪吃，吃零食吃昏了頭。這裏說的鴨腳，不是滷鴨腳，是銀杏白果，因為銀杏葉子形狀像鴨蹼，所以也稱鴨腳，是泡茶時放的點心。

有趣的是，當時有許多和尚都是點茶拉花的達人，如江南有個和尚文了，還被人安上了「湯神」、「乳妖」的綽號，可見技藝超群，令人側目：「吳僧文了善烹茶。游荊南，高保勉白於季興，延置紫雲庵，日試其藝。保勉父子呼為湯神，奏授華定水大師上人，目曰『乳妖』。」或許是因為和尚除了打坐唸經，沒有世間的雜事來干擾，時間特別多，可以專心練就點茶的功夫。

宋代點茶風氣盛行，從老百姓到皇帝，人人都玩點茶遊戲，也就或多或少是點茶拉花的行家裏手。宋朝最大的玩家是宋徽宗，當然也是點茶大家。他在《大觀茶論》裏面說：「點茶不一，而調膏繼刻。以湯注之，手重筅輕，無粟文蟹眼者，謂之靜面點。蓋擊拂無力，茶不發立，水乳未浹，又復增湯，色澤不盡，英華淪散，茶無立作矣。有隨湯擊拂，手筅俱重，立文泛泛，謂之一發點。蓋用湯已故，指腕不圓，粥面未凝，茶力已盡，霧雲雖泛，水腳易生。妙於此者，量茶受湯，調如融膠。環注盞畔，勿使侵茶。勢不欲猛，先須攪動茶膏，漸加擊拂，手輕筅重，指遶腕旋，上下透徹，如酵蘗之起麵，疏星皎月，燦然而生，則茶面根本立矣。」說得十分精到，告訴我們如何才能點好一碗茶，如何注水，如何用筅，如何擊拂，像是點茶拉花教練似的。他還特別指出，手勁太重而茶筅太輕，就出現擊拂無力的現象，茶膏發不起泡沫，無法製造立體化的沫餑，就是「靜面點」的缺憾。而隨着注入湯水，不斷擊拂，手勁跟茶筅用力太重，只能發起泛泛的的泡沫，不能形成持久的沫餑，叫做「一發點」，這是因為手指與手腕用力的方式不對，不夠圓融，茶膏還未凝聚成堅實的泡沫，就已經散入湯水。

宋徽宗教我們的方法是，要平衡茶膏與湯水的適當比例，要把茶膏先調得適宜，環繞著茶盞注水，要小心翼翼，不要讓注水的過程影響茶膏發立。一開始不能太猛，慢慢擊拂，逐漸發力。手要輕，筅要重，手指與手腕的動作要靈活，旋轉環繞，上下透徹，才能像酵母發麵那樣，如「疏星皎月，燦然而生」，形成茶面能夠持久的沫餑。

宋徽宗這位點茶聖手親自示範，教我們如何點茶拉花。一、「先須攪動茶膏，漸加擊拂，手輕筅重，指遶腕旋，上下透徹，如酵蘗之起麵。」二、「擊拂既力，色澤漸開，珠璣磊落。」三、「擊拂漸貴輕勻，…… 粟文蟹眼，泛結雜起。」四、「筅欲轉稍寬而勿速，其真精華彩，既已煥然，輕雲漸生。」五、「筅欲輕盈而透達 …… 結浚靄，結凝雪，茶色盡矣。」六、「乳點勃然，緩繞拂動。」七、「乳霧洶湧，溢盞而起，周回凝而不動，謂之咬盞，宜均其輕清浮合者飲之。」一共有七道步驟，要循序漸進，才能一步一步看到「色澤漸開，珠璣磊落」、「粟文蟹眼，泛結雜起」、「輕雲漸生」、「結浚靄，結凝雪」、「乳點勃然」，最後才能達到沫餑凝聚的效果，「乳霧洶湧，溢盞而起，周回凝而不動，謂之咬盞，宜均其輕清浮合者飲之。」

要說天下第一拉花達人，除了宋徽宗，誰能匹敵？

宋徽宗飲茶

講宋代文化發展精緻品味的時候，我常說，宋徽宗是有史以來最大的玩家，而且從審美的境界而言，不論是鑒賞還是實踐，古今中外，空前絕後，沒有人玩得過他。聽我這麼講，或許有人會覺得我故意使用潮語，誇大其詞，以聳人聽聞的說法，顛覆宋徽宗作為皇帝與藝術家的地位。但事實是，宋徽宗趙佶先生確是個天生的藝術玩家，不適合當皇帝，卻可以冠以雙料頭銜：出色的大藝術家、蹩腳的亡國皇帝。這兩個身份在他身上的「有機」結合，就註定了宋朝要遭殃，大好江山要落到金兵手裏。

宋徽宗懂書畫，創製瘦金體，花鳥人物都畫得精美無比，而且帶一種雍容貴氣，細緻而不柔靡，華麗而不炫耀；他懂園林設計，在汴京開封建艮嶽，建材選了最具藝術空靈想像的太湖石，不惜勞民傷財，到太湖裏打撈，還要一路運到汴京，鳩工興建，想來那工程也不亞於古埃及法老王建築金字塔。他還「懂得用人」，專用一些奸佞之徒，如蔡京、童貫，讓他整天開開心心，沉溺在莫談國事的美好藝術世界之中。《中吳紀聞》卷五，記載徽宗即位之初，下詔徵求直言，有人力陳時政闕失，沒想到龍顏震怒，下令殿前衛士「以斧撞其頰，數齒俱落，凡直言者盡捽出之。」世界真美好，國家大事像一曲悅耳的歌，豈容不識好歹的直言極諫的傢伙來破壞！

宋徽宗號稱道君皇帝，雖然不懂得如何當個明君，卻絕對懂得藝術品味。日常飲宴豪奢講究不說，單講飲茶之道，他也是第一流的玩家兼專家，可與陸羽、蔡襄並列，最能說出品茶的箇中深蘊。身為皇帝，他當然可以品嘗來自全國各地的貢茶，有條件審視各種名茶的品相與滋味，同時還參與實踐，要求御茶苑製作精品茶團，大玩皇帝尊口的品味技藝。按照《宣和北苑貢茶錄》的記載，宋徽宗在位的時候，武夷山北苑的御茶園不能再囿於傳統上貢的龍鳳團茶，必須跟着皇帝的心思變花樣，以悅龍心，至少精製了幾十種貢茶，讓這位不世出的藝術皇帝來玩賞：白茶、龍園勝雪、御苑玉芽、萬壽龍芽、上林第一、乙夜清供、承平雅玩、龍鳳英華、玉除清賞、啟沃承恩、雪英、雲葉、蜀葵、金錢、玉華、寸金、無比壽芽、萬春銀葉、玉葉長春、宜年寶玉、玉清慶雲、無疆壽龍、長壽玉圭、太平嘉瑞、龍苑報春、南山應瑞、瓊林毓粹、浴雪呈祥、壑源拱秀等等，不一而足。我不禁想，這麼多層出不窮的花樣，不要說啜飲逸興了，就是為了評級而一一品嘗，喝得過來嗎？宋徽宗樂此不疲，看來絕對是有過人之處，就跟真正的藝術家一樣，為藝術鑽研而搏命。不過，也就沒有時間精力來管國家大事了。

宋徽宗懂茶，會點茶，會拉花，寫過一本《茶論》，後世稱作《大觀茶論》，總結宋代點茶實踐的真知灼見，可以譽為茶道聖手。他在序中提到，自己這個皇帝奉天承運，當得稱心滿意，經濟繁榮，物產豐富，是個太平盛世，喝茶也就喝得講究，「采擇之精，製作之工，品第之勝，烹點之妙，莫不咸造其極。」普天下都過上好日子，無論階級貧富貴賤，都有閒情逸致，講求精緻高雅的生活，「莫不碎玉鏘金，啜英咀華，較篋笥之精，爭鑑裁之妙」。人人都喝茶，都蓄茶，都點茶，都鬥茶，「可謂盛世之清尚也」。

書中說，飲茶有道，首先講究色、香、味。說到色，他認為「點茶之色，以純白為上真，青白為次，灰白次之，黃白又次之。天時得於上，人力盡於下，茶必純白。」我在校註編寫《中國歷代茶書匯編》的時候，出版社編輯就問，茶之色怎麼是純白最上呢？宋徽宗沒搞錯吧？最精美的茶芽，不是淡綠色的，泡出的茶湯清雅飄逸，呈現荷葉青的茶色嗎？我說那是明清以後的講究，不是宋代點茶所追求的極致。宋代點茶，在品嘗之前，還有一道視覺藝術的工序，用的是碾成粉狀的茶末，放在建窰紺青黑釉的茶盞中，拂擊成白色的沫餑，有點像現代人喝卡普奇諾那樣，上面要浮着一層濃郁的泡沫。宋徽宗最喜好的白茶，是特異的品種，他自己說，「白茶自為一種，與常茶不同。其條敷闡，其葉瑩薄。崖林之間偶然生出，蓋非人力所可致。」說來說去，就是皇帝老子本事大，能

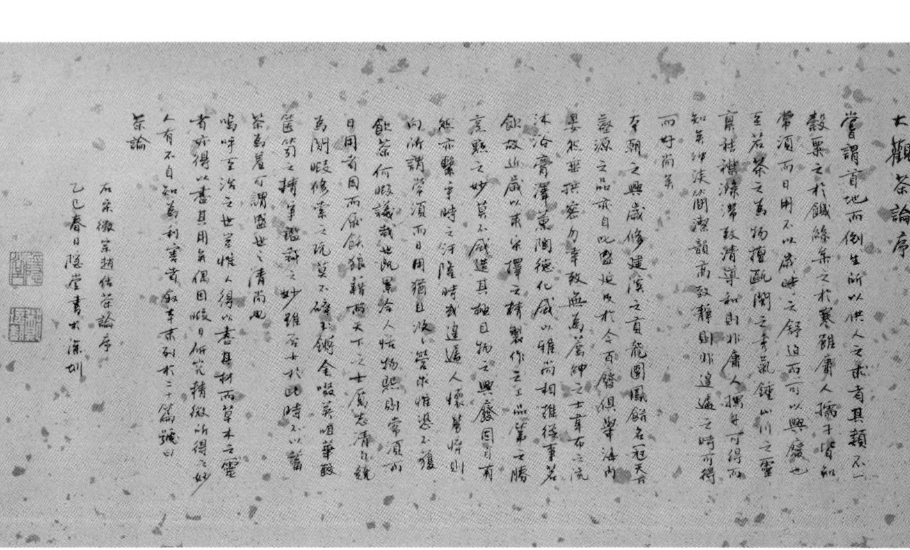

趙佶《大觀茶論・序》（書法：鄭培凱）

夠獨享這種天地間偶然生出的白茶，是屬於天地精英的聚萃，即使不是絕無僅有，也差不多了。

講茶之味，宋徽宗指出，「夫茶，以味為上，香甘重滑，為味之全，惟北苑、壑源之品兼之。」這裏講的，就是福建北部御茶園及其附近所產的茶，因為茶底濃厚，韻味十足，所以入口甘香，可堪回味。宋徽宗觀察得十分細緻，指出福建茶的特性，是與別處茶葉不同的。到了今天，雖然飲茶的方式完全改變了，從宋代的研末煎點，改成了明清以後的葉芽沖泡，基本上還是如此。也就是福建武夷岩茶、鐵觀音、烏龍一系，茶種含有較濃的茶氨酸與單寧酸，焙製之後有濃香的口感，呈顯「香甘重滑」的特色。

說到茶之香，《大觀茶論》是這麼講的：「茶有真香，非龍麝可擬。要須蒸及熟而壓之，及乾而研，研細而造，則和美具足，入盞則馨香四達，秋爽灑然。或蒸氣如桃仁夾雜，則其氣酸烈而惡。」編輯看不懂，又來問，這一段話談茶之香，提到把茶蒸熟，到底是在描述製茶的過程，還是在談泡茶的過程？我說，這裏主要講的是製茶過程與茶香的關係，但是當中夾了一段「研細而造，則和美具足，入盞則馨香四達，秋爽灑然」，則是泡茶的過程，顯示茶香氤氳的效果。說完了這一段，又回頭講製茶過程影響茶香，若是製作時蒸壓不得法，像核桃仁那樣，當中夾雜着空隙，充氣其中，則夾雜其中的氣會變酸，泡出來的茶就難喝。所以，由此可以看出，宋徽宗是真的懂茶，不但懂得如何點泡，還清楚知道製茶的過程與飲茶的香氣效果。

這位最懂得品賞茶道的徽宗皇帝，治國無方，最後導致金兵入侵。靖康二年（1127）徽宗和他兒子欽宗一道，被金兵擄去，成了階下囚，遭到百般侮辱，封為「昏德公」，辱罵他是昏庸無道之人。隨後又把他遷往極寒的北地五國城，也就是今天黑龍江依蘭縣北邊的舊城。令人驚訝的是，徽宗居然能夠苟延殘喘，在金人淩辱之下，逆來順受，活了八年之久，到 1135 年才因病去世。不知道他生活在黑龍江的年月，是否還有茶喝，是否還有甚麼花樣讓他一展藝術的長才？《宋史》評論徽宗，針砭得非常嚴厲：「自古人君玩物而喪志，縱慾而敗度，鮮不亡者，徽宗甚焉，故特著以為戒。」

李白的茶詩

中國人飲茶的歷史很早，文獻與考古資料顯示，至少在先秦已經在西南一帶流行，到了秦漢時期沿長江傳佈到華中、華南。但是，真正普遍深入民間生活，是在隋唐時期，特別是盛唐之後，成為日常生活的重要環節。當時人曾經指出，飲茶普及民間，變成僧俗日用的生活習慣，和佛教寺院清修的儀軌有關，特別與禪宗的坐禪敬茶儀式，把飲茶、信仰、生活、品味、嗜好，連成了一個共生循環的生態模式。

唐代封演的《封氏聞見記》卷六說：「南人好飲之，北人初不多飲。開元中，泰山靈巖寺有降魔師大興禪教，學禪務於不寐，又不夕食，皆許其飲茶。人自懷挾，到處煮飲，從此轉相仿效，逐成風俗。起自鄒、齊、滄、棣，漸至京邑。城市多開店鋪，煎茶賣之，不問道俗，投錢取飲。其茶自江、淮而來，舟車相繼，所在山積，色類甚多。」

《封氏聞見記》的作者封演，比李白要晚了一代，與陸羽是同時代的人，此書寫於中唐時期，記載唐明皇時期的資料比較翔實。《四庫全書總目》卷一百二十論及此書，認為此書與唐代小說多記雜亂荒怪不同，「此書獨語必徵實」，事必徵實，可以作為史料看待，在唐代說部中是極為難得的。《封氏聞見記》講述了開元時期飲茶習慣的變化，特別指實禪宗的興盛，影響本來不怎麼喝茶的北方人，促成了全國通行飲茶的風俗習慣。靈巖寺，在唐代李吉甫編纂的《十道圖》中，與浙江天台山的國清寺、江蘇南京的棲霞寺和湖北江陵的玉泉寺譽為「域內四絕」，是唐代四大名剎之一。

與靈巖寺並列的玉泉寺，曾是天台宗智顗大師駐錫之處，禪宗北宗神秀和尚的道場，在唐代也和種茶與飲茶有一段因緣，而且是由詩仙李白留下的記錄。李白有一首詩《答族侄僧中孚贈玉泉仙人掌茶》，寫了篇長序，記載他晚年寓居南京的時候，他的侄子李英（即中孚和尚）從荊州玉泉寺雲遊到棲霞寺，拿出自己的詩稿，向李白求教。中孚和尚告訴他，玉泉寺附近叢山環抱，有許多乳泉洞窟，「其水邊處處有茗草羅生，枝葉如碧玉。惟玉泉真公常采而飲之，年八十餘歲，顏色如桃李。而此茗清香滑熟，異於他者，所以能還童振枯，扶人壽也。」廟裏的老和尚真公，八十多歲了，童顏煥發，就是喝了玉泉茶的緣故。中孚特別帶了些好茶給他，「示余茶數十片，拳然重疊，其狀如手，號為『仙人掌茶』。蓋新出乎玉泉之山，曠古未覿。因持之見遺，兼贈詩，要余答之，遂有此作。後之高僧大隱，知仙人掌茶發乎中孚禪子及青蓮居士李白也。」玉泉茶的外觀，是捲曲重疊的，與唐代流行的餅茶不同，是曝曬而成的散茶，因為形狀像人手，號稱「仙人掌茶」。李白在序中特別交代，要後世知道，仙人掌茶的來歷，是始發自他們叔侄兩人的。

為此，李白寫了《答族侄僧中孚贈玉泉仙人掌茶》一詩：「常聞玉泉山，山洞多乳窟。仙鼠如白鴉，倒懸清溪月。茗生此中石，玉泉流不歇。根柯灑芳津，采服潤肌骨。叢老卷綠葉，枝枝相接連。曝成仙人掌，似拍洪崖肩。舉世未見之，其名定誰傳。宗英乃禪伯，投贈有佳篇。清鏡燭無鹽，顧慚西子妍。朝坐有餘興，長吟播諸天。」

李白詩名遍天下，仙人掌茶經他品題，自然也就流傳千古。詩句指出，仙人掌茶是曝曬而成，可以拍拍洪崖仙人的肩膊，也就是讓仙人喝得滿意，點出了唐代喝茶的多元多樣面貌，讓我們知道，唐代的緇流雅士飲茶，並非都以茶餅研末，有時也是喝散茶的。

劉松年攆茶圖

劉松年是南宋宮廷畫家，浙江錢塘人，南宋孝宗至理宗年間供職畫院，與李唐、馬遠、夏圭合稱為「南宋四大家」，以繪山水、人物著稱。台北故宮博物院藏有一幅絹本設色的《攆茶圖》，不但佈局巧妙，人物栩栩如生，還提供了唐宋時期飲茶的場景，讓我們了解唐宋飲茶的用具與煎點的程序。

這幅畫分左右兩部分，右邊顯示文人雅士寫字作畫的風雅，左邊則描繪童僕碾茶與製作茶湯的勞碌。畫的是唐大曆年間懷素（725-785）揮毫作書，詩人錢起、戴叔倫凝神圍觀。左側畫僕役在旁為點茶做準備，本來是作為雅聚陪襯的，卻成了整幅畫最引人注目的場景，成為觀畫的聚焦之處，精心呈現了唐宋時期飲茶的煎點方式。一個僕人騎坐在長條矮几上，右手轉動茶磨；另一名僕役正佇立桌邊，右手提湯瓶，左手執茶盞，正要注湯點茶。黑色方桌上陳列着篩茶的茶羅、貯茶的茶盒、白色茶盞、紅色盞托、茶匙、茶筅等，一應俱全。桌旁有一風爐，上置提梁鍑（釜），燒煮沸水。右手旁邊是貯水甕，上覆荷葉。這幅畫展示了唐宋飲茶特色的研末煎煮，詳細繪出從研磨茶粉，到注湯點茶的器具及場面，再現了僕從勞動侍茶，文人雅士詩畫風流的場景。不過，這幅南宋畫家劉松年圖繪唐人飲茶的實況，時間相隔四、五百年，反映的究竟是唐代茶飲煎煮，還是宋代點茶擊拂的情景呢？

當然，畫家繪畫，主要畫的是胸中丘壑，追求心中想像的神思美感，與歷史實景出現扞格，也無足為怪，並不絲毫有損畫作的藝術成就。但是，作為歷史圖像學的研究對象，畫中出現的器物與具體情景，卻是判斷歷史時代與當時風尚的指標。比如說，劉松年想要呈現唐代飲茶的風貌，但畫中出現宋代以後才有的茶磨、茶筅、盞托，則只能說是宋人想像唐代飲茶情景，其中雜入了畫家熟悉的宋代飲茶風尚。《攆茶圖》中可見的茶具有：石轉運（磨）、宗從事（拂末）、風爐、茶銚（即《茶經》的鍑）、茶匙、茶筅、杓、茶碗、盞托、水方。其中值得玩味的是，畫面中同時出現茶銚和湯瓶，還有茶匙與茶筅。揚之水《兩宋茶事》討論點茶與煎茶之別，認為石銚是唐代煎茶用具，而銀瓶則是宋代點茶的器具，茶器不同而烹茶之法迥異，反映了時代的變化，因此劉松年《攆茶圖》所繪飲茶情景，呈現唐代煎茶的場景。研究宋畫的黃晨則指出，揚之水判斷的依據主要是唐代以茶銚煮水，但是茶桌上明明橫放着宋代點茶工具茶筅，該作何解？

黃晨還指出，《攆茶圖》裏的茶銚描摹細緻，與宋畫《蕭翼賺蘭亭圖》的區別，是沒有長柄，代之以提梁，又加了一個蓋子。唐代煎茶的銚子基本無蓋，因為要觀察初沸、二沸、三沸。銚子加了蓋，主要功能就是煮水，蓋子既防灰，且提高熱效率，與陸羽形容的唐代茶銚功能不同。《攆茶圖》中有僕從專事推磨，畫出了石磨下鼓蕩的粉塵，動感逼真。陸羽《茶經》有「碾」，南宋審安老人《茶具圖贊》則著錄有金法曹與石轉運，表明宋代茶事碾與磨並存。碾與磨的分別，可能在於磨能使茶粉更細，更適宜點茶的擊拂拉花。《茶經》原註：「末之上者，其屑如細米；末之下者，其屑如菱角」，又說「碧粉縹塵，非末也。」可見，按陸羽的標準，唐人煎茶的茶末以極細微之顆粒為佳，但不可為粉塵狀，所以《茶經》講茶具，只有碾而不用磨。到了宋代，點茶需要的調膏末茶，則是以粉塵為佳，所以，隨着點茶興起，磨成為茶事的要務，可以碾磨並用，也可以單用磨，但是只用碾就不能達到點茶「乳霧洶湧，溢盞而起」的效用了。因此，《攆茶圖》繪寫的情景，雜用了唐宋茶器，卻呈現了宋代點茶風貌。

黃庭堅的茶詞

(一)

黃庭堅（1045-1105），字魯直，號山谷道人，是北宋著名詩人與書法家，一般總是把他和蘇軾聯繫在一起，作為宋代文化藝術的審美典範。他曾向蘇軾習藝，與張耒、晁補之、秦觀同列「蘇門四學士」，詩文著稱於當世，影響很大，被稱為江西詩派的祖師爺。他的政治生涯也和蘇軾很近似，不贊成王安石的新法，屢遭貶謫，一生蹉跎，死於流放之地。他的書法蒼勁波磔，別具一格，與蘇軾、米芾．蔡襄同列宋四大家，所謂「蘇黃米蔡」，在中國書法史上大放異彩。蘇軾書法流傳至今，最著名的真跡《寒食帖》，就有黃庭堅的跋，盤虬遒勁，龍飛鳳舞，為東坡書跡增色不少。更有趣的是，黃庭堅和蘇軾一樣，酷愛飲茶，寫過許多詠茶詩。

寫詩之外，黃庭堅也寫詞。他的《山谷詞》中有一首《滿庭芳．茶》:「北苑春風，方圭圓璧，萬里名動京關。碎身粉骨，功合上凌煙。尊俎風流戰勝，降春睡、開拓愁邊。纖纖捧，研膏濺乳，金縷鷓鴣斑。 相如雖病渴，一觴一詠，賓有群賢。為扶起燈前，醉玉頹山。搜攪胸中萬卷，還傾動、三峽詞源。歸來晚，文君未寢，相對小窗前。」詞分上下兩片，前片說的是上貢的早春北苑茶，有方形的茶條及圓形的茶餅（方圭圓璧），描寫研末的過程(碎身粉骨)，再細述研膏擊拂的點茶程序，還繪形繪影，刻畫了茶盞的高雅珍稀與妍麗貴氣。下片則想像翺翔，思接千載，舉司馬相如為代表，寫文人宴會歡聚，酒酣耳熱之際，寫出驚世大文章，傾動了來自巴蜀文豪。夜闌酒散，回到家中，像卓文君那樣的如花美眷還在燈下等着，紅巾翠袖，端上一盞香茗，對坐在小窗下，情意纏綿。

這闋詞曾經誤收入秦觀的《淮海詞》。《秦觀集編年校注》（北京：人民文學出版社，2001）卷四十，列為存疑誤收之作，其根據有三：一是此詞見於宋刊《山谷琴趣外編》卷一，僅文字小異。第二，有宋代資料為證，指出當時人知道這闋詞是黃庭堅所寫。南宋吳曾《能改齋漫錄》卷十七就記載:「豫章先生（黃庭堅）少時曾為茶詞，寄《滿庭芳》，云:『北苑龍團，江南鷹爪，萬里名動京關。碾深羅細，瓊蕊暖生煙。一種風流氣味，如甘露、不染塵凡。纖纖捧，冰瓷瑩玉，金縷鷓鴣斑。 相如方病酒，銀瓶蟹眼，驚鷺濤翻。為扶起尊前，醉玉頹山。飲罷風生兩袖，醒魂到、明月輪邊。歸來晚，文君未寢，相對小窗前。』其後增損其詞，止詠建茶，云『北苑研膏，方圭圓璧，萬里名動天關。(下略)』詞意益工也。後山陳無己同韻和之云……」第三，這闋詞風格不類秦觀，卻與黃庭堅風格相同，而且黃庭堅和蘇軾一樣，寫過很多詠茶詩，對點茶之道所知甚詳，而秦觀對飲茶品賞，似乎遠不如蘇軾及黃庭堅那麼癡迷。

不過，也不能說秦觀完全不懂點茶之道，他寫過一首歌詠茶宴的《滿庭芳．茶詞》:「雅燕飛觴，清談揮麈，使君高會群賢。密雲雙鳳，初破縷金團。窗外爐煙似動。開瓶試、一品香泉。輕淘起，香生玉塵，雪濺紫甌圓。嬌鬟。宜美盼，雙擎翠袖，穩步紅蓮。坐中客翻愁，酒醒歌闌。點上紗籠畫燭，花驄弄、月影當軒。頻相顧，餘歡未盡，欲去且流連。」上片寫茶宴雅聚，詩酒風流，文人雅士高談闊論，場面十分生動。喝的是密雲雙鳳茶，擘開縷金的茶團，用一品的香泉水，擊拂潔白如玉的茶末，在建窰紫盞茶碗中，看到乳花四濺，像白雪飄飛。下片則寫酒宴中美女侍候，令人目不暇給，不禁會多喝幾杯，醉倒歡宴。酒醒之後，已是點燈時分，紗籠畫燭，月影掩映，該是回家的時候，卻又依依不捨，餘歡未盡，流連難返。

《能改齋漫錄》提到「後山陳無己同韻和之」，上文省略了的那闋詞，就是陳師道的《滿庭芳》:「北苑先春，琅函寶韞，帝所分落人間。綺窗纖手，一縷破雙團。雲裹遊龍舞鳳，香霧靄、飛入琱盤。華堂靜，松風雲竹，金鼎沸湲潺。 門闌。車馬動，浮黃嫩白，小袖高鬟。便胸臆輪囷，肺腑生寒。喚起謫仙醉倒，翻湖海、傾瀉濤瀾。笙歌散，風簾月幕，禪榻鬢絲斑。」寫的是茶宴，使用了不少華麗的辭藻與比喻，仔細讀讀，卻也還是寫實的作品，清楚反映了宋代點茶的習俗，只不過堆砌了許多瞞人眼目的修飾文字，讓現代讀者如墜五里霧中，宋朝的文人學士倒是一看便知的。說的是早春的北苑茶，裝在寶貴的玉匣中，從皇帝那裏分賜到人間。然後就有纖纖玉手，在綺麗的花窗之下，擘開龍鳳茶團，碾成香霧般的茶末，飛入美玉茶盤之中，以供點茶之用。接着寫的，就是煮水飲茶，朋友聚集，擊拂拉花，點出乳白嫩黃的沫餑，喝了胸臆神暢，肺腑生寒，一掃醺然酒醉，在清風朗月的時分結束宴請。

三位詞人寫了三首茶詞，都把飲茶的情景做了細節描述，刻畫入微。相比之下，還是黃庭堅寫的意象生動，聯想浮翩，確是佳作。

（二）

吳曾《能改齋漫錄》說到黃庭堅「其後增損其詞，止詠建茶」，就是本文一開頭所引的《滿庭芳・茶》。據此可知，黃庭堅原先寫了一首詞，盛稱建州的北苑龍團茶，同時也讚美江南的鷹爪茶，後來做了修改，只稱讚北苑龍團茶了。對比原稿與修訂稿，可以看出，茶詞的原稿，對宋代茶飲點茶拉花的細節，描寫得比較充分，明確指出，所詠北苑的龍團茶，也就是上貢給朝廷的貢茶。碾末的過程也寫得十分到位，完全是寫實筆法，一一呈現碾茶與篩末的細節，茶碾要深，茶羅要細，碾篩出來的茶末才像美玉花蕊一般，給人溫馨朦朧的感覺，還帶有特殊風韻的香氣。烹製的茶湯，有如不染凡塵的甘露瓊漿，由纖纖玉手捧上來，盛在如冰如玉的瓷器，是帶有金色紋路的鷓鴣斑茶盞。下半闕說的「銀瓶蟹眼」、「驚鷺翻濤」都是宋代點茶的術語，描寫烹煎湯水的火候。

原稿寫宋代點茶的細節，如實呈現在我們眼前，遣詞用字十分準確。既然刻畫入微，寫得如此精準，把飲茶研末點茶的風貌展現得如此逼真，為甚麼要修改呢？

修改的版本刪去「江南鷹爪」，集中刻畫北苑龍團帶來的美感，當然避免了詩意想像的分散，但也可能因為「江南鷹爪」有其特殊的意指，說的是黃庭堅家鄉的雙井鷹爪茶，是他一味吹捧的家鄉風味。他曾經寫過一首《答黃冕仲索煎雙井並簡楊休》，其中就說：「家山鷹爪是小草，敢與好賜雲龍同。」不但說他家鄉特產是鷹爪草茶，還誇稱可以媲美北苑上貢的雲龍茶，推崇到了無與倫比的地位。

黃庭堅的父親黃庶（1019-1058）和黃庭堅父子倆，是江西分寧（今天的修水）人，因為家鄉出產雙井鷹爪茶，就成了雙井茶在宋代名茶中嶄露頭角的最大推手。黃庶曾經寫過《家僮來持雙井芽，數數飲之，輒成詩，以示同舍》，一開頭是這麼說的：「我疑醇醲千古味，寂寞散在山茶枝。雙井名入天下耳，建溪春色無光輝。」說雙井茶一出，建溪的早春龍鳳團茶就黯然無光，好像楊貴妃養在深閨人未識，一旦選進了皇宮，「回眸一笑百媚生，六宮粉黛無顏色」，把雙井茶吹捧上了天，吹噓的本事也真是令人刮目相看。他批評別處的團茶都不好喝，只有自己家鄉的雙井茶馨香無比：「開緘春風若滿手，喜氣收拾人恐知。江南陽和夜欲試，小齋獨與清風期。石鼎泉甘火齊得，混沌不死元氣肥。詩書坐對為客主，一啜已見沆瀣醨。通宵安穩睡物外，家夢欲遣不肯歸。不信試來與君飲，洗出正性還肝脾。」還跟朋友誇口，不信就來試試，絕對可以讓你回歸自然本性，肝脾皆清。

黃庭堅雖然不像他父親那樣大吹大擂，赤膊上陣，卻也不甘其後，寫過無數詩篇，頌揚雙井茶的色香與美味。他在元祐二年（1087）寫過《雙井茶送子瞻》，是送雙井茶給蘇軾的一首詩：「人間風日不到處，天上玉堂森寶書。想見東坡舊居士，揮毫百斛瀉明珠。我家江南摘雲腴，落磑霏霏雪不如。為公喚起黃州夢，獨載扁舟向五湖。」詩中提到「東坡舊居士」，講的是東坡曾經貶謫黃州，現在已經召回朝廷任翰林學士，玉堂金馬，優游在閬苑仙境一般的藏書閣中。獻上「我家江南摘雲腴，落磑霏霏雪不如」，是家鄉珍品雙井茶，碾出霏霏如玉塵的茶末，比皎潔的雪花還白。希望東坡由此聯想起黃州的夢想，得以扁舟五湖，無憂無慮遨遊天下。黃庭堅這最後兩句是有典故的，源自東坡在黃州寫的《臨江仙．夜歸臨皋》：「夜飲東坡醒復醉，歸來仿佛三更。家童鼻息已雷鳴，敲門都不應，倚杖聽江聲。長恨此身非我有，何時忘卻營營。夜闌風靜縠紋平。小舟從此逝，江海寄餘生。」由身處貶謫困境，想像一葉扁舟，遨遊五湖四海的自由。

蘇軾雖然後來身居廟堂高位，卻對無休無止的黨爭感到厭煩，苦於應付無端而來的明槍暗箭，心情並不舒暢，總有外遷州郡的想法。他和了一首詩，感謝黃庭堅致送的雙井茶，《魯直以詩饋雙井茶，次其韻為謝》，步其原韻：「江夏無雙種奇茗，汝陰六一誇新書。磨成不敢付僮僕，自看湯雪生璣珠。列仙之儒瘠不腴，只有病渴同相如。明年我欲東南去，畫舫何妨宿太湖。」稱讚了雙井奇茗，同時提到，退休歸田汝陰的歐陽修也誇獎雙井茶。得到這麼好的茶，捨不得讓僮僕去料理，要自己親身事茗，看茶湯泛生乳花如雪，粟粒如珠。想到司馬相如說過，居處在江湖山澤的列仙之儒都身形瘦瘠，我則只像他因消渴而愛茶。希望明年能夠外調，到江南去優游太湖。

蘇東坡提到歐陽修誇獎雙井鷹爪茶，說的是歐陽修《雙井茶》一詩：「西江水清江石老，石上生茶如鳳爪。窮臘不寒春氣早，雙井茅生先百草。白毛囊以紅碧紗，十斤茶養一兩芽。長安富貴五侯家，一啜猶須三日誇。寶雲日注非不精，爭新棄舊世人情。豈知君子有常德，至寶不隨時變易。君不見建溪龍鳳團，不改舊時香味色。」歐陽修指出，江西洪州雙井茶是新近流行的名茶，狀如鳳爪，非常昂貴，是當時上層社會的新寵，但是，跟上貢給皇帝的建州龍鳳團茶相比，恐怕還要略遜一籌。歐陽修的詩句暗含對雙井鷹爪茶的批評，但是說的很委婉，先感歎世人喜新厭舊，再說建州龍鳳團茶是「至寶」，不會隨着流行風氣改變其至尊地位，是明揚暗抑的修辭手法。歐陽修把雙井茶介紹給好友梅堯臣，梅也寫過一首詩，敘述唐宋期間天下名茶的變化，說道：「陸羽舊茶經，一意重蒙頂。比來唯建溪，團片敵湯餅。顧渚與陽羨，又復下越茗。近來江西人，鷹爪誇雙井。」

再看看歐陽修《歸田錄》卷一所說，就可以看出建州團茶與雙井鷹爪有別，外形上就大不相同。當時製茶分臘茶與草茶兩種，建州龍鳳團茶是把茶葉搗爛之後，壓成茶餅的臘茶，而浙江的日注（日鑄）茶及江西雙井茶則是未曾製團的散裝草茶：「臘茶出於劍、建，草茶盛於兩浙，兩浙之品，日注為第一。自景祐已後，洪州雙井白芽漸盛，近歲製作尤精，囊以紅紗，不過一二兩，以常茶十數斤養之，用辟暑濕之氣，其品遠出日注上，遂為草茶第一。」雙井鷹爪茶可以誇稱「草茶第一」，但在宋代上層社會，不論是皇室貴冑，或是大多數士大夫階級眼裏，還是略遜皇室推崇的建州龍團茶。

（三）

黃庭堅修改這首茶詞，撇開他偏愛的家鄉雙井茶，避免牽扯進主觀的家鄉意識，刪去了分散注意力的「江南鷹爪」一句，就可以聚焦描述北苑龍團貢茶，精心營造這闋詞的詩思結構。在意象構築上，詞的上片強調了北苑龍團的皇家貢品特質，更讓讀者聯想到皇家貴冑鐘鳴鼎食的貴氣，如描述龍團形狀，用「方圭圓璧」，聯想到上古君王的圭與璧，就有高古的皇家氣象。一連串形容碾末點茶的動作，如「碎身粉骨，功合上淩煙」，如「尊俎風流戰勝」，如「降春睡、開拓愁邊」，都暗喻「國之大事，唯祀與戎」，聯繫起勝朝盛世，弘揚帝國肇建的開疆闢土，祝願護衛邊疆的戰事能夠旗開得勝。龍團貢茶獻上朝廷，象徵了歌頌朝廷的功業，銘記將士衛國疆埸，像是為江山永固建功立業。詞的下片描繪司馬相如與賓客飲宴，寫群賢觴詠的場景，自然就引出了王羲之蘭亭雅聚的逸趣，不再描述點茶過程的「銀瓶蟹眼，驚鷺濤翻」，也不必拘於盧仝七碗茶的聯想，把想像局限在「唯覺兩腋習習清風生」的典故之上，而能搜攬胸中萬卷書，振衣千仞崗，濯足萬里流，從司馬相如到蘇東坡，傾動三峽詞源。

撇開了「江南鷹爪」，黃庭堅修改後的茶詞，以建州龍團為典範，聚焦於當時的主流風尚，不再游離於不同類型的茶類，不會顧此失彼，也避免了實寫擊拂拉花的細節。如此，原稿難以面面俱到，貪多嚼不爛的困境，以及拼湊一些難以連貫的文學典故，使得全詩缺乏流暢氣韻的憋屈，也得以撥雲見日，天光清朗了。修改的茶詞注重全詩構局，上片以暗喻轉為象徵，下片則聯想蹁躚，融入歷代文人雅士的清逸閒適境界。

劉勰《文心雕龍．熔裁篇》說到，「規範本體為之熔，剪截浮詞謂之裁。裁則蕪穢不生，熔則綱領昭暢。」指出文章修辭，首先要立定主題與綱領，然後要裁剪枝蔓，以免累贅。他打了一個比方，以美麗的織錦裁製衣裳，「修短有度，雖玩其采，不倍領袖，巧猶難繁，況在乎拙？」一件衣服要量身定做，符合穿衣人的身材，不能因為衣料是美麗的織錦，就把領子與袖子增加一倍，以顯示衣料的絢麗。工巧的文筆尚且難以寫得繁麗，更不用說拙劣的文章了。劉勰的結論是：「夫百節成體，共資榮衛，萬趣會文，不離辭情。」因此，通過文章的熔裁，可以達到「情周而不繁，辭運而不濫」的成就。我們發現，黃庭堅修改這首茶詞，不惜刪削了雙井鷹爪茶，割捨他最鍾愛的家鄉特產，就是為了成就一篇情理圓融的文學作品。

讀一首詠茶的詞，可以讀出黃庭堅創作熔裁的心理變化，也蠻有趣的。

輯三

茶說與茶之訪

武夷春暖月初圓采摘新芽獻地仙
飛鵲印成香蠟片啼猿溪走木蘭船
金槽和碾沉香末冰碗輕涵翠縷烟
分贈恩深知最異晚鐺宜煮北山泉
徐夤尚書惠蠟面茶
壬寅深秋隱堂

徐夤《尚書惠蠟面茶》（書法：鄭培凱）

天下第一蒙頂茶

中國人植茶、飲茶的歷史非常久遠，起源於文明蒙昧時期，所以歷史文獻講不清楚。老百姓倒是簡單，說是神農發現茶，可解百毒，於是世人就開始喝茶了。對於這種傳說的歷史，最好不要去爭辯，傳說是，就讓他是吧。千萬不要板起科學實證的臉孔去問，有什麼文獻或考古的證據啊，神農到底是誰啊，是公元前哪一年生，哪一年死，籍貫何處啊，等等。不過，我們也可以學學老百姓，使用差不多先生的話語，籠統地說，新石器時代末葉，農耕時期之初，神農傳說出現的時候，中國人就開始喝茶了。

喝茶變成中國人普遍的日用習慣，通行大江南北，時間比較晚，要到唐朝中葉全國統一、天下太平的時候。人活得舒服了，不愁吃不愁穿，就開始講究喝茶，而且還要喝好茶，喝高檔茶，甚至要喝天下第一的好茶。這種天下第一的好東西，一般總是要上貢給老子天下第一的皇帝，因此，各地出產的名茶也就成了貢茶。雖說各地貢茶都是上好的茶葉，一旦有了評比，就難免要排名，也就出現了所謂的天下第一茶。唐代李吉甫《元和郡縣圖志》說，「嚴道縣（在今天雅安一帶）蒙山，在縣南十里，今每歲貢茶，為蜀之最。」陸羽《茶經》記述全國茶葉產地，也特別提到劍南道的雅州，指出名山地區產茶，不過，他並沒有討論蒙山茶的品質好壞。

中唐時期李肇《國史補》說：「風俗貴茶，茶之名品益眾。劍南有蒙頂石花，或小方，或散芽，號為第一。」所說的劍南蒙頂茶，就是出產在今天雅安地區蒙山頂上的上等茶。楊華《膳夫經手錄》也說，蒙頂茶天下第一，並講到清明之前的蒙頂茶，「束帛不能易一斤先春蒙頂」，就是說，十匹絹帛還買不到一斤。價格之昂貴，除了皇室貴胄，大概也得金馬玉堂、鐘鳴鼎食之家才有資格品嘗。還說，「今真蒙頂，有鷹嘴牙白茶，供堂亦未嘗得其上者，其難得也如此。」蒙頂茶之外，楊華對湖州的顧渚茶，也有好評：「湖（指太湖）南紫筍茶，自蒙頂之外，無出其右者。」這些唐代品茶排名的共識，也就形成了唐代的俗諺：「蒙頂第一，顧渚第二」，以及「揚子江心水，蒙山頂上茶」。

清代《名山縣誌》說蒙山：「舊志謂，仰則天風高暢，萬象蕭瑟；俯則羌水環流，眾山羅繞，茶畦杉徑，異石奇花，足稱名勝。」引用舊縣誌，說蒙山滿布茶園與杉樹，風光宜人，是風景名勝，而且還有茶產。是不是說，蒙山風光優勝，滿山茶畦，都是古代的事？到了清朝，除了青山依舊，物產景象已經今不如昔，大不相同了？我不禁聯想翩翩，從清朝飛躍到唐朝，想到杜甫卜居成都時寫的一首絕句：「兩個黃鸝鳴翠柳，一行白鷺上青天。窗含西嶺千秋雪，門泊東吳萬里船。」杜甫隔窗看到的「西嶺」，若是描寫實景，說的真是覆蓋了冰雪永凍的「千秋雪」，那一定是接連青康藏高原的西嶺雪山，而非有些學者以為的秦嶺。隨着杜甫想像的視線投射出去，就是沿着汶川、西嶺、邛崍、蒙山一脈西向，從窗口遙想到崑崙山脈的千秋積雪。杜甫生活在盛唐末期，飲茶習慣已經流行全國，應該是知道蒙山產茶的，因為唐代劍南道的雅州（今天的雅安地區）是產茶名區，而當地曾經出產過名聞天下的蒙頂茶，是上貢朝廷的珍貴貢品。在唐宋時期，說到品茶的極致，曾經流行一句諺語：「揚子江心水，蒙山頂上茶。」也就是說，天下第一泉是揚子江心的中泠泉，天下第一茶則是蒙山頂上的蒙頂茶。

蒙頂茶頂着天下第一的頭銜，在唐代榮耀無比，宋代以後逐漸沒落，不再聽到讚譽之聲，到了明代之後，已經默默無聞，連許多愛茶的雅士都弄不清楚，甚至以為是山東所產。晚明杭州最著名的茶人許次紓在《茶疏》中就說到，經過了七、八百年的歷史變遷，蒙頂茶早已不為世人所知：「古今論茶，必首蒙頂。蒙頂山，蜀雅州山也，往常產，今不復有，即有之，彼中夷人專之，不復出山。蜀中尚不得，何能至中原、江南也？今人囊盛如石耳，來自山東者，乃蒙陰山石苔，全無茶氣，但微甜耳，妄謂蒙山茶。茶必木生，石衣得為茶乎？」可見，到了明代中期之後，講究喝茶的人已經不知道甚麼是蒙頂茶，居然以為山東蒙陰山所產的石苔是蒙頂茶，引發許次紓的訕笑。

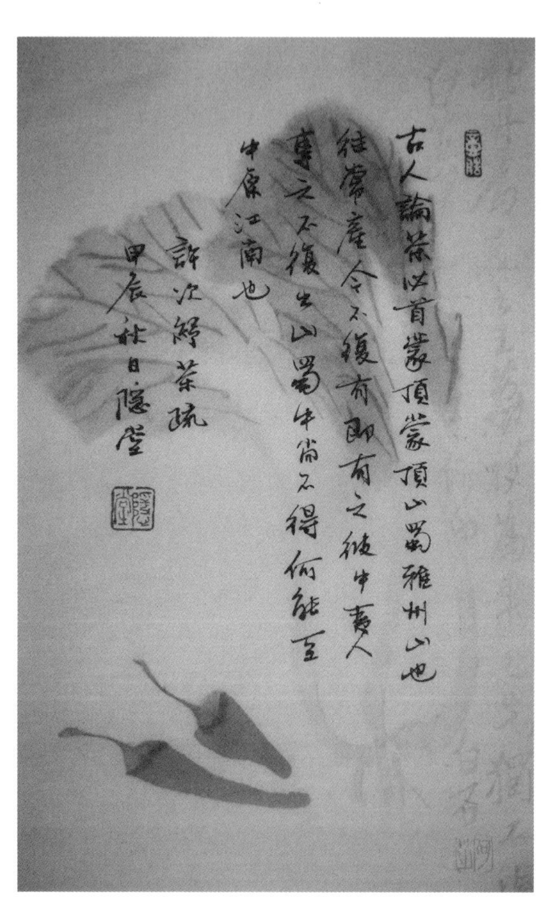

許次紓《茶疏》節錄（書法：鄭培凱）

到了宋朝，飲茶的風尚有所改變，「蒙頂第一，顧渚第二」的輝煌已過，代之而起的是福建北苑茶，這是皇室御茶園出產的最上等貢茶。上貢的建茶也分等類品級，最初是大餅的龍鳳團茶，後來還有蔡襄（1012-1067）特別製作的小龍團。宋徽宗時期，因為皇帝追求佚樂的興趣，出現了變換着花樣製作的各種龍團茶，如《宣和北苑貢茶錄》所列的，有龍團勝雪、御苑玉芽、萬壽龍芽、上林第一、乙夜清供、承平雅玩、龍鳳英華、無疆壽龍、瑞雲翔龍、長壽玉圭等等，花樣繁多，不一而足。雖説宋徽宗這個大玩家難辭其咎，把北苑貢茶玩到了「前無古人，後無來者」的地步，審美品味的境界之高，勞民傷財的折騰之鉅，真是「人間哪得幾回聞」，但是，建茶作為宋代皇家貢茶，製成龍團上貢，是从北宋初期就已经開始。

始作俑者還得算到宋初丁謂（966-1037）的頭上，蔡襄追隨其後，精益求精，遂成為一代風尚。比丁謂稍晚的范仲淹（989-1052）寫過一首《和章岷從事鬥茶歌》，開頭就説，「年年春自東南來，建溪先暖冰微開。溪邊奇茗冠天下，武夷仙人從古栽。」可見，宋初底定天下之後，上層精英已經把建州鬥茶（最好的就是北苑上貢的龍茶）譽為天下第一了。福建上貢的龍團茶雖然備受追捧，卻也因為採摘及製作的窮極奢華，招來一些物議。蘇軾有一首《荔枝歎》，就假借批評楊貴妃愛吃荔枝，設置千里快馬驛傳，導致天怒人怨，借古諷今，指出上貢福建龍團茶的禍害，為了滿足朝廷嘗新的嗜欲，不惜勞民傷財：「我願天公憐赤子，莫生尤物為瘡痏。雨順風調百穀登，民不饑寒為上瑞。君不見，武夷溪邊粟粒芽，前丁後蔡相籠加，爭新買寵各出意，今年鬥品充官茶。吾君所乏豈此物，致養口體何陋哉！」這裏說的「前丁後蔡」，就是先後在福建監製龍鳳團茶上貢的丁謂與蔡襄。蘇軾寫詩諷詠之不足，還怕人不知道他諷喻的旨趣，乾脆為這首詩自己加了註：「大小龍茶，始於丁晉公，而成於蔡君謨。歐陽永叔聞君謨進小龍團，驚歎曰；『君謨士人也，何至作此事耶？』」

其實，蜀茶退出上層社會精緻品茶的舞台，在宋朝就已經開始，最高等級的貢茶逐漸移到江南與福建地區，不再以蜀地為主要貢茶的產地。蒙頂茶的名聲還能繼續流播，至少到明代還有茶書提到，倒要感謝唐宋文人墨客的揄揚，留下一大批讚頌蒙頂茶的詩歌，讓後人在誦讀之餘，還能在品味的想像世界裏，尋覓古人審美追求的記憶在這裏，我簡單舉幾個例子，以見一斑。白居易晚年寫過一首《琴詩》：「兀兀寄形群動內，陶陶任性一生間。自拋官後春多醉，不讀書來老更閒。琴裏知聞惟淥水，茶中故舊是蒙山。窮通行止長相伴，誰道吾今相與還。」道出退休之後閒居的樂趣，喝酒發呆，彈琴飲茶，過起無憂無慮的神仙生活，飲的就是蒙頂茶。

韋處厚有一首《茶嶺》：「顧渚吳商絕，蒙山蜀信稀。千叢因此始，含露紫英肥。」說的是顧渚茶與蒙山茶都是稀有珍品，連茶商都無法得手，令人空自欣羨。想到茶山上一片茂密的新茶，肥嫩的紫芽含着露水，不禁神往。孟郊也寫過一首詩，《憑周況先輩於朝賢乞茶》，想得點蒙頂好茶喝喝，卻又無緣到手，只好託人去乞討：「道意勿乏味，心緒病無蹤。蒙茗玉花盡，越甌荷葉空。錦水有鮮色，蜀山繞芳叢。雲根才剪綠，印縫已霏紅。曾向貴人得，最將詩叟同。幸為乞寄來，救此病劣躬。」窮酸詩人窮講究，喝茶要喝蒙頂茶，茶具要用秘色瓷（越甌）。自己沒本事得到，只好向有權有勢的大佬們乞討，說得十分可憐。都說孟郊詩苦，讀孟郊乞茶詩，不用喝茶，就已經嘗到了苦味。有趣的是，他還苦得有品味，要品嘗極品的苦味，要喝蒙頂茶。

梅堯臣（1002-1060）曾經寫過一首詩，敘述唐宋期間天下名茶的變化，說道：「陸羽舊茶經，一意重蒙頂。比來唯建溪，團片敵湯餅。顧渚與陽羨，又復下越茗。近來江國人，鷹爪誇雙井。」說的是唐代蒙頂茶天下第一，到了宋朝就是建州茶的天下了。江南一帶的顧渚、陽羨、浙江茗茶，都要甘拜下風。有江西人誇稱江西的雙井鷹爪茶好，那倒是近來才出現的新鮮事。梅堯臣筆下的江西人，大概指的是他的好友歐陽修（1007-1072）。歐陽修是江西廬陵（今天的吉安）人，曾寫過《雙井茶》一詩，在詩中指出，江西雙井茶是新近流行的名茶，狀如鳳爪，非常昂貴，是當時上層社會的新寵，但是，跟上貢給皇帝的建州龍鳳團茶相比，恐怕還要略遜一籌。歐陽修的詩句暗含對雙井鷹爪茶的批評，但是說的很委婉，先感歎世人喜新厭舊，再說建州龍鳳團茶是「至寶」，不會隨着流行風氣改變其至尊地位。

歐陽修《歸田錄》卷一，講到建州龍團茶與雙井茶，其實有很大的分別，前者是臘茶，後者是草茶：「臘茶出於劍、建，草茶盛於兩浙，兩浙之品，日注為第一。自景祐已後，洪州雙井白芽漸盛，近歲製作尤精，囊以紅紗，不過一二兩，以常茶十數斤養之，用辟暑濕之氣，其品遠出日注上，遂為草茶第一。」雙井茶是新鮮事物，可算草茶第一，但是天下第一的稱號，還是得歸建州北苑的龍團茶。這個看法，大概是宋代的共識，因為北宋末年的劉著寫了一首《伯堅惠新茶》：「建溪玉餅號無雙，雙井為奴日鑄降。忽聽松風翻蟹眼，卻疑春雪落寒江。」說雙井茶與建州龍團相比，只堪為奴，貶抑其品位，不遺餘力，好在這時黃庭堅已經過世，否則也得氣死。

從明清以至於近代，蒙頂茶的光輝早已消失殆盡，很少人聽說過唐宋時期譽為「蒙頂第一，顧渚第二」的極品貢茶了。說到高檔茶葉，二十一世紀的新新人類一般只知道龍井、碧螺春、茉莉香片、烏龍、普洱。接觸過太平猴魁、武夷岩茶大紅袍、凍頂烏龍、鳳凰單樅的人，都已經自封為品茶評茶的專家，穿起對襟盤扣的唐裝，在電視飲食節目上指點江山了。

蒙頂山的雲霧

離開成都，在高速公路上開了一個小時之後，突然暴雨傾盆，眼前一片迷茫。老友霍巍說，雅安這一帶雨多，號稱雨都，下雨是常事，一會兒就會停的。反正我們先到名山再說，雨停了，我們就上山，總不會一直下個不停吧。他那口氣有點猶豫，聽起來不怎麼樂觀，看來今天能不能登上蒙山頂峰，很是個問題。很快，我們就到了名山出口，下了高速。鬼使神差的，雨勢居然弱了。小張聯絡了蒙山茶葉博物館的館長，說不要進城，沿着縣城外圍的公路往前開，他就在蒙山腳下的牌坊那裏等我們。等我們開到牌坊的時候，看到館長手提着雨傘，站在路邊，悠閒地抽着煙，雨已經完全停了。

館長說，你們運氣真是不錯，這雨已經下了一整夜，到現在至少十二小時了。你們一來，居然就停，可真是老天爺給面子。山上一定還是雨霧籠罩，視線不明，不過只要不下大雨，走在石板鋪的山徑上，還是安全的。我們跟着館長的車，循着蜿蜒的盤山公路，行駛在霧濛濛的山中，好像進入了鴻蒙未開的原始叢林。車行到半山腰，居然有個收費站，上面標着每人收費六十元。館長向守衛叮囑了幾句，我們就跟着開過，沒收費。一會兒就到了博物館，停車之後，館長跟我們解釋，說地方政府把整座山包出去給一家公司開發旅遊，還建了纜車直通山頂的天蓋寺，因此要收門票。博物館設在清代的古建築禹王宮，原來就在山上，所以公務人員免費，你們來參觀當然也是公務，也免費。把蒙頂山包給私人公司，聽來有點不妥，但是，因為收費高昂，上山的人也就相對減少，卻出現環境保護的效應，倒是始料未及的。

其實，不久前雅安發生七級地震，災情十分嚴重，令人揪心。震區包括附近的幾個縣，如蘆山、寶興、名山等。雅安地區我沒去過，但卻相當熟悉，因為探索唐宋時期茶道發展與品茶時尚，研究過名山縣附近的蒙頂山。蒙頂山又稱蒙山，並不太高，大約一千多公尺，在唐宋時期以產茶聞名，屬於成都平原通向青康藏高原，由平壤升為高原的第一層階梯山脈。在地質構造上相當重要，可能就是青康藏板塊與成都平原接壤的關鍵要衝，是地震頻繁發生的地帶。上次汶川地震，就曾波及蒙山，震壞了一些明清古建築。這次的震災更為嚴重，地震的震央在蘆山，距蒙頂山景區直線距離僅十多公里，聽說山上的明清古跡，包括著名的明代石麒麟，全部倒塌，無一倖免。

而我們的目的地禹王宮，屋頂也震塌了，博物館成了危樓，無法參觀博物館。館長說，只能乘纜車上山，看看天蓋寺，以及震塌的明代石牌坊。蒙頂山茶在唐宋時期蜚聲全國，有「揚子江心水，蒙山頂上茶」的俗諺，因此，這裏的茶葉博物館建得也早，卻一直得不到地方政府足夠的支持，很少人知道。後來建起的杭州茶葉博物館及安溪茶葉博物館，反倒是聲名鵲起，完全掩蓋了蒙頂茶在中國茶史上的地位。他還說，有些茶史學家認為，蒙山是中國最早種茶的地方，在西漢時期就有仙師吳理真到此種茶。寫《茶葉通史》的陳椽在 1978 年來此考察，看到地方文獻的記載，就斷定這是「有文字記載最早人工種植茶葉的地方」。

我問館長，你真的相信這些說法嗎？館長笑笑，說權威專家這麼說，地方領導也這麼說，你要我怎麼說？反正是仙師吳理真種的茶，我們博物館也沾點仙氣吧。老霍是考古學家，就說，仙氣我搞不懂，有沒有考古文物的證據呢？有沒有古文獻的記錄呢？館長說，考古證據是沒有，但是有光緒年間的《金石苑》，記載了一通宋代的碑記「宋甘露祖師像並行狀」，可算是文獻證據，陳椽就是依據碑文做出的結論。我說，宋代的文獻記載西漢的事跡，時間上相距一千多年，又是孤證，最多只能當作傳說，姑妄言之姑妄聽之，怎麼可以當成信史呢？館長是明白人，只好苦笑。

他說的文獻資料，我以前就讀到過，行狀的內容是：「師由西漢出，吳氏之子，傳名理真。自嶺表來，掛錫蒙山，植茶七株，以濟飢渴。宋代京師敕張、秦樞密二相，詔求雨濟，時師入定救旱。少頃沛澤大通。一日，峰頂掛錫橐井，忽隱化井中，寺（侍）者覓之，得石像，遂負井右，建以石屋奉祀。時值旱魃，取井水，霖雨即應，以至功名、嗣續、疾疫、災祥之事，神水無不靈感，是師功德有遺之也。故邑進士喻大中奏師功行及民，宋孝宗敕賜靈應甘露普慧妙濟菩薩像。時紹熙三年（1192）二月二十六日，勒石於名山縣蒙頂山房。」讀讀碑文就知道，根本是宋代的民間傳説，屬於神話之類，講的不是歷史事實。

先看看吳理真的出身，説是來自嶺表，掛錫蒙山。這是甚麼意思？就是説，吳理真是嶺南的和尚，遊方到蒙山。可能嗎？西漢的時候，嶺南就有了佛教的僧徒，跑到四川去種茶？如此顛覆中國佛教史，改變了佛教最早傳入中國的路徑，是從廣東傳到四川，而非從西域傳來，況且還遠遠早於正史記載的東漢，未免是天方夜譚了吧？更厲害的是，西漢的和尚還一直活到宋朝，能夠像張天師一樣，入定求雨，天降甘露。後來就隱化入井中，變成石像了。你信嗎？大家笑着説，假如茶史權威陳椽還在世，大概會回答，你們信不信我不管，反正我是信了。館長説，我們就不管史實了，就當是傳説吧，反正領導相信就好。我們上山去參觀吧。

纜車穿過雲霧，向山頂攀升，纜車道兩旁是蒽蒽鬱鬱的樹林，夾雜着一些看不清的山花。前方朦朦朧朧的，雲霧中篩下微弱的天光，讓你覺得真有登天之感。不一會兒，到了山頂纜車站，再攀登一段石階，就看到一面山門，隱隱約約，飄忽在雲氣之中。走近一看，山門正中兩個大字，端端正正的隸書「蒙頂」，兩旁是隸書楹聯「揚子江心水，蒙山頂上茶」。沒有落款，字體雖端正，卻不耐看，有點像電腦打出來的，既無靈氣，也無仙氣。穿過了山門，景色卻陡然一變，有一片兩百平方米大小的平台，向左右伸延，周圍一圈參天的銀杏，十分壯觀。館長說，這一圈銀杏，共十二株，每株都兩、三個人才能合抱，很有些年頭了，植物學家說，總有上千年的歷史，也就證明平台上面的寺廟至少始建於北宋。考古學家點點頭說，這個我信了。

現在的寺觀是文革之後新修的，廟上的匾額是「茶神殿」，裏面供的菩薩不是一般所見的，而是吳理真，說是茶神，上有橫幅「靈應甘露普慧妙濟菩薩」，倒有趣。我們瞻仰了一番，繞到山後去看甘露井。路過明代的石牌坊，停下來看地震劫餘的麒麟浮雕。館長說，這次地震，蘆山受創最深，蒙山還算好，沒死人，可惜是有些文物古建築受損。這塊麒麟浮雕石板，原來是架在石牌坊正上方的，一震就摔落下來，還好上蒼保佑，整塊石板沒有裂開，還完完整整的，以後還可以安放回去。石牌坊仍然屹立無恙，右上方門欄刻着「一瓢甘露」四字，左上方則是「蒙霧聚龍」四字，都有現代紅漆描摹的痕跡。再往前，就是甘露井了，也就是傳說吳理真隱化的所在。旁邊立有三塊碑，最大的在井的後方，橫書篆字「甘露」，另外一塊橫碑立在左側，楷書「龍井」，看來像是近代新立的。還有一塊豎立的碑，楷書「蒙泉」二字，年代似乎比較久遠，至少那筆勢可觀，結體嚴整，勁道蒼虬。

蒙頂的山徑修得十分平整，都是石板鋪地，雖然是雨後，卻絲毫沒有泥濘，走起來一點也不費事。只是雲氣瀰漫，似霧似雨，朦朦朧朧，只在此山中，雲深不知處。翻過一面山脊，到了一處石欄圍砌的茶園，館長說，這就是傳說中的「皇茶園」，裏面圍了七棵茶樹，就是吳理真手植的七株仙茶。我們看到旁邊立了個解說牌，就圍過去觀看，上面標着「皇茶園」，解說詞如下：「相傳是西漢甘露年間（公元前 53-50），邑人吳理真培育七株仙茶之地，面積為 12 平方米。《名山縣誌》載：『名山之茶美於蒙，蒙頂又美之，上清峰茶園七株皇茶二千年不枯不長，其茶葉細而長，味甘而清，色黃而碧，酌杯中香雲蒙覆其上，凝結不散，謂曰仙茶。』…… 蒙頂茶自唐至清『年年歲歲，皆為貢品』，一千多年從未見（間）斷。據史證可考蒙頂山是我國有文字記載人工種茶最早的地方，皇茶園是蒙頂山作為世界茶文化發源地的有力佐證。」

小張指着茶園中茶樹，問說怎麼這七株茶都這麼矮小，看起來年歲不大嘛。又指着其中一棵茶樹說，這棵茶樹不是已經枯死了嗎？還能救活嗎？老霍笑着說，仙茶嘛，枯的只是表相。你是肉眼凡胎，看不到仙茶的精神，已經脫胎換骨，隱化到山下另外一棵茶樹上去了。明年把那棵轉世的仙茶移植過來，就依舊是七株仙茶，不要說二千年了，將來三、四千年都會延續下去，而且「不枯不長」。館長也不說話，只是微笑。霧氣飄過來，籠罩了皇茶園，也籠罩了我們的身影。蒙頂山上，影影綽綽的，好像一切都染了仙氣。

蒙頂茶當今的處境如何呢？遭受了地震的摧殘，蒙山還能出產上等茶葉嗎？

因為關心雅安地震，看到了一條雅安地方的新聞評論，談論蒙頂茶的復興，說是千載難逢的機遇終於來臨。讀到這條新聞，我大吃一驚，才知道新新人類的思維是如何超前，如何積極向上，一切向錢看，充滿了樂觀精神，排除萬難，不怕犧牲，去爭取勝利。評論是這麼說的:「如果不是今年 4.20 雅安大地震，雅安的蒙頂山茶還依舊是鮮為人知的平凡茶葉……這次大地震給雅安人民帶來重大損失，蒙頂山茶產區雖然也受到大地震的破壞，但不幸中的萬幸，是蒙頂山茶在大地震中一夜成名，許多往日不曾聽說蒙頂山茶的人，也通過媒體對災區的報道而得知蒙頂山茶。」

評論還說，1958 年毛澤東主席在中央的「成都會議」品嘗了蒙頂茶後，作出了「蒙山茶要發展，要和群眾見面」的重要指示，只是沒有後續行動。現在時機到了，可以抓住大地震的機遇，大力發展蒙頂茶。我心想，1958 年毛主席指點江山，要發展蒙山茶是呼籲全國大躍進，大煉鋼鐵，畝產萬斤，蒙頂茶當然也得大躍進。評論的結尾最有意思，透露了報道的玄機：「蒙頂山茶是中國茶葉王國裏唯一的天然的溫性茶，這個藥理屬性讓注重養生的人士如獲至寶。據有關業內人士透露，大地震後蒙頂山茶銷量劇增。」報道明確列出蒙頂山 XXX 茶業集團，指明在 XX 商城有「XXX 茶葉旗艦店」，正在熱賣熱銷，好像蒙頂茶是仙丹靈藥，可以解救雅安災民的苦難。

過去有人發戰爭財，有人發國難財，現在有人要發地震財了。至於蒙頂茶能否復興，能否重登天下第一茶的寶座，我們且拭目以待。

松蘿茶的今生前世

(一)

最近這段期間，也不知道是因為天氣忽冷忽熱，還是甚麼其他的緣故，感到腸胃乾結，渾身不適，口乾舌燥，而且隱隱約約覺得牙齦有點疼，上顎似乎還有點腫。心想不妙，這一定是傳統中醫說的，陰陽失調，肝火亢旺。怎麼辦呢？看醫生很麻煩，而且還沒生病，只是不舒服，醫生一定是建議你多休息，多吃蔬菜水果，多喝水之類。突然想起初夏的時候，蘇州的朋友送了我兩罐松蘿茶，說是徽州產的，特別有降火的功能，而且能夠消積化滯，甚至還有防治高血壓的功效。當時也就是聽聽，現在身體不舒服了，想不出其他好方法，於是從櫥裏取出茶罐，姑且試試。

現代的茶葉包裝，十分考究，罐上貼了防偽的封條，裏面是合金特製的錫紙袋，真空包裝。打開來有一股田野的清香，有點蘭桂的氤氳香氣，但更接近夏天田野剛剛割過的青草氣味。我找了一隻水晶玻璃杯，輕輕倒出茶葉，是一粒粒捲曲的小茶珠，墨綠色的，體積比保濟丸稍大。奇怪了，我印象中的松蘿茶是索條形的綠茶，產在徽州休寧縣，介於黃山毛峰與廬山雲霧茶之間，怎麼變成一粒粒的保濟茶丸了呢？用九十度的開水一沖，小小的茶丸緩緩舒展開來，墨綠色的葉片像萌芽得到雨露的滋潤，在杯中散發春天濃郁的香味。原來這一罐松蘿茶的製法，仿效了台灣凍頂烏龍，在揉捻的技巧上花了不少功夫，把茶葉內蘊的滋味都揉成一團珠丸，等着沖泡那一剎那的璀璨。

我慢慢啜飲這一杯松蘿，香氣很重，微微帶點苦澀，卻是十分爽口的苦澀，好像喝到貯放了十多年的 Mouton Rothschild。剛開瓶時，還有絲絲澀口的感覺，在醇厚的酒香之中作怪。刺激味蕾的單寧酸，見到大千世界，接觸了美麗的陽光空氣，就像洪太尉放走的妖魔一樣，霎時就消失得無影無蹤，只剩下陽光雨露撫育出的底蘊，綻放着馥郁的芳香。松蘿茶入口偏澀，懂茶的人都說有「三重」，色重、香重、味重，其實與茶底的單寧酸含量較多有關，焙製得法就產生濃洌的口感。松蘿茶與龍井、碧螺春一樣，都是綠茶，都沒有經過發酵的程序，但是龍井的香氣清揚開敞，像李白的詩，碧螺春的香氣細膩芬芳，像李清照的詞，松蘿則濃郁內斂，像李商隱詩句，有點濃得化不開。喝到口裏，松蘿有一種沉穩廣袤的鄉野氣息，更接近蒸青的太平猴魁，讓你聯想到暮春時節荼蘼花開，而與龍井因炒青而迸發的撲鼻香氣，會令人想到清明時節杏花綻放，意趣十分不同。或許是因松蘿茶炒青的方式不同，強調文火揉捻，把濃郁茶香滋味都捲入了團丸之中，產生了接近橄欖香味的高爽口感。也有人說，製作最好的松蘿，重點是烘焙的火候，炒青與揉撚則全憑巧勁，只可意會不可言傳。總之，松蘿茶滋味不同於現在流行的龍井與碧螺春，味道要香醇厚重得多，適合喝釅茶的人。

(二)

其實，我沒有實際製茶的經驗，對松蘿茶製作過程的細節所知有限，倒是因為研究茶飲的歷史文化，查過許多文獻資料，很知道松蘿茶興衰的歷史演變。松蘿茶是明代隆慶年間發展出來的名茶，從晚明到清中葉大受文人雅士的追捧，可與杭州龍井茶與蘇州虎丘茶媲美。隆慶萬曆年間的松江人馮時可寫過《茶錄》，其中特別提到松蘿茶：

> 蘇州茶飲遍天下，專以採造勝耳。徽郡向無茶，近出松蘿茶，最為時尚。是茶始比丘大方。大方居虎丘最久，得採造法，其後於徽之松蘿結庵，採諸山茶於庵焙製，遠邇爭市，價倏翔湧，人因稱松蘿茶，實非松蘿所出也。是茶比天池茶稍粗，而氣甚香，味更清，然於虎丘能稱仲、不能伯也。松郡佘山亦有茶，與天池無異，顧採造不如。近有比丘來，以虎丘法製之，味與松蘿等。老衲亟逐之，曰：「無為此山開羶徑而置火坑。」蓋佛以名為五欲之一，名媒利，利媒禍，物且難容，況人乎？

馮時可在這段文字裏，說到萬曆年間的飲茶風尚，和當時其他的上層社會風尚一樣，都以蘇州馬首是瞻，而松蘿茶的異軍突起，顯示各地模仿蘇州風尚與技藝，又別出機杼的現象。馮時可所說的現象，可以歸納成幾點：

1. 在晚明的江南，蘇州的虎丘茶與天池茶引領風氣，以感官享受的樂趣，顯示士大夫追求高雅品味的境界，傾向於清雅平淡之中的細緻芬芳。虎丘茶與天池茶以精妙稀少著稱，文人雅士奉為精品，視若拱璧。松蘿茶的出現，風行一時，就是徽州茶產在文化品味上模仿蘇州的現象。

2. 創製松蘿茶的大方和尚，原來是蘇州虎丘寺的和尚，在那裏學會了製茶的技藝。後來到徽州休寧的松蘿山結庵，自立門戶，同時用蘇州製作虎丘茶的方式，焙製了松蘿茶，風味接近蘇州的虎丘茶與天池茶，大受歡迎。但是，松蘿茶的品味境界，還是比不上蘇州的原產。

3. 松蘿茶一旦有了口碑，四處風行，價格開始飛漲，徽州各地山區的茶農也都採用松蘿的採製方法，大量製作松蘿茶，供應廣大市場的需求。其實，當時市場出現的松蘿茶，都不是松蘿山的出產。

4. 松江府的佘山也產茶，茶的質地與蘇州天池茶相類似，卻不懂得製作的工藝。近來有和尚帶來了新的製作工藝，做出的茶可以達到松蘿茶的水平，引起了老和尚的不滿，趕走了製茶的和尚。理由是，佛門本清靜之地，製茶而引進滾滾財源，帶來世俗利欲腥膻，會玷污佛門，變成名韁利鎖的火坑。

馮時可的評論，反映了晚明商品經濟發展，直接影響到文化風尚的流行，風雅可以變成商品，連佛門都化作製造風雅的場地，令人浩歎。馮時可所說的松蘿茶風行，影響到松江，連佘山茶也仿效松蘿茶製法，在清初徐樹丕的《識小錄》中，也說得十分詳細：

> 徽郡向無茶，近出松蘿茶，最為時尚。是茶始比丘大方。大方居虎丘最久，得採造法。其後於徽之松蘿結庵，採諸山茶，於庵焙製。遠邇爭市，價倏翔湧。人因稱松蘿茶，實非松蘿所出也。是茶比天池稍粗，而氣甚香，味更清。然於虎丘能稱仲，不能稱伯也。松郡佘山亦有茶，與天池無異，顧採造不如。近有比丘來，以虎丘法製之，味與松蘿等。

由此可知，晚明江南的富裕，提供了附庸風雅的環境與條件，使得茶飲風尚引發了名牌效應。先是蘇州虎丘茶風行，然後有大方和尚以虎丘製茶法在徽州松蘿山製茶，造就了明末聲名鵲起的松蘿茶。一旦成了名牌，人們追求風尚，趨之若鶩，商家就有商機可圖，爭相仿製，價格也直線上升。清初葉夢珠的《閱世編》就列出徽州茶託名松蘿，在明末清初的江陰地區，價格昂貴飛騰，到了康熙年間，風尚一過，貶值達七、八成之多：「徽茶之託名松蘿者，於諸茶中猶稱佳品。順治初，每觔（斤）價一兩，後減至八錢、五六錢。今上好者，不過二、三錢。」松蘿茶在明末作為高檔時尚商品，一時風起雲湧。在利益驅動下，徽州附近出產的茶葉都掛上松蘿茶的名目，結果當然是真假難分，贗品充作真品，以假亂真。明末在出版界活躍的徽州人吳從先，以追求高雅品味為職志，相當了解自己家鄉的茶產細節，對松蘿茶真贗混淆的情況，感到痛心疾首：

> 松蘿子，土產也。色如梨花，香如豆蕊，飲如嚼雪。種愈佳，則色愈白，即經宿無茶痕，固足美也。秋露白片子更輕清若空，但香大惹人，難久貯，非富家不能藏耳。真者其妙若此。略混他地一片，色遂作惡，不可觀矣。然松蘿地如掌，所產幾許？而求者四方雲至，安得不以他混耶？

明末松蘿茶的興起，反映了江南以細緻高雅為尚的審美品味，已經成為品茶的標準，而江南社會的富裕提供了附庸風雅的條件，使得本來是少數精英雅士的禁臠成了大眾嚮往的高級奢侈品。影響所及，全國各地一窩蜂，開始製作江南特色的細茶。近如佘山，遠至武夷山地區，都出現以松蘿法製茶的現象，更加推波助瀾，散佈商品的名牌效應，直到清代中期才逐漸消歇。

以假亂真的現象，是商品射利的慣例，倒非松蘿茶所獨有，龍井茶的情況更為嚴重。萬曆期間性喜遊山玩水的杭州明賢馮夢禎（1548-1605），就在日記中抱怨，龍井的茶農狡猾得很，在龍井當地賣的龍井茶，都真贗難辨：「昨同徐茂吳至老龍井買茶。山民十數家各出茶，茂吳以次點試，皆以為贗。曰，真者甘香而不冽，稍冽便為諸山贗品。得一、二兩以為真物，試之，果甘香若蘭，而山人及寺僧反以茂吳為非。吾亦不能置辨，偽物亂真如此。」黃龍德的《茶說》（1615）說，江南各地的名茶產量都十分珍稀，因此充斥着贗品：「杭浙等產，皆冒虎丘、天池之名。宣池等產，盡假松蘿之號。此亂真之品，不足珍賞者也。其真虎丘，色猶玉露，而泛時香味，若將放之橙花，此茶之所以為美。真松蘿出自僧大方所製，烹之色若綠筠，香若蘭蕙，味若甘露，雖經日，而色、香、味竟如初烹而終不易。若泛時少頃而昏黑者，即為宣池偽品矣。試者不可不辨。」不禁讓人聯想到今天中國社會的富裕，也有類似的風尚追求。人們蜂擁到杭州西湖周邊的龍井專賣店，去買貴州出產的贗品龍井；大陸遊客群集台灣的鹿谷，搶購堆積如山的贗品凍頂烏龍，其實產地卻是福建安溪附近的山區。時隔四百多年，社會經濟發展與文化風尚追求的脈絡，居然十分相似，只好讓人帶着反諷的感傷，吟誦杜甫的詩句，「悵望千秋一灑淚，蕭條異代不同時。」

(三)

關於大方和尚創製松蘿茶及其風行的歷史，地方志中有相當詳細的記載。明弘治十五年（1502）《徽州府志》，說到地方土產有茶，著名的高檔品種從來就有：勝金、嫩桑、仙枝、來泉、先春、運合、華英等等。述及明代中葉，「近歲茶名，細者有：雀舌、蓮心、金芽；次者為芽下白、為走林、為羅公；又其次者為開園、為軟枝、為大號，名雖殊而實則一。」明確顯示，明代中葉之前，徽州的茶產，並沒有松蘿茶這個名目。到了清初康熙三十八年（1699）的《徽州府志》，在「物產」項下，一開頭是這麼說的：「茶產於松蘿，而松蘿茶乃絕少。」接着就全部引述弘治《徽州府志》的茶產資料段落，結尾的一句卻改為「實皆松蘿種也」。配合南宋淳熙二年（1175）《新安志》記載茶產，本來就有勝金、嫩桑、仙枝、來泉、先春、運合、華英等等高檔茶葉，其中透露的消息是，松蘿茶作為新的品種出現，要遲到明代中葉以後，而且產量極少。到了後來，凡是徽州產的茶葉，因為茶種相同，全都歸入松蘿茶一類，造成真贋難分的現象。

徽州地方的縣志，記載得更為詳細。清順治四年（1647）《歙志》物產類，「茶」：「多山、黃山、榔源諸處，往時製未得法。僧大方為薙染松蘿者，藝茶為圃，其法極精，然蕞爾地耳。別剎諸髡製歸，其以取售，總號曰松蘿茶。間有藝園中者，製出尤佳，故其法已流布，住在能之。」乾隆三十六年（1771）《歙縣志》:「茶概曰松蘿。松蘿，休（寧）山也。明隆慶間休僧大方住此，製作精妙，郡邑師之，因有此號。而歙產本軼松蘿上者，亦襲其名。不知佳妙自擅地靈，若所謂紫霞、太函、冪山、金竺，歲產原不多得；其餘若蔣村、徑嶺、北灣、茆舍、大廟、潘村、大塘諸種，皆謂之北源。北源自北源，又何必定署松蘿也？然而稱名者久矣。」可見大方和尚在隆慶年間創製松蘿茶之事，在休寧的鄰縣歙縣，撰寫志書的人知道的相當清楚，而對徽州其他地區所產的茶葉都總名松蘿，頗不以為然。

出產正宗松蘿茶的地區，在徽州府休寧縣的松蘿山。休寧有弘治四年（1491）程敏政主編的《休寧志》，其中完全沒有提到松蘿茶。萬曆三十五年（1607）的《休寧縣志》則說，松蘿得名是因為山上多松林，本來不產茶。後來松蘿茶出現，茶種還是原來的地方茶種，只是使用了新的製作法，結果受到追捧，名噪一時:「邑之鎮山曰松蘿，以多松名，茶未有也。遠麓為榔源，近種茶株，山僧偶得製法，遂托松蘿，名噪一時。茶因踊貴，僧賈利還俗，人去名存。士客索茗松蘿，司牧無以應，徒使市恣贗售，非東坡所謂河（汧）陽豕哉？」這裏用蘇東坡汧陽豕的故事來比喻松蘿茶，充滿了諷刺的口氣，是說世人沒有能力辨別好壞真假，人云亦云，以訛傳訛，居然把松蘿茶的名聲炒起來了。東坡汧陽豕的典故，來自《東坡志林》，是蘇東坡自己敘述的：「予昔在岐下，聞汧陽豬肉至美，遣人置之。使者醉，豬夜逸，置他豬以償，吾不知也。而與客皆大詑，以為非他產所及。已而事敗，客皆大慚。」

（四）

明萬曆期間，江南經濟起飛，社會繁華，士大夫生活優裕，吃要吃山珍海味，穿要穿綾羅綢緞，住要有亭台樓閣、花園假山，口腹享受之不足，還要精益求精，講求品味，出現了一大批講究美食茶飲、園藝居室的書籍。大量的茶書面世，臚列了高檔名茶，成為追求風尚的指標，而松蘿茶的名目也就逐漸出現在萬曆晚期的茶書之中。高濂的《遵生八箋》提到了虎丘茶、天池茶、羅岕茶、龍井茶，沒提松蘿茶。陳師的《茶考》認為天池茶與龍井茶最好，雁蕩山茶、大磐茶、羅岕茶次之，沒提到松蘿茶。杭州人胡文煥編寫《茶集》，收集歷代有關茶的文獻資料，在萬曆癸巳（1593）的序中說到自己喜歡喝茶，收羅了當時各地名茶，有虎丘、龍井、天池、羅岕、六安、武夷等名目，也沒有松蘿茶之名。蘇州人張謙德的《茶經》有萬曆丙申（1596）年的序，書中有「茶產」一節，羅列歷代名茶的產地之後，品評當時的名茶，是這麼說的：「虎丘最上，陽羨真岕、蒙頂石花次之，又其次，則姑胥（蘇州）天池、顧渚紫筍、碧澗明月之類是也，餘惜不可考耳。」顯然也是沒聽說過松蘿茶。

袁宏道（1568-1610）於萬曆二十三年（1595）開始擔任蘇州吳縣縣令，兩年後不堪案牘勞形而辭官，在 1597 年遊歷江南各地，早春先到無錫，以惠山泉瀹茶，品評當時江南名茶，說：「一日，攜天池鬥品，偕數友汲泉試茶於此。一友突然問曰，公今解官，亦有何願？余曰，願得惠山為湯沐，益以顧渚、天池、虎丘、羅岕，陸（羽）、蔡（襄）諸公供事其中，余輩披緇衣老焉，勝於酒泉醉鄉諸公子遠矣。」不知袁宏道此時是否試過松蘿茶，總之沒有提及，但是在同年仲春，他經嘉興到杭州，在龍井與陶望齡等友人汲泉烹茶，分析各地名茶特性，品評名茶等級，就說到松蘿茶，並且以之名列天池茶之上：「近日徽人有寄松蘿茶者，輕清略勝天池，而風韻少遜。」杭州茶飲名家許次紓著《茶疏》，有萬曆丁未（1607）刻本，書中「產茶」項下，特別標出了長興的羅岕茶，隨後就指出：「若歙之松蘿、吳之虎丘、錢塘之龍井，香氣穠郁，並可雁行，與岕頡頏。」許次紓是萬曆年間最精於茶道的名家，他的說法還出現在高元濬的《茶乘》之中，可見，到了萬曆末葉，松蘿茶已經得到蘇杭一帶文人雅士的青睞，視為高檔茶的上品了。明末以高雅品位著稱的文震亨（文徵明的曾孫），在他的《長物志》中描述松蘿茶，說，「十數畝外，皆非真松蘿茶，山中亦僅有一二家炒法甚精，近有山僧手焙者更妙。真者在洞山之下，天池之上。新安人最重之，兩都曲中亦尚此。以易於烹煮，且香烈故耳。」

明末的江西名士費元祿（1575- ? ）在《鼂采館清課》中，品評當時各地的名茶，論述甚為精到：

孟堅有茶癖，余蓋有同嗜好焉。異時初至五湖，會使者自吳越歸，得虎丘、龍井及松蘿以獻。余為汲龍泉石井烹之。同孟堅師之叔鬥品彈射。益以武夷、雲霧諸芽，輒松蘿、虎丘為勝，武夷次之。松蘿、虎丘製法精特，風韻不乏，第性不耐久，經時則味減矣。耐性終歸武夷，雖經春可也。最後得蒙山，瑩然如玉，清液妙品，殆如金莖，當由雲氣凝結故耳。

費元祿這一段品茶記錄，羅列了當時最負盛名的虎丘、龍井、松蘿，同時又比較武夷茶、雲霧茶、蒙山茶，指出各種名茶的特性，可以視為明末嗜茶者流行的看法。其中說到松蘿茶與虎丘茶不耐久，不像武夷茶可以久存，經年不敗，指出松蘿與虎丘質地類似，品類相同，不能久存，是與製茶的方法有關的。

萬曆年間的羅廩著有《茶解》一書，有 1609 年屠本畯的序，書中列出當時最受人稱道的名茶，有虎丘、羅岕、天池、顧渚、松蘿、龍井、雁蕩、武夷、靈山、大盤、日鑄。講到製茶的方法，羅廩特別提到松蘿茶：

> 茶葉不大苦澀，惟梗苦澀而黃，且帶草氣。去其梗，則味自清澈；此松蘿、天池法也。余謂及時急採急焙，即連梗亦不甚為害。大都頭茶可連梗，入夏便須擇去。松蘿茶，出休寧松蘿山，僧大方所創造。其法，將茶摘去筋脈，銀銚炒製。今各山悉倣其法，真偽亦難辨別。

羅廩對松蘿茶十分了解，明確指出，其製作程序，與蘇州一帶的精緻炒焙方式，如出一轍。以同樣方法製作，各地也都可以做成類似的茶葉，當然難免會出現真偽難辨的情況。

為《茶解》寫跋（1612）的龍膺特別推崇松蘿茶，說自己要喝好茶，首選是松蘿，喝不到松蘿，才喝天池茶或顧渚茶。他對松蘿茶的製作方法，因為親自觀察過大方和尚的製作程序，也頗有心得，認為松蘿茶的製法與岕茶不同，其「色香而白」的優良質地，全在炒焙揉捻之功。因此，按照大方和尚的製作程序，別處的上好茶芽也可以製出媲美松蘿的好茶：

> 宋孝廉兄有茶圃，在桃花源，西巖幽奇，別

一天地，琪花珍羽，莫能辨識其名。所產茶，實用蒸法如岕茶，弗知有炒焙、揉挼之法。予理郭日，始游松蘿山，親見方長老製茶法甚具，予手書茶僧卷贈之，歸而傳其法。故出山中，人弗習也。中歲自祠部出，偕高君訪太和，輒入吾里。偶納涼城西莊稱姜家山者，上有茶數株，翳叢薄中，高君手擷其芽數升，旋沃山莊鐺，炊松茅活火，且炒且揉，得數合，馳獻先計部，余命童子汲溪流烹之。洗盞細啜，色白而香，彷彿松蘿等。自是吾兄弟每及穀雨前，遣幹僕入山，督製如法，分藏堇堇。邇年，榮邸中益稔茲法，近採諸梁山製之，色味絕佳，乃知物不殊，顧腕法工拙何如耳。

龍膺在他自己寫的《蒙史》，對松蘿茶的製作，說的更為清楚：

今時茶法甚精，虎丘、羅岕、天池、顧渚、松蘿、龍井、雁蕩、武夷、靈山、大盤、日鑄諸茶為最勝，皆陸（羽）經所不載者。乃知靈草在在有之，但人不知培植，或疏於製法耳。……松蘿茶，出休寧松蘿山，僧大方所創造。予理新安時，入松蘿親見之，為書《茶僧卷》。其製法，用鐺摩擦光淨，以乾松枝為薪，炊熱候微炙手，將嫩葉一握置鐺中，札札有聲，急手炒勻，出之箕上。箕用細篾為之，薄攤箕內，用扇搧冷，略加揉挼。再略炒，另入文火鐺焙乾，色如翡翠。

松蘿茶以製作精良考究取勝，明末寧波人聞龍的《茶箋》也討論過，並稱之為「松蘿法」:「茶初摘時，須揀去枝梗老葉，惟取嫩葉，又須去尖與柄，恐其易焦，此松蘿法也。炒時須一人從旁扇之，以袪熱氣，否則色香味俱減。予所親試，扇者色翠。不扇色黃。炒起出鐺時，置大磁盤中，仍須急扇，令熱氣稍退，以手重揉之，再散入鐺，文火炒乾入焙。蓋揉則其津上浮，點時香味易出。」

萬曆年間的謝肇淛（1567-1624）在《五雜俎》書中，也記錄了他親自到松蘿一帶，聽製茶的和尚說「松蘿法」:「今茶品之上者，松蘿也，虎丘也，羅岕也，龍井也，陽羨也，天池也。……余嘗過松蘿，遇一製茶僧，詢其法。曰，茶之香，原不甚相遠，惟焙者火候極難調耳。茶葉尖者太嫩，而蒂多老。至火候勻時，尖者已焦，而蒂尚未熟。二者雜之，茶安得佳？松蘿茶製者，每葉皆剪去其尖蒂，但留中段，故茶皆一色，而功力煩矣。宜其價之高也。」看來松蘿茶的製法，與現代徽州的上品炒青綠茶類似，選料精審，炒青與烘焙的火候更為講究。由此看來，真松蘿的產品雖然極為稀少，而類松蘿則徽州各地都可以仿製，因此，松蘿茶名滿天下，真贋難辨，也就無足於怪了。

（五）

明末清初的遺民詩人吳嘉紀（1618-1684）曾經寫過一首《松蘿茶歌》，可算是詩文中敘述松蘿茶最詳細的文學作品。他說，江南產茶的地方很多，但是真正能夠品味松蘿茶的人卻很少：「今人飲茶只飲味，誰識歙州大方（原註：僧名）片？松蘿山中嫩葉萌，老僧顧盼心神清。竹籯提挈一人摘，松火青熒深夜烹。韻事倡來曾幾載，千峰萬峰叢亂生。春殘男婦採已畢，山村薄雲隱百日。卷綠焙鮮處處同，蕙香蘭氣家家出。北源土沃偏有味，黃山石瘦若無色。紫霞摸山兩幽絕，谷暗蹊寒苦難得。種同地異質遂殊，不宜南鄉但宜北。」這裏說的「歙州大方」，就是最早在休寧松蘿山創始松蘿茶的山僧大方和尚，而「大方片」的說法，讓我們知道松蘿茶炒製之後呈現為片狀，與龍井茶的外貌相似。詩中提到北源、紫霞、摸山（冪山），都是徽州傳統產茶的地區，也是被人統稱為松蘿茶的來源。生長在江蘇泰州的吳嘉紀為甚麼如此清楚松蘿茶產地，知道松蘿茶出產的複雜情況呢？原來他喝到的松蘿茶都來自兩位徽州友好，時常給他寄茶，使他感激不盡，甚至想要搬到徽州去，買塊山地種茶，與好友結廬為鄰：「夐巖汪子真吾徒，不惟嗜茶兼嗜壺。大彬小徐壼真蹟，水光手澤陳以腴。瓶花冉冉相掩映，宜興舊式天下無。有時看月思老夫，自煎泉水牆東呼。郝髯陸羽無優劣，茗櫃微茫觸手別。靈物堪令疾疢瘳，今年所貯來年啜。憐予海岸病消渴，遠道寄將久不輟。二君俱是新安人，我願買山為比鄰。一寸閒田亦種樹，甌香椀汁長霑唇，況復新安之水清粼粼。」

吳嘉紀《松蘿茶歌》提到的「夐巖汪子」，名汪士鋐，字扶晨，徽州地區潛口人，是吳嘉紀的詩友。屈大均曾寫詩給汪扶晨，收入詩集後附有註解：「扶晨家在潛溪，門前有紫霞山，去黃山九十里。扶晨自製茶，名紫霞片。海陵吳野人（嘉紀）有《謝扶晨寄紫霞茶》詩。」吳嘉紀的詩，是這麼寫的：「病渴老益甚，命棹還田家。情人相追送，贈我紫霞茶。此物瘳疾疢，歲產苦不多。感君回首望，已隔芙蓉花。花紅江水碧，歸程盡三百。茅齋林木裏，明月照床席。獨飲山中茶，憶此山中客。」因此可知，吳嘉紀所詠的松蘿茶，其實是汪扶晨自己種植監製的紫霞茶。

詩中說到可以匹敵陸羽的「郝髯」，名郝儀，字羽吉，徽州人，是與吳嘉紀詩歌唱和的知己好友，行賈於徽州、揚州、泰州，為人慷慨大方，時常接濟生活在貧困中的窮詩人吳嘉紀。吳嘉紀詩集中，有大量詩作寫給郝羽吉，如《詠古詩十二首，贈郝羽吉》，最後一首說：「茶味世不識，濁俗何繇醒？鴻翼覆野啼，陸羽真天生。

飲啜道遂廣，荈蔎辨尤精。採摘穀雨前，歸來山月明。夜火喧僧舍，幽芬淡人情。吳楚幾原泉，氣味本孤清。汩沒山谷裏，幾與眾水並。逢君一鑒賞，人間盡知名。至今品題處，滴溜寒泠泠。」是稱讚郝羽吉能辨別茶味，是品茶的鑒賞專家。郝羽吉於 1680 年過世，第二年穀雨時節，吳嘉紀寫了兩首絕句，《茶絕懷郝二》，懷念郝羽吉年年遠寄松蘿茶，斯人已去，再也得不到這份溫馨友情的照顧了。其一：「三徑蓬蒿一老身，愁聞穀雨是今晨。自從郝二夜台去，空椀空鐺乾殺人。」其二：「箬簍鉛瓶封且題，頻年千里寄柴扉。數錢今日與山店，買得松蘿忍淚歸。」

由吳嘉紀的例子，可以看出，他能常喝松蘿茶的原因，是得自徽州詩友的餽贈。他的徽州詩友平素從事商業活動，經常來往於徽州、揚州、泰州一帶，也就傳布了松蘿茶風尚，讓生活窘迫的吳嘉紀也能品嘗山鄉的珍稀滋味，齒頰生香。這個寄贈松蘿茶到揚州一帶的例子，同時顯示了徽商在揚州的活動，並不止是翻滾於錢堆之中，也熱衷於文化審美的生活品味，提倡風雅，活躍於經濟以外的文化場域。揚州八怪之一的鄭板橋，曾有題畫詩，把翠竹新篁與松蘿新茗並列，表達天清氣朗的早春感覺，還題了詩，頗有揚州地域的時尚感：「不風不雨正晴和，翠竹亭亭好節柯。最愛晚涼佳客至，一壺新茗泡松蘿。幾枝新葉蕭蕭竹，數筆橫皴淡淡山。正好清明連穀雨，一杯香茗坐其間。」

松蘿茶到了乾隆嘉慶時期，仍然相當風行，而且是徽商經營的大宗。江澄雲的《素壺便錄》就說，產自休寧的松蘿茶固然最孚盛名，然而黃山一帶也產好茶，可以媲美松蘿，如黃山雲霧茶、黃山翠雨茶等，可能質量還要高於松蘿。其實，徽州地區出產很多高級品種，如歙縣的太函茶、潛口的紫霞茶、西鄉的金竺茶、南鄉的小溪茶、北源諸山的茶，都不亞於松蘿。嘉慶年間刊印的《橙楊散志》特別説到徽商經營茶葉的情況：「歙之鉅商，業鹽而外惟茶。北達燕京，南極廣粵，獲利頗賒，其茶統名松蘿。而松蘿實乃休（寧）山，匪隸歙境，且地面不過十餘里，歲產不多，難供商販。今所謂松蘿，大概歙之北源茶也，其色味較松蘿無軒輊。」

松蘿茶的衰落，大概是在清末之後，國勢衰微，經濟頹敗，戰亂不止，革命頻仍。吟風弄月，品茗賞花的心境，很難在山河破碎之際，繼續承傳，而松蘿茶的風尚也就成為絕響。一直到了二十一世紀，經濟起飛之後，人們生活富裕了，松蘿茶居然像浴火的鳳凰，再度從休寧的山坳裏，飛翔進我們的視野。我喝着松蘿茶，不禁冥想，今天的松蘿茶會不會再度成為時尚？

茶，明前雨前孰為貴？

每年春天，新茶上市，就有朋友送來龍井新茶。有的包裝簡易輕便，清爽之中透露幾分質樸，裝在紙盒裏，像梳着兩條辮子的村姑；有的盛在精美的鐵皮罐裏，外面再套上裝潢華美的錦盒，那層錦緞卻總是一不小心就剝離了盒身，像村姑罹陷在城市繁華的淵藪，難逃失身的命運；有的盛在特製的青花瓷罐裏，罐口還製備了鋥亮的不鏽鋼鐵箍，有如荷蘭啤酒罐上防止漏氣的裝置，好像罐內的新茶是思春的少女，防範不周就會私奔似的。朋友來自天南海北，有的來自上海，有的來自北京，還有從成都或昆明來的，在清明前後，總會攜帶明前龍井作為手信，作為節氣的時令問候，讓我感動不已。不過，我同時又為朋友擔心，在機場免稅店破費置備的這些貴重禮品，究竟是貴州龍井、湖北龍井、江西龍井，還是真正產自杭州龍井村的龍井，真是難說。

記得我第一次參觀龍井村的中國茶葉博物館，那是將近二十年前的往事了。館長是好友的學生，熱情招待，不僅帶我參觀博物館的設置與展覽，還一定要請我喝剛剛上市的龍井新茶，而且強調是館裏收來品質最好的明前茶。我問說，是獅峰龍井嗎？他說不是，是新昌收來的浙江南部的新茶，製作工藝與傳統龍井一樣，喝起來口感也一樣，價錢卻比獅峰龍井便宜了一半有多。隨後他抓了一撮茶葉，放在玻璃杯中，打開暖水瓶，沖了一杯煙霧繚繞茶水給我，還說，沖龍井茶要用滾燙的水才好，輕輕啜飲，從嘴唇到喉腔有一種微微刺痛的感覺，真是過癮。我說，水溫在攝氏八十五到九十度為佳，不至於燙黃了明前的嫩葉，減弱了輕靈清揚的芳馨。館長搖搖頭，堅持說滾開的熱水才好，溫度低了茶葉不發，香氣出不來。我後來想想，他所謂的滾開水，其實是暖水瓶裏倒出來的滾開水，不是攝氏一百度的沸滾水，水溫最多也不過是九十度，與我的說法並無抵觸矛盾之處。不過，與館長的一席談，倒是領教了重要的人生體會：好喝的龍井茶，不一定都出產在龍井村，山寨貨也不一定比正派貨差。

杭州老友多，有幾位特別講究喝明前龍井，與龍井村的茶農相熟，來源可靠。小林就總是幫我買上等的明前獅峰龍井茶，有一次親自開車，帶我到茶農家裏挑茶葉，而且還講好要清明之前風和日麗那天採的。賓主寒暄了幾句，就翻開貯存茶葉的石灰缸，裏面一包包茶葉裝在塑膠袋裏，清楚標明了幾月幾日。茶農挑了一包，說這一天風清氣朗，早上還有露水呢，即採即做，份量不多，大概有一斤多，都給貴客吧。他取出一張桑皮紙，放在秤上，十分利落地勻好，裹起，像包糭子一樣包得相當嚴整，外面罩上塑膠套，封緊，再用一根塑膠繩一紮，交給我，說這是今年最好的明前龍井，都給你了。我提著桑皮紙包，看着外表毫不起眼的包裝，心想，這樣珍貴的頂級龍井，用鄉下粗紙包了個嚴嚴實實，就像浣紗在苧羅江邊的西施，穿上了伊斯蘭婦女的傳統套頭裝，雖說是「亂頭粗服，不掩國色」，現代的時髦人卻是妍媸難辨的。

人人都說新茶好，搶着要清明之前採摘的珍品，究竟是物以稀為貴，還是明前茶真的就遠勝清明之後的茶葉？三十年前，還經常聽到懂茶的人盛稱「雨前」，頗有點遺老之風，懂得明清以來的飲茶風範，現在聽不到了。眾口一詞，只誇「明前」，好像清明是皇宮選秀的大日子，過了這天，美麗嬌柔的秀女都選進宮裏，成為皇帝的禁臠，民間再也無法染指。僥倖得到屬於皇帝享用的明前茶，那感覺真是良好，就會想到蘇東坡說的「從來佳茗似佳人」，能夠一親宮廷嬪妃芳澤的風流韻味，大概是人們下意識中最私密的僭越行為，好像有着甘冒殺頭的風險，卻只是愛麗絲夢遊仙境一般的歷險遐想。從清明到穀雨，這半個月之間所產的茶葉，是皇室貴胄棄如敝帚的次品，附庸風雅之士也就覺得有辱尊口，索然無味，不肯沾唇了。

明前茶之所以珍貴，與古代皇家的飲茶風尚有關，是宮中清明節慶典儀所需，固然是上層社會驕奢淫逸的表現，也是皇家遵循禮儀制度的規矩。此風可以上溯到唐朝，京城設在長安的唐朝皇室，開春之初，例有清明宴，款待貴族與大臣，乃宮中典儀的一件大事。清明宴上皇帝

2024 年清明節鄭培凱在龍井村採茶

要賜茶，就等於宣告無需告示的聖旨，民間貢茶的時間要早於清明，而採摘的時期就要更早了。陸羽《茶經》說，「凡採茶在二月、三月、四月之間。」說的很寬，包括了整個春天，也就是說春茶都好。但是皇室要在清明宴上喝茶，地方官府要遵旨進貢，驚蟄一過，就趕着老百姓上山採茶了。盧仝寫過一首《走筆謝孟諫議寄新茶》，也就是大家熟悉的所謂「七碗茶」詩，其實是首為民請命的詩，其中說到「聞道新年入山裏，蟄蟲驚動春風起。天子須嘗陽羨茶，百草不敢先開花」，採茶的老百姓可就苦了，忙着到山顛懸崖去採茶，引發詩人的感慨：「安得知，百萬億蒼生，墮在顛崖受辛苦！」

從晚唐到北宋期間，全球氣溫下降，進入一段寒冷期，四川蒙頂茶與江南陽羨顧渚茶發芽的時間推後，只有福建所產能夠提供清明宴所需。北宋御茶園設在建州（今福建建甌），與當時全球寒冷氣候變化有關，承襲了五代十國時期福建植茶的發展，將御用貢茶的基地南遷到閩北。由於福建氣候溫暖，可以保證貢茶在清明之前到達京城開封，也反映了明前貢茶，是雷打不動的規制。宋子安《東溪試茶錄》明確指出，「建溪茶，比他郡最先，北苑、壑源者尤早。歲多暖，則先驚蟄十日即芽；歲多寒，則後驚蟄五日始發。先芽者，氣味俱不佳，唯過驚蟄者最為第一。民間常以驚蟄為候。諸焙後北苑者半月，去遠則益晚。」這裏說出了明前貢茶的一個秘密：只有北苑與壑源這兩塊茶園的茶樹茶芽發得早，在驚蟄之前開始發芽，質地卻以過了驚蟄的才好；附近茶園要半個月以後，也就是春分之後才開始發芽，再遠一些的茶園就更晚了，要到清明才有茶芽。由此可見，明前茶的珍貴，主要是供皇室貴族品賞，在民間則是稀罕難得的奇貨。

黃儒的《品茶要錄》也說，「茶事起於驚蟄前，其採芽如鷹爪，初造曰試焙，又曰一火，其次曰二火。二火之茶，已次一火矣。故市茶芽者，惟同出於三火前者為最佳。尤喜薄寒氣候，陰不至於凍，晴不至於暄，則穀芽含養約勒，而滋長有漸，采工亦優為矣。」這裏明確講到氣候寒溫對茶芽的影響，太冷或太暖都不好，一定要冷暖適當，才能保證茶芽的滋養，摘採精製。宋徽宗趙佶《大觀茶論》探討採茶的時節，強調「天時」，特別講到季候與氣溫的重要，是製作好茶的第一關鍵：「茶工作於驚蟄，尤以得天時為急。輕寒，英華漸長，條達而不迫，茶工從容致力，故其色味兩全。若或時暘鬱燠，芽奮甲暴，促工暴力，隨槁，晷刻所迫，有蒸而未及壓，壓而未及研，研而未及製，茶黃留漬，其色味所失已半。故焙人得茶天為慶。」可見皇帝清楚知道，微寒天氣適合茶芽生長，假如天候不對，氣溫突然升高，暴熱濕溽，茶芽的色味俱失，就不適合點茶爭勝的要求了。由此可知，明前茶適合宋代鬥茶風尚，茶芽愈細嫩，就愈能擊拂出英華瑩燦的泡沫，達到鬥茶技藝的巔峰。

從宋到明，中國人主流飲茶的講究，是從茶餅研末擊拂拉花，轉為茶芽沖泡品味。這個改變固然與明太祖傷憫茶農驚蟄採茶之苦，下令罷造龍團有關，也跟明代製茶工藝改變，掌握了炒青技術的妙諦相關，把飲茶時尚從視覺審美為主，轉為崇尚味覺品賞為主，這才次第出現了明清以來的江南綠茶精品，如龍井、碧螺春之類。也因此，造就了新的品茶標準，講究茶芽本身具備的色香味，以口感更加細膩精緻為上。明初就有朱權的《茶譜》說，「於穀雨前，采一槍一葉者製之。」明代中葉之後，張源《茶錄》，「採茶之候，貴及其時。太早則味不全，遲則神散，以穀雨前五日為上，後五日次之，再五日又次之。茶芽紫者為上，面皺者次之，團葉又次之，光面如篠葉者最下。徹夜無雲，浥露採者為上，日中採者次之，陰雨中不宜採。產谷中者為上，竹下者次之，爛石中者又次之，黃砂中者又次之。」讚揚的是「雨前」，而且是穀雨之前的五天，已經是清明之後十天了。

明萬曆年間的品茶大家許次紓，在《茶疏》裏說得更清楚：「清明、穀雨，摘茶之候也。清明太早，立夏太遲，穀雨前後，其時適中。若肯再遲一二日，期待其氣力完足，香烈尤倍，易於收藏。」還批評了蘇州松江一帶的人不懂，「吳淞人極貴吾鄉龍井，肯以重價購雨前細者，狃於故常，未解妙理。」許次紓指出了品為芽茶的關鍵：明前茶中氣不足，穀雨前後的茶葉才韻味飽滿。不懂的人只注意茶芽細嫩好看，忽略了品味的重要，硬說明前茶比雨前茶好，其實是皮相之見，不懂得雨前茶的好處是滋味飽滿。

不過，二十世紀以來全球暖化，氣溫升高，茶芽萌發得早，也許清明之前的氣候已經使得茶芽氣韻豐滿了。再加之現代茶農為了博取暴利，在清明、穀雨之後，為免天暖開始出現蟲患，大量使用有損健康的農藥，所以，人們對早春的「明前」趨之若鶩，是為了防患於未然，避免農藥傷身，也是無可奈何之舉。但是，無論如何，從芽茶品味的角度來說，卻不能認定「雨前」就次於「明前」。

古董茶碗

杭州吳山廣場附近有個古玩城，離人山人海的河坊街只有兩、三個街口，經常受到人潮的波及，龍蛇雜處，魚蝦蚌蛤也會隨波而來。古玩城後面偏遠之處，卻在法國梧桐的夾道林蔭庇護之下，有幾家隱蔽的古玩店，不聲不響，從簾幕深深的縫隙中，靜觀吳山歷史的雲淡風輕，倒也是個異數。我到訪杭州的時候，偶爾傍晚有空，會約了幾位愛好文物的朋友，一道去喝茶。有時運氣好，會買到一隻日本人豔稱為天目的建窰茶碗，幾絲兔毫呈現的褐色條紋十分明暢，也買過一把昭和時期的爛銀茶壺，將將盈手，細緻的象牙把手如彎彎的月牙，優雅得像《浮生六記》裏芸娘回眸時的風采。

古玩店老闆小雲上個月發來圖片，說正在出清存貨，知道我喜歡文房雅玩，要送我一方宋代的抄手硯，還有一隻茶褐色的水盂，大概是遼金時期北方窰口生產的。趁着到杭州開會，傍晚時分，就約了幾個朋友一道去喝茶，更重要的當然是去賞玩古董。阿廖喜歡家具和金銀器擺設，看到一整套檀木圈椅，發出黑褐色的油光，木質像是上了一層大漆一樣，更像是建窰的黑釉，就問，這檀木是新拋光的，怎麼又有如此養眼的包漿呢？小雲說，這幾件圈

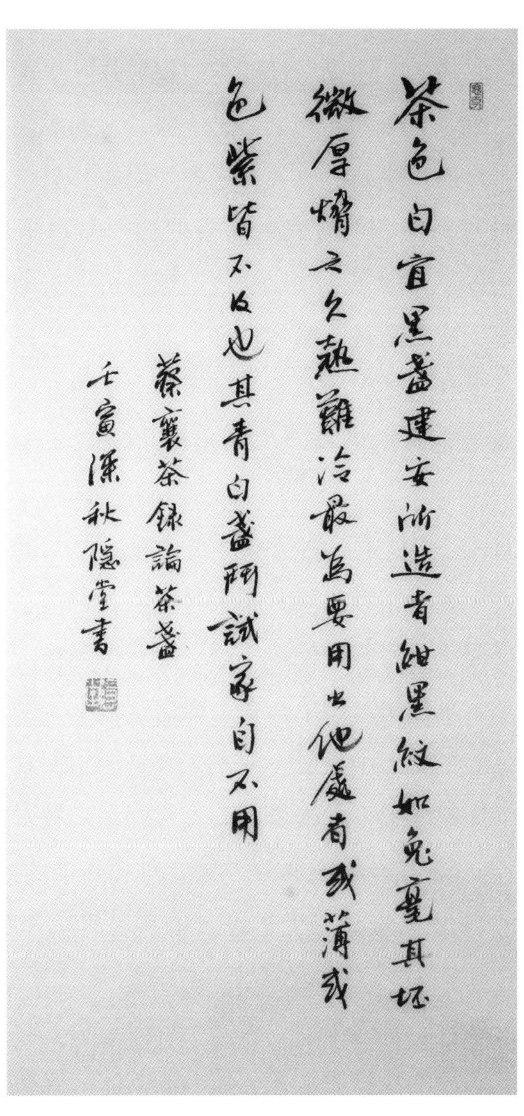

蔡襄《茶錄・論茶盞》（書法：鄭培凱）

椅的工藝特別好，木頭是非洲黑檀木，是朋友前幾年從西非弄回來的。我不禁想到，曾經在飛機上和一位馬來西亞的木材商聊天，他說上好的木頭很難找，東南亞已經不多了，巴西還有些，非洲倒不少，而且非洲黑兄弟工錢低廉，每天賞他一瓶酒，就死心塌地到原始林裏砍伐珍貴木料，是最容易獲利的買賣。店裏的這一套六張黑檀木圈椅，雖非古董，卻完全按照明代式樣打造，美觀大方，絕對可以媲美博物館裏的明代精品。可惜我生活在香港，居處逼仄，沒有上千呎的茶室，要不然，真想扛回家去，每天坐在賞心悅目的圈椅上，喝喝茶，讀讀莎士比亞與蘇東坡。

不過，小雲送我的抄手硯十分古樸，晶瑩如玉，比我手掌略大，硯心稍稍凹陷，觸手光滑柔膩。英子說，這塊硯台這麼潔淨，用的時候得小心，別弄得污糟了。我說，可以拿來當筆掭用，讓筆鋒在上面劃拉幾下，帶上宋代的煙霞。至於水盂，小雲說，前不久來了個朋友拿走了，給你補上一隻硯滴吧，是龍泉窰的。我們看了看，不能確定是明初的，還是明代中期的，反正釉色厚實溫潤，是個好東西，可能更勝過那隻水盂，倒真是失之東隅，收之桑榆。

然後就看店裏的茶器，看到一隻繕了金的龍泉蓮瓣斂口茶碗，釉色是淡雅的天青，比一般的龍泉瓷顯得舒朗，有一種難以言宣的姿態風神，美得讓人忘記了歲月流逝。

使我冥想到，陶匠製作這隻碗的時候，一定是在雨霽天青的時候，望着村前山溪潺潺的流水，想鄰居妹子會不會撐着油紙傘，跨過村頭的小橋。我跟太太說，這隻茶碗姿態優雅，很有點汝窰的灑脱，可算是龍泉的精品，可惜有了瑕疵。她的眼瞳發出柔美的光芒，嘴角閃過一絲溫馨的笑意，說道，繕了金才有獨特的缺陷美，顯示了歷史留下的痕跡，是最真實的時間寫照，記錄了光陰見證的滄桑。我就知道，她心底已經決定，這隻茶碗是屬於她的了。

還看到一隻建窰兔毫茶盞，拿到手裏，沉甸甸的，就如蔡襄《茶錄》裏寫的，「建安所造者，紺黑，紋如兔毫，其坯微厚」。這隻茶碗的品相實在是好，整體烏青，油光燦爛，只在碗沿邊上稍稍帶點醬紫，但也是我所見過的精品了，絕對可以媲美許多博物館矜誇不已的展品。要價八萬，倒不算貴。一隻吉州窰的玳瑁碗，花色散漫，有點像岩壁上長滿了地衣，讓人看了心裏發毛。最特別的是一隻窰變的油滴碗，油滴擴散成紅褐色的鐵花，在烏黑晶瑩的表釉之下，發出璀璨的暗紅色星芒。相比於日本國寶的那幾隻曜變天目，這隻窰變油滴碗有點灰撲撲的，呈顯了時間磨蝕的風霜，好像刷了一層薄薄的滄桑，別有一種暗晦沉潛的歷史感。小雲問我們，知不知道是甚麼窰口的，我說看起來像北方黑釉，英子說應該是山西窰口，很像渾源窰系統的油滴碗。小雲就說，一定是山西的黑釉，或許屬於山西懷仁窰系統。我們都上了手，翻來覆去地琢磨，都覺得不錯，雖然器型不大，卻品相端正，而且比南方窰口的黑釉來得古樸豪放。問了問價錢，要大約十幾萬。

喝了茶，我們買了那隻繕金的龍泉蓮瓣碗，感到晚風習習，愜意萬分，施施歸去。

工夫茶器精緻細巧

中國飲茶的歷史十分悠久，從早期的生煮羹飲，當作解渴解乏的菜湯食用，到隋唐時期出現明確的品賞階段，製團研末，開始用心品味，是味覺意識的一大飛躍。自從陸羽、皎然、盧仝等茶人提倡茶器要配合茶道，茶飲的主流變化可以概括為兩個大階段，就是唐宋時期的研末煎點與明清以來的芽葉沖泡。到了明末清初，福建又出現了一種飲茶習慣，開始喝條索發酵的陳茶，先流行於武夷山一帶的茶農，逐漸發展到閩粵各地，出現了武夷岩茶、烏龍、鐵觀音一系。值得我們注意的是，飲茶風尚的演變，與製茶的技術規範、茶器的形制釉色，是環環相扣、息息相關的。唐代講究煎茶的湯色與沫餑，就崇尚浙江青瓷系的秘色瓷碗；宋代講究點茶拉花，就推崇建窰黑瓷茶碗；明代開始品味芽葉新茶，就鍾意薄胎的甜白釉茶盞與青花瓷杯。錫壺與紫砂壺的普遍流行，以及使用精緻細巧的小杯飲酌，是在明代中葉之後，特別適合清初逐漸風行的發酵茶，成為清代閩南潮汕飲茶常設的茶器。

在明末清初的飲茶習俗進程中，茶事發展的新鮮事物，是武夷發酵茶的出現。武夷茶農原先遵循江南炒青綠茶的風尚，後來改為品賞發酵陳茶的濃郁口感。明清兩代，一直以江南炒青或蒸青的新茶為尚，講究的是早春新出的茶芽，在清明與穀雨期間採摘製作，如虎丘茶、龍井茶、松蘿茶等，成為茶人的新寵。比較例外的是蒸青的羅岕茶，但也是初夏的新茶，保有新鮮的春天氣息。到了清初的武夷山地區，卻在全國流行鮮嫩新茶的氛圍中，橫空出世，發生影響近現代流行的飲茶方式，開始喝陳茶，飲用發酵過後的茶葉，有的是輕微發酵，有的重發酵，有的則是完全發酵。在世界飲茶史上，由此而出現了著名的武夷岩茶、烏龍茶、鐵觀音，以及紅茶、普洱茶，許多都在十七世紀以後成為外銷茶的主力，對全球飲食文明發生了巨大的影響。

關於武夷發酵茶的出現，比較早的記載來自明末清初的周亮工（1612-1672），他在清初順治年間擔任過福建按察使與布政使，寫過《閩小記》一書，記載了明代武夷地區採製茶葉，本來是學江南綠茶的做法，以新茶為貴，後來則着重發展陳年發酵茶。書中所錄《閩茶曲》，也見於他的《賴古堂集》（南京圖書館藏清康熙刻本），其中有這麼一首詩：「雨前雖好但嫌新，火氣難除莫近唇。藏得深紅三倍價，家家賣弄隔年陳。」同時還有自己的註：「上游山中人類不飲新茶，云火氣足以引疾。新茶下，貿陳者急標以示，恐為新累也，價亦三倍。閩茶新下，不亞吳越，久貯則色深紅，味亦全變，無足貴。」明確指出，武夷地區茶農不喜歡新茶，在販賣茶葉時，還要特別標明是陳茶的品類，以別於新茶，因為發酵陳茶的價錢是新茶的三倍。

與飲用發酵茶相應的，是陶瓷茶器使用的變化。閩南、潮汕一帶，因為飲茶風氣的轉變，從嘗新（明前茶、雨前茶）轉為品賞發酵陳茶，也就選擇可以呈現發酵茶濃郁口感的茶器，以紫砂壺與細瓷小杯為主。到了乾隆時代，以宜興紫砂壺沖泡半發酵葉茶，在閩南與潮汕地區，特別是泉州、漳州、潮州一帶，已經形成獨特風格，與江南主流品賞明前或雨前新茶的風尚大為不同了。

我們界定工夫茶，首先要注意工夫茶的獨特風格。在茶器方面，長期以來使用紫砂小壺與細瓷小杯，所謂「罐推孟臣小，杯取若琛（深）潔」。清末台灣學者連橫在《雅堂文集》中說到，「台人品茶，與中土異，而與漳、泉、潮相同；蓋台多三州人，故嗜好相似。茗必武夷，壺必孟臣，杯必若琛（深），三者品茗之要，非此不足自豪，且不足待客。」這段話言簡意賅，明確指出清末台灣人喝茶，沿襲閩南潮汕風俗，而「與中土異」，也就是不同於主流喝新鮮綠茶的風尚。工夫茶有三要：茶葉是半發酵的武夷系統的岩茶、烏龍、鐵觀音；孟臣壺是江蘇宜興的紫砂壺；若琛（深）杯則是江西景德鎮出品的細瓷小杯。值得我們特別注意的是，武夷半發酵茶是清初出現的製茶法，紫砂壺是明末發明的製壺法，而若琛（深）杯則是清代景德鎮製作的闊口小杯。所有的歷史證據都顯示出，閩南潮汕工夫茶的獨特風格是明末清初之後逐漸成形的。

坊間有潮汕工夫茶始自宋代之說，並隨意引述蘇東坡貶謫到惠州，稱讚當地的茶品，還說蘇轍詩句「閩中茶品天下高，傾身事茶不知勞」，可以作為宋代已經出現潮汕工夫茶的證據，其實大謬不然，完全昧於宋代茶飲崇尚點茶拉花的情況。宋代精英豔稱的建州龍團茶，是用來研末煎點的，與清代工夫茶使用沖罐泡葉茶，其間有巨大的差別。何況宋人講究的茶具，是建窰黑釉茶碗（日本茶道稱之為天目碗），在碗中擊拂茶末成為沫餑，日本抹茶道沿襲至今。工夫茶使用明末才發明的紫砂茶壺，以及細白瓷的小杯，沖泡半發酵的葉茶，是明清時代雅俗共賞的後起風尚。

還有些研究潮州工夫茶的學者，為了提升工夫茶的文化意涵，開啟工夫茶的哲思空間，追溯工夫茶歷史到唐代的陸羽，以顯示工夫茶源遠流長，有着超過千年的歷史傳承。他們的理由是陸羽《茶經》展示烹茶要有茶具、有茶儀、有仔細的程序與步驟，喝茶要下工夫，所以，工夫茶源自陸羽。這種說法，完全昧於陸羽喝的是茶鐺烹煎的末茶，強調最好的茶器是浙江的越窰青瓷碗，與工夫茶的品賞過程，風馬牛不相及。清代乾隆末葉的俞蛟，在《夢庵雜著．潮嘉風月．工夫茶》中說到：「工夫茶烹治之法，本諸陸羽《茶經》，而器具更為精緻。」其實只是打個比方，說品飲工夫茶有道，與陸羽茶道在精神上一脈相承，不是說唐朝就有當今工夫茶的品飲方式。過分闡釋這句話，就像有些中國人說相對論與量子力學源出《易經》那樣，經不起細究的。

工夫茶最有特色的茶器是紫砂壺與細瓷小杯。最早系統記載紫砂壺的是晚明的周高起，他寫了一本《陽羨茗壺系》，詳細記錄了明代中晚期紫砂壺出現的前因後果。書中說到，明代中葉之後，飲茶用壺，「黜銀錫及閩豫瓷，而尚宜興陶，又近人遠過前人處也。」特別稱讚宜興紫砂壺的功能，在泡茶的過程中，可以保持好茶本身的色香味，是金屬壺不能媲美的。他列出的創始人，是傳說中的金沙寺僧，在宜興發現了可以製造紫砂壺的各類陶土。之後，宜興人吳仕（號頤山）在金沙寺讀書，他的書僮供春就偷偷學了老和尚的製陶法，做出了傳世的紫砂壺。供春的紫砂壺精美絕倫，成了明代後期的收藏珍品，用周高起的話來說，就是「栗色闇闇如古金鐵，敦龐周正，允稱神明垂則矣。」簡直就是神明的作品，人世罕有。供春的主人吳仕，正德九年（1514）中進士，在金沙寺讀書的時間當然更早，而金沙寺和尚發明紫砂壺的製作法也應該在此之前。所以，我們可以說，紫砂器的創始，大概是在弘治、正德的明代中葉期間，也就是十五、十六世紀之交的時候，開始風行大約是在萬曆年間。

供春，亦名龔春，據說是他後人改的，或許因為本來是個書僮，地位低下，就像世家巨族的童僕一樣，有名無姓。後來成了一代名匠，也就配上了適當的姓氏。供春之後，有所謂製壺四家：董翰、趙梁、玄錫、時朋。有趣的是，這四個人的名字，有三個都有不同的寫法，即：趙良、袁錫、時鵬，也反映了他們是工匠出身，由於口耳相傳，當時人也搞不太清楚，記下的姓名只是諧音的字。這個時鵬有個好兒子，成了一代製壺大家，就是譽滿乾坤的時大彬。

明末清初陳貞慧的《秋園雜佩》（1648），提到時大彬壺：「時壺，名遠甚，即遐陬絕域猶知之。其制始於供春壺，式古樸風雅，茗具中得幽野之趣者。後則如陳壺、徐壺，皆不能髣髴大彬萬一矣。一云，供春之後四家，董翰、趙良、袁錫、其一則大彬父時鵬也。彬弟子李仲芳。芳父小圓壺李四老官，號養心，在大彬之上，為供春勁敵，今罕有見者。或淪鼠菌，或重雞彝，壺亦有幸有不幸哉。」周高起的《陽羨茗壺系》也說：「時大彬，號為山。或淘土，或雜碙砂土，諸款具足，諸土色亦具足。不務妍媚，而樸雅堅栗，妙不可思。初自仿供春得手，喜作大壺。後游婁東，聞眉公與瑯琊、太原諸公品茶施茶之論，乃作小壺。几案有一具，生人閒遠之思，前後諸名家並不能及。遂於陶人標大雅之遺，擅空群之目矣。」

時大彬作的紫砂小壺，創造了紫砂茶壺的典範，後來發展出更為纖小的孟臣壺。紫砂壺以小為貴，是閩南潮汕工夫茶的三寶之一，所謂孟臣壺、若深杯、武夷茶，讓中國近代飲茶在東南濱海地區展現了獨特的光彩。

俞蛟《夢盦雜著》，提到「工夫茶烹治之法，本諸陸羽《茶經》」，重點則是細述工夫茶用宜興紫砂壺，用小杯，用福建茶，講的是清代工夫茶的烹治法。我們不知道俞蛟是否清楚中國歷代飲茶的習俗演變：唐代喝的是茶餅研末烹煮的末茶，宋代沿襲研末點茶之法，明清的主流飲茶法則轉為芽葉沖泡，明末清初出現發酵的岩茶烏龍系列，才是工夫茶的濫觴。陳香白在《中國茶文化》中特別標出俞蛟的「重大貢獻」，是「在於他能以銳敏的眼光審視自唐以來的中國傳統茶藝，洞察潮州泡茶法與陸羽煎茶法之間的傳承關係，一語中的」，就未免有些誤導。陳香白又大張旗鼓，把潮州工夫茶的「工夫」與陸羽的「工夫」對比，企圖指出二者都有「工夫」，來坐實工夫茶源自陸羽，就未免混淆了歷史事實與哲思想像了。

清末以來的閩粵茶人，指出工夫茶必備的茶器「四寶」是：孟臣沖罐（小紫砂陶壺）、若深甌（小薄瓷杯）、玉書煨（燒水陶壺）、潮汕烘爐。閩、粵、台茶人對茶壺沖罐排名次有句茶諺：「一無名、二仕亭、三萼圃、四孟臣、五逸公。」但是，排名第四的「孟臣」卻是茶人的最愛。孟臣是明末天啟年間的製壺名匠惠孟臣，所製的紫砂壺，現今尚有壺底刻「大明天啟丁卯荊溪惠孟臣製」字樣。《桃溪客語》說：「孟臣筆法絕類褚遂良。」據說孟臣壺有泡茶不走味，貯茶不變色，暑夏不變餿的優點。工夫茶人選購好壺，即以孟臣壺為標準，必須「三山齊」，即把去蓋的壺口倒置平桌，壺口、滴嘴、把柄，三點平成一線。茶壺使用愈久，茶鏽愈厚，茶味就愈濃，甚至可以不放茶葉而有茶香茶色。若深甌是清代江西景德鎮瓷的名匠若深的佳作，胎薄釉亮，細巧不盈手，杯底書有「若深珍藏」，已是難得一見的珍品了。玉書煨以潮州百年老號「陶聖居」所製為佳，能耐冷熱，保溫性能特別好。潮汕烘爐，則精選粵東的優質紅泥土，燒製成白居易讚賞的「紅泥小火爐」。特點是爐身一尺多高，體態頎長美觀，爐心深窄，爐火均勻而省炭，設有爐蓋爐門，可開可關，通風性能好，又頗為雅緻。

此外，如茶洗、茶盤、茶墊、水缽、水缸、砂銚，一切與茶飲相關的器具，也都力求細緻精雅，以臻工夫茶的境界。茶人試茶，例喜使用四字訣來形容工夫茶器，如茶壺要「小、淺、齊、老」，茶杯要「小、淺、薄、白」，茶盤要「寬、平、淺、白」，茶墊要「夏淺冬深」之類。總之，工夫茶從清代發展到今天，汲取歷代飲茶文化經驗與智慧，特別在茶器的關注上，講求精緻細巧，在小壺細盞中品味天地之雋永，為中國茶道的發展獨樹一幟，別有風味。

說茶四題

（一）望茶興歎

玉川子盧仝（795-835），是唐代中期著名的詩人，好喝茶，後代經常把他與陸羽並稱。現代人最喜歡引用他的《七碗茶》一詩：「一碗喉吻潤，二碗破孤悶。三碗搜枯腸，惟有文字五千卷。四碗發輕汗，平生不平事，盡向毛孔散。五碗肌骨清，六碗通仙靈。七碗吃不得也，唯覺兩腋習習清風生。」只要是跟茶有關的物件或地方，總是用各種字體，密密麻麻印着盧仝的詩句。裝茶的茶罐上見得到，送禮的茶盒上見得到，賣茶的廣告上見得到，走進一些裝修古雅的茶室，也時常迎面而來，在牆上寫滿了這一段盧仝詩句。好像盧仝是推廣茶葉的代言人，為了鼓吹喝茶的好處，呼籲人們喝茶，專門寫了這首詩，讓賣茶的、買茶的、喝茶的都感到精神滿足，身心愉快，飄飄似神仙。其實，這是個美麗的誤會，而且大概還介入了現代商業炒作的伎倆，故意斷章取義，有意製造假象，讓人以為盧仝寫過《七碗茶》這麼一首詩。

盧仝從來沒寫過《七碗茶》這樣一首獨立成章的詩。這些詩句是他寫的沒錯，卻來自《走筆謝孟諫議寄新茶》，是一首長詩當中的段落，不但有前後文，而且看了前後文，你就知道，他說喝茶能通仙靈的感覺，不是所要誇耀的主旨。這首長詩共分三段，第一段寫好友孟諫議送新茶給他，是早春上貢的好茶。皇帝要嘗新，老百姓就必須冒着生命危險，在驚蟄期間就上山去採茶：「聞道新年入山裏，蟄蟲驚動春風起。天子須嘗陽羨茶，百草不敢先開花。」第二段寫的，是新茶真好喝，也就是一般人豔稱的所謂「七碗茶」。接着就有第三段：「蓬萊山，在何處？玉川子，乘此清風欲歸去。山中群仙司下土，地位清高隔風雨。安得知，百萬億蒼生，墮在顛崖受辛苦！便為諫議問蒼生，到頭合得蘇息否？」這才是全詩的主旨，說的是民間疾苦，是蒼生不得安寧，為了皇帝喝新茶，「墮在顛崖受辛苦」。

盧仝寫了一首為民請命的詩，批評皇帝老子只顧喝新茶，不管蒼生性命，是一首諷喻的好詩。怎麼到了現代人的手裏，就斬頭去尾，斷章取義，完全不顧詩人的原意了呢？這第三段雖然有點隱晦，使用詩家想像的婉轉筆法，卻也不會看不懂的。他說喝了七碗茶後，飄飄似神仙，乘風歸蓬萊仙山而去。看到仙山上的神仙無憂無慮，統治着生活在人間大地的百姓，自己地位清高，無風無雨，全然不知民間疾苦。盧仝便從送茶的孟諫議想到天下蒼生，不知何時才能安居樂業，不受官府的無情驅使。

寫官府驅使百姓冒着嚴寒，上山採茶，作為早春貢品，供朝廷在清明祭祀及宴請群臣之用，以至於民不聊生，是唐宋詩人關心民瘼的一個主題。唐宣宗時期中進士的李郢，寫過《茶山貢焙歌》，批評官府為了早春採茶而魚肉百姓，詩句更是淩厲，毫不留情:「春風三月貢茶時，盡逐紅旌到山裏。焙中清曉朱門開，筐箱漸見新芽來。淩煙觸露不停採，官家赤印連帖催。朝飢暮匍誰興哀，喧闐競納不盈掬。……茶成拜表貢天子，萬人爭啖春山摧。驛騎鞭聲砉流電，半夜驅夫誰復見？十日王程路四千，到時須及清明宴。」為了趕上清明宴，地方官府把老百姓驅上山，還到處打着紅旗，頗似大躍進時期改天換地的情景，表面上遍山熱火朝天，士氣昂揚，實際卻是飢寒交迫，苦不堪言。回顧唐朝貢茶的歷史，知道喝明前茶背後具體採茶的辛苦過程，讓人不勝浩歎。

唐朝一位來到顧渚御茶園監督的官員袁高（727-786），寫了首《茶山詩》，把他親身目睹的早春採茶情景，描繪得歷歷在目：「黎甿輟農桑，采掇實苦辛。一夫旦當役，盡室皆同臻。捫葛上欹壁，蓬頭入荒榛。終朝不盈掬，手足皆鱗皴。悲嗟遍空山，草木為不春。陰嶺芽未吐，使者牒已頻。心爭造化功，走挺麋鹿均。選納無晝夜，搗聲昏繼晨。眾工何枯槁，俯視彌傷神。」茶民的辛苦，讓他望茶興歎，也使他彌感傷神，做出了一件值得稱頌的壯舉。他把這首《茶山詩》和監製的三千六百串貢茶，一道獻給了皇帝，居然還得到了朝廷的回應，減輕了貢茶的數量。

希望朋友喝明前茶的時候，也想到唐朝有這麼三位寫茶詩的正直詩人。

（二）煎茶寫詩

蘇東坡喜歡喝茶，寫過大量的茶詩，抒發飲茶的樂趣，從中可以窺見詩人爽朗適意的性格，以及隨遇而安的心境。經常被人引用的一首《汲江煎茶》，是他晚年遭貶流放，在海南儋州寫的：「活水還須活火煎，自臨釣石取深清。大瓢貯月歸春甕，小杓分江入夜瓶。雪乳已翻煎處腳，松風忽做瀉時聲。枯腸未易禁三碗，坐聽荒城長短更。」這首詩寫得非常好，寫喝茶的過程，從自己夜裏到江邊汲水，煎茶時水乳翻騰，到空腹喝了三碗，結果睡不着覺，聽到海陬邊城長長短短的更聲。表面上文字順暢，平鋪直敘，其實運用了精妙的詩藝，融入了喝茶的典故，讓懂茶懂詩的人讀起來，感到妙趣無窮。妙在哪裏呢，我們且聽聽古人的分析。

南宋詩人楊萬里也是個愛茶之人，他認為這首詩整體而言，「七言八句，一篇之中句句皆奇。一句之中，字字皆奇。」第二句「自臨釣石取深清」寫得精彩至極：「七字而具五意：水清，一也；深清取清者，二也；石下之水，非有泥土，三也；石乃釣石，非尋常之石，四也；東坡自汲，非遣卒奴，五也。」指出第二句的精彩，也就順理成章點出第一句「活水還須活火煎」的立意，說明了為甚麼要深夜到江邊去取水。接下的三、四兩句，「大瓢貯月……小杓分江」，楊萬里說，「其狀水之清美極矣，『分江』兩字，此尤難下。」

怎麼理解楊萬里的評析呢？喝茶講究用水，蘇東坡被貶到海南瘴癘之地，居然雅興不減，自己在春夜去取水，而且要到江邊去取最清澈的江水。取水用的是大瓢，不說「貯水歸春甕」，而說「貯月歸春甕」，描寫月色明媚，映照在水甕之中，好像把月亮貯入甕中，更顯得江水的清澈。回來烹茶，用小杓把甕中的水，分到茶瓶裏面，寫的不是「小杓分水」，而是「小杓分江」，把春江夜景的意象灌入了茶瓶，遣詞用字瀟灑自如，正好與「大瓢貯月」對仗工整，顯示清夜之中飲茶的詩情畫意，讓楊萬里佩服得五體投地。

對於這首詩的妙處，楊萬里還有更深刻的分析。他說，「雪乳已翻煎處腳，松風忽做瀉時聲」，用的是倒裝語法，「尤為詩家妙法，即杜少陵（杜甫）『紅（香）稻啄餘鸚鵡粒，碧梧棲老鳳凰枝』也。」所以，蘇東坡寫烹茶的過程，把煎茶的色彩與聲響，都描繪了出來，卻用倒裝語法，扭轉原來平鋪直敘的「煎處已翻雪乳腳，瀉時忽做松風聲」，突出「雪乳」（茶湯沫餑的雪白色）與「松風」（水沸如松濤之聲）。一首敘述喝茶的詩，原來如平靜流動的江水，夜色澄靜，萬籟無聲，突然進入了峽谷險灘，每一個字都跳躍起來，奇峰突起，就如東坡的詩句，「驚濤裂岸，捲起千堆雪」。從取水的寧靜到烹茶的躍動，一首詩不但從平面變為立體，而且陡然跳了起來，的確是「字字皆奇」。

最後的結尾兩句，楊萬里也有說法：「『枯腸未易禁三碗，坐聽荒城長短更』，更翻盧仝公案，仝吃到七碗，坡不禁三碗。山城更漏無定，『長短』二字有無窮之味。」這裏講的盧仝公案，指的就是盧仝名詩《走筆謝孟諫議寄新茶》中提到的「七碗茶」：「一碗喉吻潤，二碗破孤悶。三碗搜枯腸，唯有文字五千卷。四碗發輕汗，平生不平事，盡向毛孔散……」。蘇東坡夜裏空腹喝茶，說是喝到第三碗就支持不住了，心底大概想的是自己的文章，遠遠超過盧仝的「文字五千卷」，卻淪落到天涯海角的儋州，夜聽荒城敲響斷斷續續的更聲。

蘇東坡還寫過一首《試院煎茶》，其中有這樣的句子：「蟹眼已過魚眼生，颼颼欲作松風鳴。蒙茸出磨細珠落，眩轉繞甌飛雪輕……不用撐腸拄腹文字五千卷，但願一甌常及睡足日高時。」寫煎茶的程序，與《汲江煎茶》所述類同，說自己滿腹經綸，卻「貧病常苦饑」，雖然感慨平生事功坎坷，但是能夠喝一碗好茶，一覺睡到日頭高起，也不失為人生一樂。

從蘇東坡喝茶寫詩之中，我們看到了一種豁達人生的境界。

（三）關於白茶

時常有人問我，白茶是怎麼回事？安吉白茶是白茶，應該沒有問題吧？怎麼喝起來的口感及香氣，與同屬白茶的白牡丹如此不同？寧波福泉山近十幾年來種植福泉白茶，挑選早春的上等茶芽，價格達到每斤一萬兩千人民幣，怎麼喝起來是清靈的綠茶感覺，完全不同於白茶的翹楚銀針白毫？到底白茶是不是有兩種不同系統的白茶？

其實中國人講到飲食，時常按自己的意思，隨心所欲去冠名定義，隨意性很大。比如說，喝白酒。不同人所說的白酒，經常是完全不同性質的白酒。你到中國內地飯館吃飯，隨口說要一瓶白酒，幾乎百分之百，給你上來一瓶蒸餾白酒，從紅星二鍋頭、衡水老白乾、洋河大麴（已經改稱「藍色經典」），到瀘州老窖、五糧液、茅台，甚至提供金門高粱，酒精度可以達到五、六十度。你喝得暈乎乎的，回到酒店倒頭就睡，睡到第二天中午，匆匆忙忙趕飛機回香港。飛機上也提供餐飲，空中小姐問你喝甚麼，隨口說白酒吧，上來的一定是一杯白葡萄酒，酒精度在十五度左右。同是白酒，可是質地卻天差地別。定義的標準似乎也有，不過要看甚麼場合、甚麼人說甚麼話，就好像某些國學大師談中國文化，運用之妙存乎一心，一會兒龍戰於野，一會兒有鳳來儀，讓人聽得暈陶陶的，就是搞不清楚他到底說些甚麼。不過，這大概也算是文化傳統，可以列為國家級的非物質文化遺產。《莊子．齊物論》就說過狙公養猴的寓言，分果子給每隻猴子:「朝三而暮四，群狙皆怒。曰，然則朝四而暮三，群狙皆悅。」顛來倒去，隨口換個名目，大家都滿意，甚至趨之若鶩。完全不同質地的茶，製作方式不同，口感不同，卻都叫白茶，大概也有這樣的文化背景，馬馬虎虎，好聽就行。

按照現代茶業的專業標準定義，白茶是一種輕微發酵的茶，其基本工藝是經過凋萎、曬乾或烘乾而成。主要產地是福建，飲用的流行區域是閩廣一帶。因此，銀針白毫、福鼎大白茶、壽眉等，都屬於專業定義的白茶。從茶業分類的規範而言，安吉白茶與福泉白茶，則是典型的綠茶，是不發酵茶，基本製作工藝與正宗白茶不同，結合了殺青、炒青、烘焙的技術而成，算是浙江綠茶的精細製茶工藝產品，是二十一世紀的新產品。

既然是綠茶，為何安吉白茶非要自稱「白茶」，是在魚目混珠嗎？其實，現代高科技幹的事，基本上就是文明的人定勝天，青出於藍而勝於藍，魚目混珠而勝於珠。君不見，高科技可以做人造鑽石，可以轉基因，可以製造比人腦更高明的電腦，為何不能發明新白茶？安吉白茶與福泉白茶這種新白茶，口感清靈優雅，更勝一般綠茶，也與正宗白茶的醇厚不同。從色調角度而言，不曾經過發酵程序，色澤清白明亮，更符合白色的定義。白牡丹經過輕微發酵，茶湯偏黃，我的茶湯比你白，怎麼不能叫「白茶」？再追索下去，新白茶堅持白茶稱號，還有個隱藏在

白茶如玉之在璞　宋徽宗語　隱堂

宋徽宗語（書法：鄭培凱）

歷史文化中的秘密，因為九百年前的宋徽宗曾說過，白茶是最高級的茶。既然宋徽宗都這麼說，這個品牌非用不可。

宋徽宗在《大觀茶論》說過：「白茶自為一種，與常茶不同。其條敷闡，其葉瑩薄。崖林間偶然生出，蓋非人力所可致。……須製造精微，運度得宜，則表裏昭澈，如玉之在璞，他無與倫也。」主要強調的是，白茶是大自然中偶爾出現的品種，製作工序精微，晶瑩透徹，最適合宋代點茶需要呈現的白色沫餑，就成了宋代茶飲審美的典範，轉為中國茶飲文化最高境界的物質基礎。可是我們不要忘了，宋朝人製作白茶的工藝，是滌洗之後的蒸青壓模，再碾末沖泡，擊拂拉花，跟今天的新白茶，除了一個「白」字，真是風馬牛不相及的。

但是，安吉的科技人員了不起，有志氣，1970 年代在安吉深山竹林中發現了一株千年古茶樹，據說就是宋代的白茶，經過幾十年的研究與育種，繁殖出了「白茶一號」，終於可以上溯到宋徽宗的白茶傳統，繼絕興亡，重塑宋徽宗飲茶的最高境界。因此，安吉白茶雖然是綠茶，卻自稱傳承有序，無愧「白茶」之名。

（四）雞頭鴨腳

香港有所高中請我去講「茶與中國文化」，我欣然應約，前往給學生講了陸羽創製茶道、唐宋流行末茶烹煎、發展到點茶拉花、日本茶道繼承唐宋茶道等歷史傳承。同學聽我説到從五代到宋朝，古人點茶會拂擊拉花，有個福全和尚能在四隻茶盞中拉出一首絕句，本領之高，遠超當今的卡普奇諾達人，簡直是不可同日而語，都引發了無限興趣，在台下交頭接耳，嘰嘰喳喳。我問他們，有沒有看過卡普奇諾達人可以拉花拉出一首詩的？他們哄堂大笑，齊聲回答，沒有。還問，宋朝人喝茶，還有別的花樣嗎？

我説有的，宋朝人喝茶花樣很多，在茶湯裏面放各種各樣的佐料，和你們很像，喜歡喝泡沫紅茶、珍珠奶茶，還放甚麼「青蛙蛋」那樣。南宋首都臨安（杭州）到處都有茶肆，裏面就賣各式「七寶擂茶」，放進各類果蔬與堅果，喝得不亦樂乎。傳為陶穀寫的《清異錄》中，記載五代北宋點茶的花樣，有「漏影春法」:「用鏤紙貼盞，糝茶而去紙，偽為花身；別以荔肉為葉，松實、鴨腳之類珍物為蕊，沸湯點攪。」就在茶湯裏放了荔枝、松仁、鴨腳。明代顧元慶、錢椿年的《茶譜》記載，説宋元以來喝茶加料，經常加入：松子、柑橙、杏仁、蓮心、木香、梅花、茉莉、薔薇、木樨、牛乳、番桃、荔枝、圓眼、水梨、枇杷、柿餅、膠棗、火桃、楊梅、橙橘之類。他們是反對亂放佐料的，認為破壞了茶湯的真味：「凡飲佳茶，去果方覺清絕，雜之則無辯矣。若必曰所宜，核桃、榛子、瓜仁、棗仁、菱米、欖仁、栗子、雞頭、銀杏、山藥、筍乾、芝麻、莒蒿、萵巨、芹菜之類精製，或可用也。」

同學聽我說到茶湯裏面還有雞頭、鴨腳，都感到匪夷所思。我問他們，雞頭、鴨腳是甚麼？他們就笑，有幾個膽大的，就回應說，雞的頭、鴨的腳，不是嗎？我笑着說，chicken head、duck feet? 他們大笑，顯露了青春童稚的開心，有的女生還把頭擁進鄰座的懷裏。

其實，雞頭就是雞頭米，也就是芡實。北魏賈思勰《齊民要術》：「雞頭，一名雁喙，即今茨子是也。由子形上花似雞冠，故名曰雞頭。」唐徐凝《侍郎宅泛池》：「蓮子花邊回竹岸，雞頭葉上蕩蘭舟。」《紅樓夢》第三十七回「秋爽齋偶結海棠社，蘅蕪苑夜擬菊花題」，說到襲人打點了東西，讓人給史湘雲送去，「端過兩個小掐絲盒子來，先揭開一個，裏面裝的是紅菱和雞頭兩樣鮮果，又那一個，是一碟子桂花糖蒸新栗粉糕。」

這種雞頭米，亦稱雞頭肉，主要出產在江南太湖周遭，以蘇州葑門南塘一帶為勝，為水八仙的一種。中秋前後上市，在蘇州有「南塘雞頭大塘藕」之美譽。清代沈朝初寫有《憶江南》，就說：「蘇州好，葑水種雞頭，瑩潤每凝珠十斛，柔香偏愛乳盈甌，細剝小庭幽」。現在蘇州人還是鍾愛雞頭肉，一般作為糖水甜品，加上清香撲鼻的桂花，金黃與嫩白相映成趣，滿足馥郁口感之外，看起來也賞心悅目。也經常作為清炒素齋的佐料，與鮮藕、嫩菱、荸薺一道下鍋，看似清風朗月，吃起來清爽可口，特別襯出雞頭肉的香糯之感。

雞頭肉的嫩白香糯，也出現在文學描寫豔情方面，成為形容女子乳房的象徵。宋代以來的野史逸聞，如劉斧《青瑣高議》，錄有一些楊貴妃宮闈秘聞，其中記楊貴妃出浴就說，「一日，貴妃浴出，對鏡勻面，裙腰褪，微露一乳，帝以手捫弄，指妃乳曰，『軟溫新剝雞頭肉。』祿山在旁對曰：『滑膩初凝塞上酥。』上笑曰：『信是胡人，只是酥。』」後代的小說戲曲沿襲這個傳聞，變成了典故，動輒就說新剝雞頭肉、酥胸之類，引人想入非非。

至於鴨腳，則是銀杏樹的別名，也指銀杏的果實白果，因為樹葉似鴨掌狀。陸游的詩《十月旦日至近村》：「鴨腳葉黃烏桕丹，草煙小店風雨寒。」另一首《聽雪為客置茶果》：「不飣栗與梨，猶能烹鴨腳。」元代王禎《農書》卷九也說：「銀杏之得名，以其實之白。一名鴨腳，取其葉之似。」

同學聽我解釋，知道雞頭米及鴨腳都是果實，才大大舒了一口氣。

湯顯祖說茶

(一)

湯顯祖的詩文與劇作是明代文學的經典作品，講究寫作的「意趣神色」，是文人雅士創意品味的典範。他結交的師友之中，有些對生活美學頗有體會，沉湎於撫琴、看畫、寫字、插花、焚香、品茗，致力於提升審美鑒賞的境界，對茶飲之道有獨特的見解，如馮夢禎、屠隆、公安三袁（袁宗道、袁宏道、袁中道）、董其昌等。湯顯祖雖然不能算是專精茶道的茶人，卻也寫了不少涉及茶飲的文字，顯示他與愛茶的雅士朋友是同道中人，反映了晚明雅活品茶的普遍現象。

湯顯祖《牡丹亭》第八齣《勸農》，寫杜麗娘的父親杜寶是南安太守，春天下鄉勸農，劇情描述南安地方草木復甦，正是春耕時節，也是採摘新茶的季節。其中一段寫採茶女唱採茶歌，展示一旗半槍的茶芽，讓太守十分高興：

（老旦、丑持筐採茶上）乘穀雨，採新茶，一旗半槍金縷芽。呀，什麼官員在此？學士雪炊他，書生困想他，竹煙新瓦。（外）歌的好。說與他，不是郵亭學士，不是陽羨書生，是本府太爺勸農。看你婦女們採桑採茶，勝如採花。有詩為證：「只因天上少茶星，地下先開百草精。閒煞女郎貪鬬草，風光不似鬬茶清。」領了酒，插花去。(老旦、丑插花，飲酒介)(合)官裏醉流霞，風前笑插花，採茶人俊煞。(下)

寫穀雨時節採新茶的情景，太守與採茶女在茶山的互動，歷歷在目，鮮活生動。湯顯祖文采斐然，填曲寫詩，總忘不了引用文人熟知的典故，於是，陶穀學士郵亭宿妓、陽羨書生口吐美女，都寫進了採茶歌聲之中。其實，文學想像的神思飛翔，聯想到學士書生的旅途豔遇，與勸農茶桑的真實情景是毫不相干的。湯顯祖當然知道濫顯才華的問題，筆鋒一轉，讓太守開腔，告訴採茶女，採茶是日用民生大事，勝過採花鬥草，與才子佳人的風流故事實不相干。

《牡丹亭》寫採茶的情景，與湯顯祖在浙江遂昌擔任知縣的經歷有關。他在萬曆十九年（1591）上疏抨擊當朝首相申時行，惹出大禍之後，貶到雷州半島的徐聞，在嶺南山海之間旅遊了一段時間。1593 年春天，派到浙江遂昌任知縣，是窮鄉僻壤的山區，百姓淳樸，天高皇帝遠，政務稀少，幾乎是半退隱的閒差。在他任縣令的第四個春天，寫了《即事寄孫世行呂玉繩二首》給孫世行與呂玉繩，說到他在遂昌山區做官，偏僻閉塞，第四年還不得遷升，顯然是受到當權者的排擠，但是山居生活寧謐無事，生活作息，日復一日，春去秋來，倒也清淨。湯顯祖寄詩的這兩位朋友，孫如法（字世行）與呂胤昌（字玉繩），是他萬曆十一年（1583）的同年進士，出身浙江餘姚的世家，都比他小十歲，是表兄弟，當時的青年才俊，也都喜好戲曲。他們的官場遭遇與湯顯祖十分相似，都和當權派發生牴牾而罷官，彼此惺惺相惜，可謂落難的知心朋友。第一首寫的是：「平昌四見碧桐花，一睡三餐兩放衙。也有雲山開百里，都無城郭湊千家。長橋夜月歌攜酒，僻塢春風唱採茶。即事便成彭澤里，何須歸去說桑麻。」除了上下午坐坐衙門，一日三餐，就是睡大覺。喝喝酒，聽聽採茶歌，日子過得像歸隱的陶淵明一樣。第二首則懷念他在南京禮部的閒適生活，撫琴寫字，還有朋友作伴，到了遂昌山鄉做官，山中無甲子，日長如小年，孤身獨酌無相親，只好自己焚香品茗：「偶來東浙繫銅章，只似南都舊禮郎。花月總隨琴在席，草書都與印盛箱。村歌曉日茶初出，社鼓春風麥始嘗。大是山中好長日，蕭蕭衙院隱焚香。」寫曉日初升，村民唱着歌採新茶，敲起社鼓收成過冬的小麥，山鄉農忙，襯出遂昌官衙的歲月靜好。

湯顯祖與遂昌世家葉氏的關係很好，過從密切，曾經為葉氏宗譜寫過序，與葉可權作詩唱和，寫了《竹嶼烹茶》：「君子山前放午衙，濕煙青竹弄雲霞。燒將玉井峰前水，來試桃溪雨後茶。」詩中寫的君子山就是遂昌縣衙門附近的小山，而玉井峰、桃溪，也都是縣中的山水地名。可見湯縣令在縣衙中閒暇無事，品茗焚香，時值穀雨季節，喝的是本地土產的春茶。遂昌本地產茶，品質精良，是相當著名的貢茶，現今稱為「龍谷茶」，想來縣令在穀雨時節品嘗的好茶，應該就是土產的精品。

湯顯祖有《題飲茶錄》一文，顯示了飲茶的心得，是文人墨客詩酒風流的餘韻：「陶學士謂，湯者茶之司命，此言最得三昧。馮祭酒精於茶政，手自料滌，然後飲客。客有笑者，余戲解之云：此正如美人，又如古法書名畫，度可着俗漢手否？」（錄自陸廷燦輯《續茶經》卷下）文章引陶穀學士說「湯者茶之司命」，原句出自唐代蘇廙的《十六湯品》，而傳為陶穀《清異錄》的「茗荈門」引用了《十六湯品》，可見湯顯祖很熟悉唐宋時代的飲茶資料，對飲茶的雅俗規矩十分清楚。他提到的馮祭酒，是秀水馮夢禎（字開之），湯顯祖於萬曆十一年（1583）會試的座師，曾任南京國子監祭酒，藏有王維的《江山雪霽圖》，是大收藏家。他與顯祖的關係密切，同為達觀真可大和尚的信徒，退隱後常住杭州西湖，對茶飲品味極其講究，總是親手烹瀹，像個茶博士，成為友朋間的笑談，曾被黃汝亨（1558-1626）寫入文章。湯顯祖解釋，愛茶人之愛茶，就像愛美人一樣，蘇東坡說過「從來佳茗似佳人」，何況馮夢禎是書畫收藏大家，怎麼可以讓俗漢隨意觸摸呢！

(二)

遂昌地處浙江、福建、江西接壤的仙霞嶺、武夷山一帶，茶產的環境與武夷山相近，翻過山嶺，就是武夷山區。遂昌也是甌江的源頭，順流而下，經過通濟堰，可達麗水、縉雲、青田、溫州。萬曆二十五年（1597），湯顯祖在遂昌任縣令已經是第五年了，先前得到浙江官場上級丁此呂與王汝訓的提拔，後來又有密友劉應秋在北京打點，傳說可能升調到溫州為官。或許他得到比較內幕的消息，曾沿着甌江東下，經麗水、縉雲、石門，探訪各地官場的朋友，遊山玩水，一直到達溫州，停留了一段時間。溫州知府劉芳譽還為他蓋了房子，等着他一道詩酒風流，可惜朝廷有人作梗，沒能成事。他在溫州期間，曾游雁蕩山，寫了幾篇游山詩，其中兩首提到雁山茶，都是他在雁蕩山親身的經歷。一首是《雁山種茶人多阮姓，偶書所見》:「一雨雁山茶，天台舊阮家。暮雲遲客子，秋色見桃花。壁繡莓苔直，溪香草樹斜。鳳簫誰得見，空此駐雲霞。」另一首是《雁山迷路》:「借問採茶女，煙霞路幾重。屏山遮不斷，前面剪刀峰。」

第一首寫的是雁蕩山種茶人大多姓阮，就讓湯顯祖忍不住聯想到劉晨與阮肇入天台的典故，傳說兩人入山採藥，遇仙女相招，在山中居住了半年，回到山下故鄉，廬舍早已毀棄，人間俗世早已過去了百多年。歷來寫劉阮故事，都是並稱兩人在天台山遇仙，湯顯祖發現雁蕩山種茶人多為阮姓，在引用典故時，就對阮肇情有獨鍾，只說「天台舊阮家」，也是有趣。他的《牡丹亭》第十齣《驚夢》，寫杜麗娘遊園之後入夢，柳夢梅持柳枝出現在夢境，念了一首上場詩：「鶯逢日暖歌聲滑，人遇風晴笑口開。一徑落花隨水入，今朝阮肇到天台。」好像只有阮肇一人上天台遇仙女似的，劉晨的蹤影不見了。湯顯祖構思如何撰寫《牡丹亭》，是在遂昌為官閒暇之時，創作具體場景的靈感，當是來自周遭的所見所聞。《勸農》一齣，顯示了遂昌春耕採茶的風光。《驚夢》中出現「阮肇到天台」的詩句，或許也跟他遊覽雁蕩山，發現種茶人以阮姓為多，沉積在下意識中，創作《驚夢》一場，聯想翩躚，阮肇就浮現了出來，成了柳夢梅的代言人。

他寫雁蕩山的秋色，「壁繡莓苔直，溪香草樹斜」，刻畫大龍湫的景色獨特，飛瀑從直立的峭壁一瀉而下，山壁的莓苔像碧綠的織繡，山溪清澈芳香，草樹斜倚在山壁之間，十分傳神。「暮雲遲客子，秋色見桃花」，寫的是秋天暮色的心境，或許暗示他官場蹉跎已久，終於柳暗花明，有了升遷的跡象。然而好夢或許落空，「鳳簫誰得見，空此駐雲霞」，則是詩人敏感心靈的預言。湯顯祖在山中遊覽，走着走着就迷了路，向山邊採茶女問路，原來到了大龍湫附近的剪刀峰，也就顯示他在茶山中迷路，周遭都是茶樹與採茶人，讓他無法辨明游山的路徑，也看不清自己生命的軌跡。清代的阮元品嘗雁蕩山茶，就想起湯顯祖的詩，寫了《試雁蕩山茶》:「嫩晴時候焙茶天，細展青旗浸沸泉。十里午風添暖渴，一甌春色鬥清圓。最宜蔬筍香廚後，況是松篁翠石前。寄語當年湯玉茗，我來也願種茶田。(湯顯祖云雁蕩山種茶人多姓阮)」後來還有陳朝酆在雁蕩龍湫飲茶，想起阮元這首詩，也續寫了龍湫水烹瀹雁山茶的雅興:「雁蕩峰頂露芽鮮，合與龍湫水共煎，相國當年饒雅興，願從此處種茶田。」可算是詩歌創作的接龍，總是湯顯祖雁蕩山茶詩的餘韻。

雁蕩山茶從元代到明清年間，逐漸由地方土產演變成茶葉精品，從古人詩文與地方志書可以看到發展的痕跡。溫州地方學者搜集雁蕩山產茶的文獻，指出雁山茶（今稱雁蕩毛峰）始於晉唐，傳承了千年的歷史，根據的是一千年後隆慶《樂清縣誌》的傳聞:「樂成（今樂清）產茶始於東晉永和年間（345-356）」，其實不能作為信史，最多只算是民間傳說，以備一說。清代勞大輿《甌江逸志》引《雁山志》關於雁山茶的資料，其中有一條按語說，「盧仝《茶經》云:溫州無好茶，天台瀑布水、甌水味薄，惟雁宕山水為佳。」盧仝的《茶經》早已散佚，這條按語來歷不明，又說溫州無好茶，只有雁蕩山水不錯，並非讚譽雁蕩山產茶。《甌江逸志》在按語之後，接着說「此山茶亦為第一」，講的是明清時期雁蕩山茶已是精品，與盧仝的中唐時期相距了八、九百年。現代茶人斷章取義，引述《甌江逸志》不明來歷的盧仝語，抹去「溫州無好茶」一句，直接連上「此山茶亦為第一」，當作盧仝的讚語，吹噓雁蕩山茶在唐代已是珍品，實不可取。

溫州學者總是說，最早吟詠雁蕩山茶的，是北宋詩人梅堯臣（1002-1060），有詩為證。他的《穎公遺碧霄峰茗》一詩：「到山春已晚，何更有新茶。峰頂應多雨，天寒始發芽。採時林狖靜，蒸處石泉嘉。持作衣裳馥，分來五柳家。」就是確鑿的證據，顯示北宋時期雁蕩山碧霄峰的山頂，已經種植茶葉，而且採製成茶，由穎公當禮品贈與梅堯臣。其實是天大的誤會，把五華山的碧霄峰當成了雁蕩山的碧霄峰，指鹿為馬，以訛傳訛。

梅堯臣詩中說的穎公，是達觀曇穎禪師（989-1059），臨濟宗第七世，悟道後歷主金山、靈隱，後來移住雪竇寺，是北宋禪宗大師。梅堯臣寫詩，說穎公送他碧霄峰茶之時，曇穎正駐錫五華山隱靜寺。五華山在佛教聖地九華山旁，又名隱靜山，有碧霄峰、桂月峰、紫氣峰、行道峰、鳴磬峰五座主峰。隱靜寺始建於晉，據傳由杯渡禪師創建，也因此，五華山又稱為「隱靜山」，「隱靜禪林」是古代繁昌的十景之一，頗具盛名。梅堯臣同時寫了許多首詩，記他與達觀曇穎的來往，多次述及穎公駐錫隱靜寺的情況，有一首詩題特別長，說到獼猴摘食枇杷的趣事：《達觀禪師曇穎住隱靜蘭若，或言，自此獼猴散走不來。穎嘗哂曰，吾知是山枇杷為多，始至也未實，故其去；將實也，必群集。後果然。穎惡乎俗之好異，恐傳以為人惑，欲予詠而播之》。詩題說的是，穎公禪師駐錫隱靜寺，當地俗眾說，獮猴都嚇得走散了。其實是因為山中枇杷尚未結實，結實之後猴群就回來了。穎公要梅堯臣寫首詩澄清，以免以訛傳訛。梅堯臣就寫了這首詩：「隱靜山中寺，獮猴往往過。導師歸以去，盧橘熟還多。禪地甯求稀，居人切莫訛。未嘗嫌此物，任掛古松柯。」後來枇杷結實，猴群不待果實熟透，就群聚亂摘，穎公還致送一些給他。《隱靜遺枇杷》寫道：「五月枇杷實，青青味尚酸。獮猴定撩亂，欲待熱（熟）應難。」可見曇穎禪師不但送碧霄峰的茶，還送山中的枇杷給梅堯臣。他們關係相當密切，還可以從《送達觀禪師歸隱靜寺古律二首》看出：「初逢洛陽陌，再見南徐州。所歷幾何時，倏去二十秋。今復振霜屨，還山遠莫留。我詠阮公詩，物靡必沈浮。誰云西海魚，夜飛東海頭。世人嗟識味，豈是滯林丘。」「栗林霜下熟，歸摘禦窮冬。帶月涉溪水，過山聞寺鐘。未嫌雲衲濕，已喜野人逢。且莫似杯渡，滄波無去蹤。」

元明詩文涉及雁蕩山茶，最早出現在李孝光（1285-1350）的《遊雁蕩山雜記》。李孝光家住雁蕩山附近，據他自己說僅隔五里路，他在《遊雁蕩山雜記》中提到時常入山遊覽，在山僧處飲茶，卻沒指明是山中何處所產。明代中期之後雁蕩山茶聲名鵲起，相關詩文漸多，也從來沒人提過碧霄峰的茶。《四庫全書總目提要》指出，關於雁蕩山的地方記載，明初僧永升，始輯為《雁山集》一卷，編次無法。嘉靖己亥（1539）朱諫因舊本搜討，增為四卷，列三十二門，萬曆辛巳（1581）南昌人胡汝寧復為翻雕。據《溫州經籍志》記載，現今流傳的《雁山志》實為胡汝寧重編本，而這個胡汝寧，就是湯顯祖於 1591 年上疏痛斥為「蛤蟆給事」的禮部都給事中，曾任樂清知縣，萬曆年間為溫州府知州。《雁山志》記載「土產」，列有茶一項：「浙東多茶品，而雁山者稱最。每春清明採摘茶芽進貢，一槍一旗而白毛者，名曰明茶，穀雨日採者，名曰雨茶，此上品也。其餘以粗細鬻賣取價，宜以滾湯泡飲，久熬則無清色香味。一種紫茶，葉紫色，其味尤佳，而香氣尤清，難種而薄收。土人厭人求索，園圃中故少植，間有，亦必為識者取去。」湯顯祖在雁蕩山見到的茶園出產，應該就是《雁山志》所記的茶葉，也是他在溫州最容易品嘗到的精品。

溫州地區的明清方志，記載明代中葉之後，雁山茶已經廣為人知。《弘治溫州府志》（1503）記「土產」：「五縣俱有，惟樂縣清雁山者為上。」雖未說明雁山茶的具體情況，但記載了每年上貢十斤。《隆慶樂清縣志》（1572）「物產」鄉下列了「茶」：「近山多有茶，惟雁山龍湫背清明採者極佳。」又在「志餘」提到龍湫背庵，「在雁宕山頂，嘉靖初游僧白雲、雲外，適會山下，相與捫蘿躡險，據幽勝結庵種茶，茶稱絕品。」《乾隆浙江通志》（1736）引《萬曆溫州府志》，記溫州茶產：「五縣俱有，樂清雁山龍湫背者為上。」點明了是雁山龍湫背所產最好，可見從弘治到萬曆這一百年間，經過嘉靖年間的白雲和尚的努力，開始在龍湫背種茶，雁山茶已經成為膾炙人口的精品了。嘉靖年間編寫《雁山志》的樂清學者朱諫寫過一首《寄茶與萬學使》:「雁頂新茶味更清，仙人摘下白雲英。直須七碗通靈後，習習清風兩腋生。」所以，後來說雁山茶精品，都稱之為龍湫背，或稱白雲茶。湯顯祖游雁蕩山，寫過《雁湫白雲庵》一詩:「飄搖白石梯，試躡蒼龍背。風雨隱寒廬，孤清白雲內。」可見顯祖游山，曾經爬到龍湫背，探訪過白雲和尚結庵種茶之處，相信也在庵內品嘗了絕品白雲茶。

湯顯祖在遂昌時期，馮時可在麗水任處州同知，與湯顯祖有所交往，在萬曆二十四年（1596），調浙江按察使，一直是悉心照顧湯顯祖的上司，對茶飲極有研究，寫過《茶錄》一書。他的《雨航雜錄》卷下，特別提到:「雁山五珍，謂龍湫茶、觀音竹、金星草、山樂官、魚香也。茶一槍一旗而白毛者，名明茶。紫色而香者，名玄茶。其味皆似天池而稍薄。」崇拜湯顯祖詩文與《臨川四夢》的王思任，比湯顯祖年輕二十多歲，讚譽《牡丹亭》為「天下之寶，當為天下護之」，曾暢遊雁蕩山，寫了《雁蕩記》:「雁蕩山是造化小兒時所作者，事事俱糖擔中物，不然，則盤古前失存姓氏大人家劫灰未盡之花園耳。……靈峰寺僅一草堂，棲窮佛，而僧持雁山茶烹潭水，則滴滴玉漿。……是役也，山谷之外所見者，紫茶、方竹、金線鳳尾草、香魚、白鷴、山樂官、雪髯猿一，而雁蕩之觀，亦彷彿得其皮毛矣。」

萬曆年間品賞茶飲的專家，都對雁山茶有所青睞，列為天下名茶之一。許次紓（字然明）的《茶疏》(1597) 論述天下名茶，認為萬曆年間的上品，是洞山羅岕、徽州松蘿、蘇州虎丘。宋代最好的建州茶已經沒落，福建出產只有武夷雨前茶最好。浙江的茶產，則以「天台之雁蕩、括蒼之大盤、東陽之金華、紹興之日鑄，皆與武夷相為伯仲。」然而，武夷茶、雁山茶也不算是最上品，因為「楚之產曰寶慶、滇之產曰五華，此皆表表有名，猶在雁茶之上。」雖然雁山茶不是「最上品」，但總是列為全國精品之一。羅廩《茶解》(1609) 提到萬曆年間的名茶，也列舉了「而今之虎丘、羅岕、天池、顧渚、松蘿、龍井、雁蕩、武夷、靈山、大盤、日鑄諸有名之茶。」可見湯顯祖遊歷雁蕩山欣賞山景瑰麗，穿梭於山中茶園之際，很清楚知道，身邊鬱鬱蔥蔥，滿目青翠的茶樹，就是當時享有盛名的雁山茶。登上龍湫背，品賞白雲茶，應該是他雁蕩山之遊的點睛樂事。

(三)

湯顯祖在遂昌為官，還得到同鄉浙江右參政丁此呂悉心關照，因為他們政見相同，對接連幾位內閣宰相張居正、申時行、王錫爵的行為，極為不滿，都曾上疏批評，而遭到貶斥的打擊。丁此呂（字右武）是南昌人，曾經送南昌（古名洪州）的西山茶給湯顯祖，顯祖十分感激，寫了《右武送西山茗飲》：「春山雲霧剪新芽，活水旋炊紺碧花。不似劉郎因病酒，菊虀纔換六班茶。」南昌西山的白露鶴嶺茶，從唐宋以來就是天下名茶，名氣在明清時期逐漸被江南與福建的名茶掩蓋。唐代李肇《國史補》列舉天下名茶，就特別指出「洪州有西山之白露」；五代毛文錫《茶譜》說：「洪州西山白露及鶴嶺茶，極妙。」《大明一統志》卷四十九說：「洪州西山白露鶴嶺茶，號為絕品，今紫清、香城為最。」《大清一統志》也抄錄了這段話。可見同為江西人的丁此呂與湯顯祖，應該很清楚，這一款家鄉茶是地方絕品。詩中講的「六班茶」，典故出自白居易與劉禹錫的茶飲故事。溫庭筠《採茶錄》記載：「白樂天方齋，禹錫正病酒。禹錫乃餽菊苗、虀、蘆菔、鮓，換取樂天六班茶二囊，以自醒酒。」傳為唐代馮贄《雲仙雜記．換茶醒酒》引《蠻甌志》則說：「樂天方入關，禹錫正病酒。禹錫乃餽菊苗虀、蘆菔鮓，換取樂天六班茶二囊以醒酒。」袁枚《隨園詩話補遺》卷三引司馬章《臨江仙》詞：「知郎新病渴，親試六班茶。」六班茶一名的來歷，據說是白居易焙製的茶葉，在朝堂上讓眾官品嘗，得到朝廷六班的讚譽。湯顯祖詩中致謝丁此呂，引用白居易與劉禹錫的友好關係，雖然未曾病酒，也沒致送交換的禮品，得到此呂的餽贈，得嘗早春的雲霧新芽，真是五內銘感。

此外，湯顯祖有兩首詠茶的詩，都是在上訪浙江省城杭州時所寫。一是《湖上有懷陶蘭亭》，遊賞西湖，品嘗龍井新茶而懷友：「竹葉新炊龍井香，睡魂清渴酒壚傍。何時一棹山陰雪？為試陶家十六湯。」這裏寫的陶蘭亭，當係山陰陶望齡，是與馮夢禎、袁宏道共同的好友。山陰（紹興）最有名的茶是日鑄雪芽，詩中說的「一棹山陰雪」，令人想到文彭的詩句「為發山陰興，須烹掃雪茶」。不止是說山陰的日鑄雪芽，還暗含了《世說新語》中王子猷雪夜訪戴的典故。至於「陶家十六湯」，則是聯想到陶穀引用的《十六湯品》，強調品茶必須講究雅興與技藝。

另外一首《醉客歸吳和作》，不知是為哪一個喝醉了酒的朋友而寫：「浮家衹在洞庭灣，浪醉何常信宿還。水月寺前春露曉，夢魂茶氣小青山。」看來喝酒的地方是杭州，醉客朋友要歸去的地方是蘇州的洞庭西山。從杭州出發，信宿之間，可以回到洞庭西山的水月寺，在夢魂縈繞之中品嘗小青山茶。關於小青山茶，題作陳繼儒的《太平清話》說：「洞庭小青山塢出茶，唐宋入貢，下有水月寺，即貢茶院也，因名水月茶。」可知晚明時期，認為唐宋年間洞庭西山出產貢茶，稱水月茶或小青茶，是與碧螺峰所產的碧螺春屬於同類的炒青茶，也就是後來民間傳說的「嚇煞人香」。劉禹錫當蘇州刺史時（832-834）曾到西山試茶，寫過《西山蘭若試茶歌》。「山僧後簷茶數叢，春來映竹抽新茸。莞然為客振衣起，自傍芳叢摘鷹嘴。斯須炒成滿室香，便酌砌下金沙水。驟雨松風入鼎來，白雲滿碗花徘徊。悠揚噴鼻宿醒散，清峭切骨煩襟開……」劉禹錫過訪的西山蘭若，可能就是後來的西山水月禪院。所以，水月寺的小青山茶，有了自古以來文人雅士的加持，一直是茶人夢寐以求的好茶。

湯顯祖在萬曆二十六年（1598）年初赴北京大計，在吏部審查之時，遇到令人不快的待遇，上司馮時可為他周旋未果，他決定不再逢迎審查官員的臉色，毅然棄官返鄉。他先回到遂昌，然後經龍游回江西撫州家鄉。離開遂昌之時，正是穀雨時節，他在龍游溪口寫了《題溪口店寄勞生希召龍游二首》，其一：「穀雨將春去，茶煙滿眼來。如花立溪口，半是採茶回。」溪口店地處遂昌和龍游交界，是遂昌山區通往龍游的交通要道，由此可以經衢州，進入江西，由鉛山、弋陽一路，回到他撫州臨川的家鄉。湯顯祖在詩中描繪了穀雨開採春茶的情景，漫山遍野都是茶煙嵐氣，採茶姑娘聚集在溪口，等待茶戶收茶，也頗似《牡丹亭·勸農》所寫的茶鄉，空氣中充滿了豐收的歡愉。他回到家鄉後，在半年之內完成了五十五齣的《牡丹亭》巨製。之後，沒再寫過處州與溫州一帶的茶品，倒是在詩文中提到名滿天下的福建武夷茶、太湖西山水月寺茶、杭州龍井茶、紹興日鑄雪芽茶，甚至還寫了詩，探討茶馬貿易引發的問題。

回到家鄉後，湯顯祖基本不再遠游，嚮往天下名茶的興致，卻是未減。有福建朋友游武夷山，他寫詩稱讚建溪武夷茶。如《記建武張洪沙公子游武夷六絕》的第二首：「夜魂清啜建溪茶，六月空寒褥翠霞。莫作鄉人苦相喚，楚西公子字洪沙。」再如《送葉仁長還建安二首》的第一首：「年少文章出富沙，歸來仍是舊名家。傾筐試酌臨川酒，何似甌城第一茶。」這裏說的「甌城」不是浙江甌江之畔的溫州，而是福建建溪流過的建甌，此處是宋代壑源與北苑御茶的生產地，出產蔡襄與宋徽宗盛讚的各種貢品龍鳳團茶。富沙葉氏，是晉代中原入閩的世家大族，也是宋代以來盛產貢茶的主要家族。葉氏祖先葉灝在唐宋期間追封為侯，到明代嘉靖六年（1527）朝廷又追加封為「富沙昭定王」，實在不愧詩中稱許的「舊名家」與「第一茶」。

湯顯祖對明代茶馬貿易頗有意見，倒並不是反對茶馬互市交易的基本設想，而是對政府決策的運作感到不滿，認為當政者執行不當，對亂象不聞不問，昏悖無能，應該付上行政責任。茶馬貿易的基礎，是中原王朝與塞外政權的經濟交流，考慮的是以貿易外交手段泯除戰爭掠奪衝突，以內地生產的茶葉換取塞外的馬匹，互惠互利。實際運作的情況卻並不理想，實施方案不接地氣，也沒有具體執行的細節，結果引起財政審計混亂，甚至導致貪贓枉法行為層出不窮。畜養馬群要有畜馬之道，要有專業人才來執行，不能連草芻飼料都不夠，任由馬群倒斃。黑茶是好茶，羌馬是好馬，要安排妥當，不能捨近求遠，胡亂去販來一些頑劣的胡馬，以劣馬充當良駒。他寫的《茶馬》一詩，其實是嚴厲批評政府的邊防政策：

> 秦晉有茶賈，楚蜀多茶旗。金城洮河間，行引正參差。繡衣來漢中，烘作相追隨。以篦計分率，半分軍國資。番馬直三十，酬篦二十餘。配軍與分牧，所望蕃其駒。月餘馬百錢，豈不足青芻。奈何令倒死，在者不能趨。倒死亦不聞，軍吏相為漁。黑茶一何美，羌馬一何殊。有此不珍惜，倉卒非長驅。健兒猶餓死，安知我馬徂。羌馬與黃茶，胡馬求金珠。羌馬有權奇，胡馬皆駘駑。胡強掠我羌，不與兵驅除。羌馬亦不來，胡馬當何如！

在湯顯祖與朋友通信的尺牘中，也有一些涉及品茶的資料，如寫給黃汝亨的信：「惠茗，真鄣越之清英也。恨不得相對燒玉版牙，添其風味耳。王相如願一披雲霧，幸以半面借之。」（《湯顯祖集全編》頁 1843）黃汝亨是杭州錢塘人，1598 年進士，也就是湯顯祖棄官回鄉那一年，授為江西進賢縣令。進賢縣緊鄰着撫州臨川，他景仰湯顯祖的品格文章，常專程到臨川去拜謁偶像，是最早讀到《牡丹亭》抄本的忠實粉絲，也是把劇本介紹給《萬曆野獲篇》作者沈德符的人，使得沈德符《顧曲雜言》中說：「《牡丹亭》一出，家傳戶誦，幾令《西廂》減價。」黃汝亨也是愛茶之人，在杭州追隨馮夢禎學習茶道，曾為周慶叔《岕茶別論》作序，說：「余向從馮開之祭酒、周叔宗山人游，津津乎羅岕之賞，謂其澄洌沖漠，較諸茶特異。開之至手自滌器，望氣候色，入眼似雪，水入口鼻喉舌，清芳莫喻，斯為第一流。」他送給湯顯祖的茶，顯祖讚為「鄣越之清英」，應該指的是浙江天目山、苕溪一帶，包括了今天湖州安吉地區，雖然不一定是羅岕茶，總是與羅岕茶產地相鄰的精品。

湯顯祖與馮夢禎交情深厚，不止是座師門生的關係，兩人思想感情十分投契，經常在杭州西湖一同遊賞。湯顯祖寫信給馮夢禎，述及他們在杭州的一眾好友，如屠隆、虞淳熙、徐茂吾，遊山玩水，徜徉靈隱飛來峰，駐足玉泉觀魚處，品嘗美食，令人流連忘返：「屠長卿輕華覆代，虞淡然弱采暎人，徐茂吾疎秀表物，並是飛來玉泉懷抱之英也。湖上蓴絲，山中桂子，大足流連。」（《答馮具區》，上引書，頁 1723）時常讓他懷念起「數從明聖湖邊，緬想長安邸下，秉燭譸私，坐如隔世。」（《答馮具區司成》，同上，頁 1724）馮夢禎與徐茂吾每年春天，就親自到龍井去買茶，《快雪堂漫錄》記載了一段非常有趣的故事：

昨同徐茂吳至老龍井買茶，山民十數家，各出茶。茂吳以次點試，皆以為贋，曰：真者甘香而不冽，稍冽便為諸山贋品。得一二兩以為真物，試之，果甘香若蘭。而山民及寺僧反以茂吳為非，吾亦不能置辨。偽物亂真如此。茂吳品茶，以虎丘為第一，常用銀一兩餘購其斤許。寺僧以茂吳精鑒，不敢相欺。他人所得雖厚價，亦贋物也。

故事記載龍井茶有真有假，至少從明代以來就是如此。所謂真龍井，過去指的是獅峰龍井，只是一片山巒所產，極其珍稀，茶農經常以外地茶產冒充龍井真品。徐茂吳品茶之精，能夠辨別老龍井與他處出產的真贋，連茶民都望塵莫及。湯顯祖流連杭州，交對了唾玉談玄的朋友，琴棋書畫、吟花弄月之餘，與馮夢禎、徐茂吳一道品茶，或許無緣跟隨他們去龍井茶山踏青，但一定品嘗了經過徐茂吳鑒定，貨真價實的龍井茶。

尋訪御茶園

(一)

二十五年前，第一次探訪武夷山，乘竹筏遊覽丹霞地貌的山光水色，的確令人心曠神怡，忘卻了從廈門一路輾轉奔波而來的辛苦。與當地的朋友沿溪觀賞了大王峰、玉女峰，走訪了紫陽書院，攀登了天游峰、接筍峰，真是青山綠水環繞，好景連綿不斷，美不勝收。最令我興奮的，則是在武夷四曲附近朋友帶我去探訪的宋元御茶園。記得茶園隱在山坳後面，繞過叢叢林木雜樹，就看到一片谷地，似乎是片乏人照管的茶林。朋友說，這就是歷史上著名的宋代北苑御茶園了。

我當時很激動，好像看到一千年前茶民在此採茶製成龍鳳團餅，千里迢迢運送到汴京皇宮呈獻給大宋天子，讓皇親國戚都能一嘗武夷山的清風雨露。也想到蘇東坡的詩句：「君不見，武夷溪邊粟粒芽，前丁後蔡相寵加。爭新買寵各出意，今年鬥品充官茶。」詩句是批評皇室享樂，不顧及民間疾苦，更點名抨擊丁謂與蔡襄，說他們為了討好皇帝滿足皇家的驕奢淫逸，不惜濫用民力，在武夷溪邊採摘「粟粒芽」，製作專門上貢的特供御茶。雖然是我景仰的蘇東坡在批評，批評歸批評，當我站在武夷御茶園的蒼翠之中，還是感到無限的欣慰，好像穿越了千年的歷史，在恍惚朦朧之中，看到了宋徽宗不辭勞苦，躬親點茶的情景。

後來整理歷代茶書，總覺得武夷山的御茶園有點蹊蹺，不像是宋代文獻中描繪的御茶園，而蘇東坡詩中說的「武夷溪邊」，恐怕只是籠統指的福建北部山區的溪邊，而非實指武夷九曲溪。蘇東坡批評的蔡襄著有《茶錄》，其中明確講到：「茶味主於甘滑，唯北苑鳳凰山連屬諸焙所產者味佳。隔谿諸山，雖及時加意製作，色味皆重，莫能及也。」宋子安的《東溪試茶錄》把北苑御茶園的地望說得更清楚明確：「北苑西距建安之洄溪二十里而近，東至東宮百里而遙。」宋徽宗《茶論》也說：「本朝之興，歲修建溪之貢，龍團鳳餅，名冠天下」。宋子安講的「建安」，是宋代建州，也就是今天的建甌，不是狹義的武夷山。建甌有建溪流過，也就是宋徽宗說的「建溪」，雖然上游可以和武夷九曲相連，但是相距有上百公里之遙，絕不是同一段流域。明末清初的周亮工著有《閩小記》，探討了福建茶產的歷史發展：「北苑亦在郡城東，先是建安貢茶，首稱北苑龍團，而武夷石乳之品未著。至元設場於武夷，遂與北苑並稱。今則但知有武夷，不知有北苑矣。吳越間人頗不足閩茶，而甚豔北苑之名，不知北苑實在閩也。」可見武夷御茶園是元代以後才設置的，明清以來，大多數人都搞不清北苑御茶園何在，而蘇東坡的詩句說的模模糊糊，更令人誤會宋代御茶園就在武夷四曲。

（二）

去年福建博物院考古所的朋友告訴我，他們初步勘探了建甌的宋代北苑御茶園，問我有沒有興趣去看看。有沒有興趣？當然有。於是就在今年元旦期間，和考古文博界的好友一道，親自到建甌東邊的北苑去考察。我們到的地方是建甌東峰鎮的焙前村，由此沿着一條土路，走進雲霧瀰漫的丘陵地帶。今年冬天十分溫暖，本來以為閩北山區比較寒冷，還帶了件大衣，誰知道那天豔陽高照，氣溫飆升到二十度，感到有點燥熱。走進北苑茶園遺址，發現前方霧濛濛的，有些冷颼颼的。帶路的鎮書記說，這片山谷總是如此，雲遮霧罩的，每天要到中午陽光才能照射進來。這就讓我想到，宋代的《東溪試茶錄》寫道：「今北苑焙，風氣亦殊。先春朝隮常雨，霽則霧露昏蒸，晝午猶寒，故茶宜之。茶宜高山之陰，而喜日陽之早。」或許這塊土地真是塊植茶的福地，鍾靈毓秀，也難怪地靈茶傑。

考察之後，地方文博單位給了我一些地方史料，資料很多，以後再說。其中有一段記載說：「自元代至元十六年（1279）武夷製石乳入獻，大德六年（1302）創焙局，設置御茶園於武夷九曲溪的第四曲溪邊」，也就是說，武夷設官局晚北苑三百多年。至此，掃清了我的迷惑，可以確定，宋代北苑御茶園是在建甌，不在武夷四曲。

（三）

考察地處建甌的宋代北苑遺址，實在是賞心悅目的體驗，與一般考古遺址調查的經驗很不相同。雖然宋代的御茶園早已消失，但是山川依舊，進入這一片種滿了柑橘的谷地，依稀可以想像昔日的風景，彷彿看到修整得葳蕤茂密的茶樹，垂手肅立，恭恭敬敬等待皇帝派來的茶農，前來採摘孕育了一冬的芳香馥郁。

東峰鎮書記帶領我們走進這一片丘陵環抱的谷地，說以前村民也種茶的，只是沒人意識到歷史文化傳統，不知道這是宋代皇家的御茶園，也就沒有悉心打理，隨他野生野長，甚至頹敗成了荒山野嶺，也無人理會。改革開放以後，引進了蘆柑種植，山谷盆地都種上了柑橘樹，倒是頗有效益，出現了滿山柑橘的盛況，秋天收成季節山谷裏黃橙橙一片，很有節慶的氣息。到了二十幾年前，才因考古資料的發現，確定此地就是盛名卓著北苑龍焙，由國家定為全國文物保護單位，控管起來，不許開發，留待以後進行考古發掘。柑橘還是可以種的，因為地表種植，不至於破壞文物遺址。這幾年蘆柑不怎麼景氣，又知道這裏是宋代御茶園的一塊寶地，就在山坡上引種了矮腳烏龍。你們看到遠處山坡上的茶樹，都是近年引進的新種矮腳烏龍，與千年御茶園裏種植的茶樹，沒有親屬關係了。

博物館的小虞說，在北苑與鳳凰山之間，靠近河邊的平地上，還有一大片烏龍老茶樹，有一百六十多年歷史了，有人説是古代御茶的後代，是千年遺珍，真是奇葩呢，我們下午去看看。於是帶我們到鎮上吃了午飯，隨後開車去參觀這片歷史的劫餘。

這片百年烏龍茶園的地理環境十分古怪，處於河邊的平疇上，四望曠然，與北苑御茶園地處深谷之中，雲霧繚繞的景況，大不相同。我們把車停在公路旁邊，走進一片平曠的農地，遠遠看到一畦畦墨綠的茶樹叢，伸延在農田之中。小虞説這片百年烏龍茶園的邊緣，是古代的官道，不遠處還有一座破舊的歇腳亭。可以想像，這片茶園在古代就是一片平平常常的路邊茶園，自然環境並不清雅深幽，絕不是刻意挑了鍾靈毓秀的風水寶地而種植的。怎麼會成為閩北地區碩果僅存的百年茶樹群，也真是天意難測，只能説是因緣際會，讓人想到莊子講的無何有之鄉可以種樗樹的故事。《莊子》記載惠子批評莊子，説他的言論大而無當，就像大樗樹那樣，「其大本臃腫而不中繩墨；其小枝捲曲而不中規矩；立之途，匠人不顧。」或許就是因為沒有特別出色之處，大家視而不見，家家改種蘆柑的時候，只想到北苑幽谷的種茶寶地，反而忘記了這片平疇上的老茶園，成了「翻天覆地慨而慷」的劫餘，保存了北苑的歷史記憶。

我們走近那座有點朽爛的歇腳亭，發現亭子的牆壁還很結實，是黏土摻入砂石及碎瓷片夯實的。為了保護亭壁，外面還噴了一層水泥漿。老栗是陶瓷專家，一眼就看到碎瓷片中有德化的豬油白，我們還發現有幾片明末清初的青花瓷。推想這座亭子也是清代遺物，有點文物價值，就跟小虞說，要設法保護起來，和百年烏龍茶園連成一條文物線。茶園種的是矮腳烏龍，半個人高的灌木叢，長勢不錯，鬱鬱蔥蔥的，滿樹開着有點羞澀的茶花，純白的花瓣襯出金黃的花蕊，小巧嬌嫩，像古詩中描寫的清溪小姑，享受着周遭毫無遮擋的陽光照射。

這片百年烏龍茶園屬於村集體所有，包給一位黃先生來開發，也是個傳奇的故事。於是，我們專程到他茶廠去探訪，聽他說說開發百年烏龍的經歷。他說自己是本地人，當過兵，教過書，改革開放之後在家鄉發展。這片百年茶園本來是華僑投資開發的，經營不善，轉給他來打理，倒是很花了點力氣，總算轉虧為盈。後來請了台灣茶葉專家來考察，發現台灣的「清心烏龍」與「凍頂烏龍」都是從這裏移植去的。現在利用歷史文化的底蘊，打出「百年烏龍」的品牌，前景無限美好。黃先生幽默健談，請我們喝他烘焙的百年烏龍，口感溫潤，韻味滋長，的確不負「百年」的稱號。

離開茶廠時，我發現門口立着一塊巨石，上書金漆的「北苑禦茶」。我跟小虞說，這個「禦」字錯了，要改成「御茶」的「御」字。

呂洞賓與武夷岩茶

武夷山屬於丹霞地貌，懸崖絕壁很多，當地茶農利用岩石縫隙，砌築石階以種茶，因此有岩茶之稱。岩茶中有所謂「四大名種」：大紅袍、白雞冠、鐵羅漢、水金龜，過去最為著名。1980 年代之後，武夷肉桂聲名鵲起，人們開始豔稱「五大名叢」。在武夷岩茶當中，大紅袍是最為珍貴的品種，原株生長在天心岩九龍窠的岩壁上，是上貢給皇帝的禁臠，傳說乾隆皇帝賜以紅袍，因而得名。當今茶葉市場滿坑滿谷都是大紅袍，但真正的極品大紅袍，就是九龍窠岩壁上的幾株茶叢。三十年前我曾經造訪，那時見到的是一株粗壯碩大的母株，旁邊有兩三叢稍矮的茶樹，是從母株分出來的。守護大紅袍的茶農告訴我，傳說這叢茶樹受到呂洞賓仙氣感化，基因發生變化，才造就了大紅袍極品。聽他先講呂洞賓，後來又說基因轉變，不禁感到現代農民都已內化了科學新知，讓屬於非遺傳統的仙人傳說，有了科學的加持，得以繼承演化。

呂洞賓是道教傳說的八仙之一，名嵒（或作巖），字洞賓，道號純陽子，自稱回道人，和武夷岩茶有甚麼關係呢？

有個說法是呂洞賓在武夷山仙遊洞得道，在武夷五曲的天游峰留下了仙氣。天游峰頂有個天游觀，天游觀裏供着呂洞賓，觀前有棵老茶樹，也得到呂洞賓仙氣的眷顧。每年春天，老茶樹發新茶芽，葉片肥厚，採製成茶，不過二三兩，當地人稱作「洞賓茶」。

清代崇安人董天工（1703-1771）《武夷山志》卷二十二，載有《回道人游武夷題》，並註「回道人純陽子祖師也」，其詩如下：「建溪之陽地毓靈，蔥蔥蒼蒼多松筠。年深不識堯君曆，夜景空聞王子笙。桃花泛水流九曲，波回石澗飛寒玉。青鸞豈作凡鳥鳴，元鹿誰同野獸逐。笑看童子採靈芝，荷衣芰服稱風吹。朱顏老叟自何代，言說生從盤古時。山間無寒亦無暑，蟠桃紅兮蕨薇紫。斫將白石與青精，漫燃龍竹閒烹煮。武夷之山秀且高，參元堪把死生逃。山中日月常如此，一局棋枰白晝消。」這首詩像扶鸞扶出來的，當然是後人的託名擬作，但流傳到民間就成了呂洞賓最早遊歷武夷，並有詩為證了。

據說昔年春天，茶樹發芽，天游觀道士就向崇安縣稟報，縣令便派人在採茶之前，宿於觀中，次日一早與道士在晨曦中採茶，即採摘即製造。茶成之後，先供純陽呂洞賓，觀中自留少許，其餘封瓶，貼上封條交給縣令。據說洞賓茶香氣清冽，葉片盤曲如乾蠶，色青翠似松蘿。新茶清芬，可見是松蘿茶的製法。乾隆年間崇安縣令劉靖《片刻餘閒集》記載，武夷山的星村鎮是茶行聚集之地，附近所產的茶葉都在此販售集散：「山之第九曲處有星村鎮，為行家萃聚。外有本省邵武、江西廣信等處所產之茶，黑色紅湯，土名江西烏，皆私售於星村各行。」

道光咸豐時期的浙江錢塘人施鴻保，因為在福建作幕十多年，於咸豐八年（1858）寫了《閩雜記》一書，其中有「呂仙茶」一條，記星村鎮，就不止是茶葉集散地，而成了洞賓仙茶的產地了：「崇安縣星村有茶樹五株，葉皆對生，自下至上，大小不殊，味冠諸種，云呂仙所植者，村人珍之。每茶時，公䦨一人收採，先以送官，後乃分給各戶，然不能多，每年只數斤而已。各戶分得，不過數兩，遇貴客始出餉之，名呂仙茶，亦曰呂巖茶。此從來茶譜所未載者，予聞諸來觀察云。」施鴻保《閩雜記》記載福建風土人情，基本詳實可靠，但這裏明確指出他是聽來觀察說的，極可能就是民間傳言，姑妄言之姑妄聽之。

因此，呂洞賓與武夷岩茶的關係，一直都是民間傳說，信不信由你。

從來佳茗似佳人

中國茶道的審美境界

鄭培凱 ● 著

責任編輯　胡卿旋
裝幀設計　陳佩珍
排　　版　陳美連
印　　務　劉漢舉

出版
中華書局（香港）有限公司
香港北角英皇道 499 號北角工業大廈 1 樓 B
電話：（852）2137 2338
傳真：（852）2713 8202
電子郵件：info@chunghwabook.com.hk
網址：http://www.chunghwabook.com.hk

發行
香港聯合書刊物流有限公司
香港新界荃灣德士古道 220-248 號
荃灣工業中心 16 樓
電話：（852）2150 2100
傳真：（852）2407 3062
電子郵件：info@suplogistics.com.hk

印刷
美雅印刷製本有限公司
香港觀塘榮業街 6 號海濱工業大廈 4 樓 A 室

版次
2025 年 7 月第 1 版第 1 次印刷

規格
32 開（210mm x 140mm）

ISBN
978-988-8913-99-2